浙江省普通本科高校"十四五"重点教材
国 家 级 一 流 本 科 课 程 配 套 教 材
高等学校园林与风景园林专业系列教材

DESIGN OF PUBLIC PARK

公 园 设 计
LANDSCAPE

徐 斌 主编

中国建筑工业出版社

图书在版编目（CIP）数据

公园设计 = DESIGN OF PUBLIC PARK / 徐斌主编 .
北京：中国建筑工业出版社，2025.4. --（浙江省普通
本科高校"十四五"重点教材）（国家级一流本科课程配
套教材）（高等学校园林与风景园林专业系列教材）.
ISBN 978-7-112-30654-1

Ⅰ . TU986.2
中国国家版本馆 CIP 数据核字第 20245UX730 号

本教材由浙江农林大学组织相关院校，根据风景园林、园林等相关专业实践应用型人才培养目标、专业发展趋势和相关技术标准编写而成。教材针对本科生课程设置的阶段性特点，在内容上链接前期的基础理论课和中小尺度设计实践课，强化中大尺度景观设计的方法教学。全书分为引言、公园设计规范解读、公园设计过程解析、教学案例评析、工程实践项目和中外经典公园赏析六个部分。在内容编排上，本教材对应实际工程项目的设计任务与流程，分层递进展开论述，系统性、逻辑性较强。在编写形式上，契合新形态教材的发展趋势，将拓展知识以配套数字资源的形式予以链接呈现，全面构建融纸质教材、技术规范、公园案例文本、项目视频、教学课件等于一体的立体化教材。本教材注重设计思维的培养和设计经验的传授，不仅可作为本科生"园林规划设计""公园设计"等课程的配套教材，亦可作为初级设计师强化设计思维与流程的参考用书。

为了更好地支持相应课程的教学，我们向采用本书作为教材的教师提供教学课件，有需要者可与出版社联系。

邮箱：jckj@cabp.com.cn　　电话：(010) 58337285

责任编辑：张　建
责任校对：张惠雯

浙江省普通本科高校"十四五"重点教材
国家级一流本科课程配套教材
高等学校园林与风景园林专业系列教材

公园设计
DESIGN OF PUBLIC PARK

徐　斌　主编

*
中国建筑工业出版社出版、发行（北京海淀三里河路 9 号）
各地新华书店、建筑书店经销
北京雅盈中佳图文设计公司制版
北京中科印刷有限公司印刷
*
开本：880 毫米 ×1230 毫米　1/16　印张：14　字数：350 千字
2025 年 8 月第一版　2025 年 8 月第一次印刷
定价：69.00 元（含增值服务）
ISBN 978-7-112-30654-1
　　　（44436）

本教材编著人员

主　编：徐　斌（浙江农林大学）
副主编：沈实现（中国美术学院）
　　　　秦安华（浙江理工大学）
　　　　饶显龙（浙江树人大学）
　　　　张亚平（浙江农林大学）
　　　　杨国福（浙大城市学院）
　　　　聂文彬（浙江农林大学）

前　言

　　本教材为浙江省普通本科高校"十四五"重点教材、国家级一流本科课程配套教材和高等学校园林与风景园林专业系列教材，由浙江农林大学牵头，根据风景园林、园林等相关专业实践应用型人才培养目标、专业发展趋势和相关技术标准编写而成，可作为"园林规划设计""公园设计"等本科课程的配套教材，亦可作为初级设计师强化设计思维与流程的参考用书。教材内容科学严谨、结构合理、多科并重，不仅注重设计思维的培养、设计经验的传授，还在第 1 章有针对性地摘录并解读了与公园设计相关的标准规范。本教材注重理论知识体系与专业技能培养的衔接，突出实操性；内容编排系统性强，对应真实设计任务和流程，有层次、有逻辑地分章节展开论述，为读者提供有章可循的设计流程与思路，引导初学者重视设计逻辑的养成。

　　本教材具有以下特点：

　　（1）以"设计实操"为教学目标。适配风景园林、园林等专业的本科教学需求，基于该阶段学生的知识水平和学习特点，对应课程知识点，组织编写本教材；注重学科知识的系统性、连贯性和实操性，以及设计实践能力的进阶培养。

　　（2）对标公园实际项目的设计过程。国内外很多同类教材偏重理论和案例讲解，而针对初学者的"方法性"内容较为欠缺；快题工具书又过于注重应试，在内容上缺乏科学性和深度解析。本教材针对本科课程设置的阶段性特点，在内容上与前期的基础理论课和中小尺度庭院设计、场地设计等课程相衔接，强化中大尺度公园的设计方法教学。

　　（3）契合新形态教材的发展趋势。根据"00 后"学生的学习习惯，变纸质教材为多层次立体数字教材；突出重点知识，合理精简纸质教材的篇幅，将拓展知识以课件等配套数字资源的形式，链接呈现，读者可按需自选学习，全面构建融纸质教材、技术规范、公园案例文本、项目视频、教学课件等于一体的立体化教材。

本教材的主要内容如下：

第1章　公园设计规范解读。以《公园设计规范》GB 51192—2016为主，以《城市绿地分类标准》CJJ/T 85—2017、《无障碍设计规范》GB 50763—2012、《城市口袋公园设计导则》T/CECA 20028—2023等其他规范为补充，从公园设计的基本内容和专项设计等方面，进行相关规范的对照解读。

第2章　公园设计过程解析。基于项目实践总结，详细讲授公园设计过程。对标实际项目的设计流程，针对本科设计教学特点，将公园设计简化为任务与背景、概念与构思、结构与布局、节点与配套、表达与表现五个步骤，每个步骤均辅以大量公园示例的深度解析，力图给读者带来更直观的学习和认知。

第3章　教学案例评析。对既往的学生作业进行评析，整合多校、多类型公园设计作业图并配以点评，供初学者进行比较和参考学习，以帮助其快速掌握城市各类型公园规划设计的方法和基本技能。

第4章　工程实践项目，整合了10个公园设计实践项目，对项目概况及设计构思进行简要介绍，论述通俗易懂，供学生们了解、学习真实的设计项目。项目文本、视频等资料可通过扫描书中二维码免费获取。

第5章　中外经典公园赏析。讲解了16个国内外公园设计经典案例，案例选择注重典型性、时代和主题的代表性，兼顾不同国家和地区，着重总结其设计手法，阐述其在公园设计史上的价值和意义，经典公园案例的文本、视频等资料亦可通过扫描书中二维码免费获取。

本教材由来自4所高校长期从事风景园林规划设计教学、具有丰富项目实践经验的一线教师编写而成：第1章由秦安华、聂文彬编写；第2章由徐斌、张亚平、饶显龙编写；第3章由徐斌、秦安华、饶显龙编写；第4章由沈实现、徐斌、秦安华编写；第5章由沈实现、张亚平编写。教材中公园示例及工程实践项目的内容由聂文彬、杨国福编辑整理。徐文辉、陈楚文、吴晓华、应君、金敏丽、林葳为本教材提供了教学案例作业的相关资料；教材中公园示例及工程实践项目的成果资料由浙江农林大学园林设计院有限公司、杭州园林设计院股份有限公司、中国美术学院风景建筑设计研究总院有限公司、宁波植物园、上海市园林设计研究总院有限公司等单位提供。编写过程中还参考了国内外专家和规划设计机构的有关文献和案例资料等。此外，申亚梅、陶一舟等人对本教材的部分内容提出了宝贵的修改意见和建议；浙江农林大学的历届研究生在资料查找、图纸绘制、文字校对等方面作了大量细致的工作，他们是王静、程晓梦、王胤懿、吴龙海、陈浩南、李嘉欣、王丽娜、张梦娴、王舒影、黄欣苑、徐依仁、王锡钰、陈昊、庞利伟、吴以伦、林锦、鞠铖、蔡冬思、王溪兰、杨卓翰、刘心怡、周雅欣、周婧仪、徐逸冉、潘学梅、王玉菲、刘方琴。在此谨向有关专家、学者、老师、同学及有关单位表示衷心感谢！

　　最后需要说明的是，本教材在编写过程中，参考了国内外公园设计方面的大量资料，我们尽可能在参考文献中列出。但由于本教材涉及的内容非常庞杂，资料来源极其广泛，由于各种原因，难免会有一些文献资料的出处被遗漏，在此，我们对这些作者表示歉意和衷心的感谢。本教材论述过程中引用了一些国内外公园实例的图片，虽经我们多方联络，但仍有少量作者没能联系上。我们恳请社会各界知情人士向我们以及被选用作品的作者互相通报，以便联络致谢。由于是初版编写，书中的内容难免有不当之处，期望广大业内同仁和读者予以指正，反馈意见，以便在本教材再版时能予以补充、修改和完善。

徐斌

2024 年 10 月

目　录

引 言

公园以营造优美的绿色开放空间为核心任务，通过科学的空间规划，满足人们亲近自然与开展社交游憩活动的需求。作为城市绿色环境体系中至关重要的组成部分，公园在自然生态保护与建设、人居户外公共游憩空间打造等方面的作用日益凸显。其定义可概括为："供公众游览、观赏、休憩、防灾避险、开展科学文化及锻炼健身等活动，有较完善的游憩、服务设施和良好的自然生态环境的绿色开放空间"。

– 公园因何而生？ –

真正意义上的城市公园起源可追溯至 17 世纪中叶的工业革命时期。当时，英国与法国先后爆发资本主义革命并席卷整个欧洲，社会民主与平等思想得以广泛传播并快速发展。新兴资产阶级没收了封建领主的财产后，原本为专属领地的皇家宫苑、私家花园逐渐向公众开放，这些场所被统称为公园（Public Park），由此开启了城市公园的演变历程。18 世纪中后期至 19 世纪初，英国伦敦等工业城市进入急速扩张阶段，随之引发了一系列城市环境问题。为应对公共环境危机，改善公众健康状况，1844 年英国市政当局提出建立面向全体市民开放的公共园林的诉求，城市公园自此正式诞生。

第一次鸦片战争爆发后，帝国主义列强打开了中国的国门，欧洲的"公园"概念也随之传入中国。1868 年，上海建成黄浦公园，这座公园被公认为我国第一座真正意义上的城市公园。辛亥革命后，民主主义者积极宣传西方的"田园城市"理论，不仅推动了一批皇家宫苑、寺院庙宇向公众开放，成为公园，还推动了数百座新公园的兴建。1949 年以来，尤其是改革开放以来，全国范围内新建、改建、扩建了大量公园。从国内外公园的起源与发展来看，公共属性是其最核心、最本质的特征。

公园自诞生之初便因服务公众而存在，之后逐渐被视作应对城市病的重要途径，其内涵与价值随着时代变迁而不断演变。随着全球化进程的加速，气候风险对城市韧性及可持续发展的影响日益凸显，风景园林行业由此转向可持续景观构建、景观都市主义实践、景观绩效提升及文化景观保护等领域。进入数字化时代，人居环境营造技术融合革新，以人为核心的共享城市空间逐步形成，建设具备韧性的城市环境以应对气候变化，已成为未来发展的必然趋势。在时代更迭与技术进步的双重推动下，公园不再仅仅是城市的补充性绿色空间或缓冲带，而是与人们的日常生活和城市形态实现了更紧密的融合。

2018年，"公园城市"的概念被首次提出，从"城市中的公园"到"城市即公园"的理念跃迁，标志着公园与城市日常生活的融合进入更深层次。2023年初，住房和城乡建设部办公厅启动城市公园绿地开放共享试点工作，这一举措推动公园建设从增量扩张迈向存量提质的新阶段。如今，公园所承载的开放共享、公平共治、无界融合等内涵，使其场景营造成为城市高质量发展的重要抓手。可以预见，未来城市与自然、技术、生活的边界将愈发模糊，风景园林设计也将更加强调人与自然的共生关系，以及人们在其中获得的精神与情感体验。在此背景下，我们需要思考的已不仅是如何设计一座满足基本功能需求的传统公园，更是如何构建自我循环的城市生态网络，形成增值闭环的景观资产载体，凝聚社区认同的公共活力地标，打造具备生态、社会、经济可持续性的新型公园。

– 为何设计又如何设计？ –

设计的本质是通过创造性的规划与构建，协调人与自身、人与他人、人与环境以及人与造物之间的复杂关系，进而优化生存方式与空间秩序。设计师对这一核心问题的解答主要取决于其设计价值观与专业素养。设计价值观如同作品的精神内核，既依托于设计师的行业经验、实践积累与自我价值追求，又直接决定着设计的内容定位与内涵表达——每位设计师都会将其独特的价值取向融入公园的形态营造与功能赋予中。设计师的专业素养，则体现在切入问题的视角、剖析问题的深度、考量问题的广度，以及设计策略的专业度上，这直接决定了设计的最终品质与呈现效果。在此基础上，设计师更需思考如何打造能够实现生态上绿意盎然、循环共生，经济上激发活力、助力发展，社会上包容共享、凝聚人心的新型公园。而这必然要求设计师突破传统设计边界，持续吸纳生态、社会、技术等多学科知识，以创新视角开展契合时代需求的职业实践。

– 设计的确定性与不确定性 –

公园设计以理性为根基，以感性为肌理，既是依托逻辑推导的理性判断过程，更是感性与理性深度融合的创造性实践。这种双重属性，使得设计过程天然兼具确定性与不确定性。从确定性维度来看，公园设计的流程、内容与规范构成了相对固定的框架。流程上，需依次经历实地勘察与调研、设计前期研究、功能定位与布局构想、景观空间结构与总体布局研究、总体设计、详细设计及工程设计等阶段；内容上，涵盖功能分区规划、景观系统设计、服务设施配置等核心板块；规范上，各类公园设计均需遵循《公园设计规范》GB 51192—2016 的基本要求，结合场地特质科学规划，同时应符合《无障碍设计规范》GB 50763—2012、《建筑设计防火规范》GB 50016—2014（2018年版）等通用性标准。而不确定性则体现在设计的动态生成过程中：公园设计不存在唯一恒定的模式与评价体系，其最终呈现效果深受主导设计者的价值取向与创意表达影响；同时，地域环境特征、文化基因传承、受众认知差异等变量，也会赋予设计多种可能性。因此，即便是同类型的项目，也必须立足场地特质进行针对性创作，避免陷入程式化设计的窠臼。

– 设计的守正与创新 –

中国园林的生成与发展历经数千年，积淀了深厚的造园智慧，如何对传统造园经验进行守正创新，是每一位风景园林从业者面临的核心命题。

关于守正。首先要锚定风景园林行业的核心职责与本位价值，传承我国优秀的园林文化基因。风景园林作为融合科学技术与文化艺术的综合学科，是城市中唯一具备生命属性的基础设施；因此，需着力彰显其生态生命力与传统造园技艺的当代价值。其次，每一位从业者都应恪守职业操守，既要有工程技术人员的严谨细致，确保公园设计中地形塑造、植物配置、设施布局等环节的科学性，又要怀揣艺术家的情怀与追求，在景观空间营造中注入人文意境。

关于创新。在理念层面，要践行"公园城市"发展理念，以公园设计为载体，营造人、城市与自然和谐共生的生命共同体；同时，需秉持大地园林化理念，推动城乡绿化统筹发展，实现"以城带乡、城乡有别、协同增效"的布局目标。在实践层面，要强化统筹协同意识，兼顾"三生空间"的功能融合，促进理论研究与工程实践的深度衔接。在技术层面，则需夯实跨学科理论储备，加强生态修复、智慧园林等技术方法创新，尤其要提升信息化、智慧化技术在公园规划设计中的应用能力，让传统造园智慧与现代技术实现创造性转化。

– 设计的趋势与挑战 –

随着全球城市化进程加速，城市社会分化、文化多元以及社会不平等现象的日益增多，当前公园设计正面临新的发展趋势与现实挑战。从社会层面看，公园在塑造具有文化包容性与社会融合性的人居环境方面具有天然优势，探索其在不同维度促进社会包容的路径已成为行业的未来趋势。然而，如何解析不同群体间的互动机制，并将其转化为可落地的设计策略，仍是亟待突破的实践难题。从技术应用层面看，数字技术在公园设计中的赋能作用日益凸显，AR、VR、MR 等沉浸式技术已成为辅助设计的新兴工具。尽管当前交互景观与风景园林的融合仍处于探索阶段，但由大数据、开放数据构建的新型数据环境，以及深度学习、AI 等形成的技术生态，必将为设计创新提供更强的技术支撑。因此，如何合理运用信息与计算机技术降低设计交互成本，推动设计思维与方法的范式转型，既是当前公园设计面临的必然挑战，也是未来发展的重要机遇。

– 设计的阶段性与持续性 –

　　传统公园设计以设计前的调研分析、设计过程的方案推演、设计后的建设落地为核心环节。在新形势下，公园建成后的使用评价与运营管理成为从设计"全周期"中延伸出来的新课题。其中，使用后评价旨在提升循证设计的严谨性，通过系统评估场地既有项目对公园生态、功能及用户体验的实际影响，对"设计实践"成果进行批判性复盘，从中提炼经验以反哺未来项目设计。而针对新形势下公园市场化运营与管理的探索，一方面能有效破解城市公园功能单一、服务品质不足等痛点；另一方面可以推动城市公园发展模式的迭代，为我国城市公园建设的长效发展提供支撑。因此，在设计阶段植入"运营前置"思维，结合设计后的市场化管理，已成为公园设计的未来发展趋势。这一转变将传统线性设计模式升级为伴随公园全生命周期的可持续设计模式。

　　最后，希望一个好的公园设计因你而降临。

第 1 章

公园设计规范解读

按照适用范围和颁发级别分类,我国的标准可分为国家标准、行业标准、地方标准、团体标准和企业标准五大类。国家标准是对全国经济技术发展有重大意义,在全国范围内适用,其他各级标准不得有与其抵触的技术要求,是我国标准体系中的主体;行业标准是对国家标准的补充,是专业性、技术性较强的标准,在国内的某个行业内适用;地方标准在某行政区域内适用;团体标准是由社会自愿采用的标准;企业标准应报当地政府标准化行政主管部门备案,且只在企业内部适用。此外,还有由国家行政管理职能部门发布的导则,其作为规范工程咨询与设计的手段和方法,具有一定的法律效力。但被标注为"试行"或"暂行"的文件,通常只具备一两年有效期。

2016年,住房和城乡建设部将原本作为城镇建设行业标准的《公园设计规范》归入国家标准(编号由CJJ 48—92改为GB 51192—2016),该规范是与公园设计相关的最重要的规范标准。此外,本章还列出了与公园设计相关度较高的其他标准及文件,包括具有较高参考价值的试行文件(表1-1)。

1.1 公园分类

"公园绿地"是城市中向公众开放,以游憩为主要功能,兼具生态、景观、文教和应急避险等功能,有一定游憩和服务设施的绿地。《城市绿地分类标准》CJJ/T 85—2017将公园绿地分为大类、中类、小类三个类别,共1大类、4中类、6小类(表1-2)。关于公园绿地的分类有以下几个易混淆的概念。

(1)广场用地是以游憩、纪念、集会和避险等功能为主的城市公共活动场地,绿化占地比例宜大于或等于35%,绿化占地比例大于或等于65%的广场用地计入公园绿地。

(2)城市建设用地内的风景名胜公园、城市湿地

与公园设计相关的规范标准及文件   表1-1

标准及文件名称	类别	标准编号(颁布时间)
《城市绿地分类标准》	行业标准	CJJ/T 85—2017
《无障碍设计规范》	国家标准	GB 50763—2012
《城市公共厕所设计标准》	行业标准	CJJ 14—2016
《植物园设计标准》	行业标准	CJJ/T 300—2019
《动物园设计规范》	行业标准	CJJ 267—2017
《城市口袋公园设计导则》	团队标准	T/CECA 20028—2023
《绿道规划设计导则》	住建部文件	2016年
《城市儿童友好空间建设导则(试行)》	住建部文件	2023年
《全龄友好型公园设计导则(征求意见稿)》	学会团体标准	T/CHSLA 50017—2024
《河道整治设计规范》	国家标准	GB 50707—2011
《园林绿化工程项目规范》	国家标准	GB 55014—2021
《城市水系规划规范》	国家标准	GB 50513—2009(2016年版)
《风景园林基本术语标准》	行业标准	CJJ/T 91—2017
《风景园林制图标准》	行业标准	CJJ/T 67—2015
《建筑防火通用规范》	国家标准	GB 55037—2022
《口袋公园建设指南(试行)》	住建部文件	2024年

公园和森林公园属于公园绿地中的专类公园;而城市建设用地外的风景名胜区、森林公园、湿地公园和郊野公园属于区域绿地中的风景游憩绿地(表1-3)。根据其在城市建设用地内或城市建设用地外区分二者。不同类别的公园绿地在规划设计标准、投资建设主体以及后期管理维护模式方面,通常也存在差异和不同的规定。

(3)除公园绿地分类外,住房和城乡建设部为促进解决群众身边公园绿化活动场地不足的问题,推动了"口袋公园"的建设。根据《口袋公园建设指南(试行)》,"口袋公园"是面向公众开放、规模较小、形状多样、具有一定游憩功能的公园绿化活动场地,面积一般小于或等于$1hm^2$。

1.2 规范解读

本节以《公园设计规范》GB 51192—2016(以下简称《公园规范》)为主,对其关键内容进行解读,

城市建设用地内的绿地分类和代码   表 1-2

类别代码			类别名称	内容	备注
大类	中类	小类			
G1			公园绿地	向公众开放，以游憩为主要功能，兼具生态、景观、文教和应急避险等功能，有一定游憩和服务设施的绿地	—
	G11		综合公园	内容丰富，适合开展各类户外活动，具有完善的游憩和配套管理服务设施的绿地	规模宜大于 10hm²
	G12		社区公园	用地独立，具有基本的游憩和服务设施，主要为一定社区范围内居民就近开展日常休闲活动服务的绿地	规模宜大于 1hm²
	G13		专类公园	具有特定内容或形式，有相应的游憩和服务设施的绿地	—
		G131	动物园	在人工饲养条件下，移地保护野生动物，进行动物饲养、繁殖等科学研究，并供科普、观赏、游憩等活动，具有良好设施和解说标识系统的绿地	—
		G132	植物园	进行植物科学研究、引种驯化、植物保护，并供观赏、游憩及科普等活动，具有良好设施和解说标识系统的绿地	—
		G133	历史名园	体现一定历史时期代表性的造园艺术，需要特别保护的园林	—
		G134	遗址公园	以重要遗址及其背景环境为主形成的，在遗址保护和展示等方面具有示范意义，并具有文化、游憩等功能的绿地	—
		G135	游乐公园	单独设置，具有大型游乐设施，生态环境较好的绿地	绿化占地比例应大于或等于 65%
		G139	其他专类公园	除以上各种专类公园外，具有特定主题内容的绿地；主要包括儿童公园、体育健身公园、滨水公园、纪念性公园、雕塑公园，以及位于城市建设用地内的风景名胜公园、城市湿地公园和森林公园等	绿化占地比例宜大于或等于 65%
	G14		游园	除以上各种公园绿地外，用地独立，规模较小或形状多样，方便居民就近进入，具有一定游憩功能的绿地	带状游园的宽度宜大于 12m；绿化占地比例应大于或等于 65%
G2			防护绿地	用地独立，具有卫生、隔离、安全、生态防护功能，游人不宜进入的绿地；主要包括卫生隔离防护绿地、道路及铁路防护绿地、高压走廊防护绿地、公用设施防护绿地等	—
G3			广场用地	以游憩、纪念、集会和避险等功能为主的城市公共活动场地	绿化占地比例宜大于或等于 35%；绿化占地比例大于或等于 65% 的广场用地计入公园绿地
XG			附属绿地	附属于各类城市建设用地（除"绿地与广场用地"）的绿化用地；包括居住用地、公共管理与公共服务设施用地、商业服务业设施用地、工业用地、物流仓储用地、道路与交通设施用地、公用设施用地等用地中的绿地	不再重复参与城市建设用地平衡
	RG		居住用地附属绿地	居住用地内的配建绿地	—
	AG		公共管理与公共服务设施用地附属绿地	公共管理与公共服务设施用地内的绿地	—
	BG		商业服务业设施用地附属绿地	商业服务业设施用地内的绿地	—
	MG		工业用地附属绿地	工业用地内的绿地	—
	WG		物流仓储用地附属绿地	物流仓储用地内的绿地	—
	SG		道路与交通设施用地附属绿地	道路与交通设施用地内的绿地	—
	UG		公用设施用地附属绿地	公用设施用地内的绿地	—

注：引自《城市绿地分类标准》CJJ/T 85—2017。

城市建设用地外的绿地分类和代码 表 1-3

类别代码			类别名称	内容	备注
大类	中类	小类			
EG			区域绿地	位于城市建设用地之外，具有城乡生态环境及自然资源和文化资源保护、游憩健身、安全防护隔离、物种保护、园林苗木生产等功能的绿地	不参与建设用地汇总，不包括耕地
	EG1		风景游憩绿地	自然环境良好，向公众开放，以休闲游憩、旅游观光、娱乐健身、科学考察等为主要功能，具备游憩和服务设施的绿地	—
		EG11	风景名胜区	经相关主管部门批准设立，具有观赏、文化或者科学价值，自然景观、人文景观比较集中，环境优美，可供人们游览或者进行科学、文化活动的区域	—
		EG12	森林公园	具有一定规模，且自然风景优美的森林地域，可供人们进行游憩或科学、文化、教育活动的绿地	—
		EG13	湿地公园	以良好的湿地生态环境和多样化的湿地景观资源为基础，具有生态保护、科普教育、湿地研究、生态休闲等多种功能，具备游憩和服务设施的绿地	—
		EG14	郊野公园	位于城区边缘，有一定规模、以郊野自然景观为主，具有亲近自然、游憩休闲、科普教育等功能，具备必要服务设施的绿地	—
		EG19	其他风景游憩绿地	除上述外的风景游憩绿地，主要包括野生动植物园、遗址公园、地质公园等	—
	EG2		生态保育绿地	为保障城乡生态安全，改善景观质量而进行保护、恢复和资源培育的绿色空间；主要包括自然保护区、水源保护区、湿地保护区、公益林、水体防护林、生态修复地、生物物种栖息地等各类以生态保育功能为主的绿地	—
	EG3		区域设施防护绿地	区域交通设施、区域公用设施等周边具有安全、防护、卫生、隔离作用的绿地；主要包括各级公路、铁路、输变电设施、环卫设施等周边的防护隔离绿化用地	区域设施指城市建设用地外的设施
	EG4		生产绿地	为城乡绿化美化生产、培育、引种试验各类苗木、花草、种子的苗圃、花圃、草圃等圃地	—

注：引自《城市绿地分类标准》CJJ/T 85—2017。

并以其他多个相关规范作为补充（表 1-4），以方便读者对照阅读。

1.3 常用规范摘录

本节摘录《公园规范》中的常用内容，以方便读者快速查阅。

1.用地比例（《公园规范》3.3）

公园用地比例应根据公园类型和陆地面积确定。制定公园用地比例的目的在于确定公园的绿地性质，以免公园内建筑物及构筑物面积过大，破坏环境、侵占城市绿地。公园用地面积包括陆地面积和水体面积，其中陆地面积应分别计算绿化用地、建筑占地、园路及铺装场地用地的面积及比例。

公园用地比例应以公园陆地面积为基数进行计算，并应符合表 1-5 的规定。

公园内用地面积计算应符合下列规定：

（1）河、湖、水池等应以常水位线范围计算水体面积，潜流湿地面积应计入水体面积；

（2）没有地被植物覆盖的游人活动场地应计入公园内园路及铺装场地用地；

（3）林荫停车场、林荫铺装场地的硬化部分应计入园路及铺装场地用地；

（4）建筑物屋顶上有绿化或铺装等内容时，面积不应重复计算，可按《公园规范》中表 3.3.1 的规定在备注中说明情况；

（5）展览温室应按游憩建筑计入面积，生产温室应按管理建筑计入面积；

《公园规范》中的关键内容解读 表 1-4

项目名称		对应条款	解释说明	其他参考规范
用地比例		3.3.2	·强制性 ·《公园规范》中根据规模大小，对不同类型公园的用地比例进行了规定；公园用地比例应根据公园类型，以公园陆地面积为基数进行计算；制定公园用地比例的目的在于确定公园的绿地性质，以免公园内建筑物及构筑物面积过大，破坏环境，侵占城市绿地	·动物园、植物园中的各类型用地比例在《植物园设计标准》CJJ/T 300—2019（3.3.3）、《动物园设计规范》CJJ 267—2017（3.3.2）中有更详细的介绍，可供参考
人均占有公园陆地面积指标		3.4.3	·非强制性 ·《公园规范》中根据人均占有公园陆地面积指标来计算公园游人容量，进而确定各种设施的规模、数量	·动物园、植物园中的人均占有可游览陆地面积指标在《植物园设计标准》CJJ/T 300—2019（3.4）、《动物园设计规范》CJJ 267—2017（3.4）中有更详细的介绍，可供参考； ·《园林绿化工程项目规范》GB 55014—2021（2.1.3）对人均公园绿地面积、公园绿地服务半径覆盖率有更详细的介绍，可供参考
地形	最小坡度、适宜坡度	5.1.4	·非强制性 ·《公园规范》中规定了草地、运动草地、栽植地表和铺装场地的最小坡度，以便于地表水排放；此外，还对游憩绿地的适宜坡度进行了规定	·《绿道规划设计导则》（7.1.3）中规定了绿道游径限制坡长与坡度，可供参考； ·《全龄友好型公园设计导则（征求意见稿）》（4.3.2）中对无障碍园路的纵坡作了规定，可供参考
	地面与架空电力线路导线的最小垂直距离	4.3.3	·强制性 ·《公园规范》中规定在架空电力线下堆筑地形时，应符合地面与架空电力线路导线的安全距离	—
园路系统	园路系统布局	4.2.7 4.2.11	·非强制性 ·《公园规范》中规定园路系统布局应根据公园的规模、各分区内容、管理需要以及公园周围的市政道路条件进行规划；在设计中，可以根据公园的内容设置不同主题的游线，并综合考虑景观之间的视线关系	·《城市口袋公园设计导则》T/CECA 20028—2023（5.2.4）中规定小型、微型口袋公园可以开敞活动空间为主，可不设置园路
	公园出入口布局	4.2.8	·非强制性 ·《公园规范》明确规定了出入口位置和数量的确定应基于城市规划和公园内部布局的要求；此外，还对公园出入口与城市道路交叉口之间的距离提出了具体要求	·《全龄友好型公园设计导则（征求意见稿）》（4.3.2）中规定了出入口与无障碍设施的衔接和与城市道路交通的协调，可供参考
	公园游人出入口宽度	6.1.13	·非强制性 ·《公园规范》中规定单个出入口的宽度不应小于 1.8m；举行大规模活动的公园应设紧急疏散通道	·《无障碍设计规范》GB 50763—2012（6.2.3）中规定，公园出入口必须满足一辆轮椅和一个人侧身通过，条件允许的情况下，建议满足两辆轮椅通过
	园路的分级及宽度	6.1.2 6.1.3	·强制性 ·《公园规范》中规定了园路宜分为主路、次路、支路、小路四级；公园面积小于 10hm² 时，可只设三级园路	·《绿道规划设计导则》（7.1.2）中对不同类型绿道游径的宽度有更详细的规定，可供参考； ·《全龄友好型公园设计导则（征求意见稿）》（4.3.2）中对无障碍园路的最小宽度作了规定，可供参考
	园路的路网密度	4.2.10	·非强制性 ·《公园规范》中规定了路网密度宜为 150~380m/hm²；动物园的路网密度宜为 160~300m/hm²	—
	台阶、梯道设计	6.1.7	·非强制性 ·《公园规范》中对台阶的最小和最大踏步数、梯道净宽、梯道上休息平台的设置等作了详细规定	·《城市儿童友好空间建设导则（试行）》（3.8.4）中对儿童专属楼梯、栏杆和踏步有更详细的规定，可供参考

项目名称		对应条款	解释说明	其他参考规范
植物	植物组群类型及分布	4.2.17 4.2.18	·非强制性 ·《公园规范》中规定公园的植物组群类型及分布应根据当地气候状况、园外的环境特征、园内的立地条件等进行规划	·《城市口袋公园设计导则》T/CECA 20028—2023（8.1.4）中规定，标准型口袋公园可采用多种类、多层次的植物搭配方式；而小型、微型口袋公园宜突出特定植物主题，以简单实用、易维护的植物搭配为主； ·《城市儿童友好空间建设导则（试行）》（5.4.3）中对儿童活动区的植物配置要求有更详细的规定，可供参考； ·《园林绿化工程项目规范》GB 55014—2021（2.2.7）中对不同附属用地的绿化布局、植物种类、种植方式有更详细的规定，可供参考
	植被的安全防火规定	4.2.19	·非强制性 ·《公园规范》中规定公园内连续植被面积大于100hm²时，应对防火安全作出设计	—
	植物的种植密度与高度	7.1.5 7.1.16~7.1.18	·非强制性 ·《公园规范》中规定了密林、疏林、疏林草地的树林郁闭度标准；此外，临水平台、道路交叉口和停车场的树木种植高度不宜过高，应确保人的视线畅通无阻；而在车道的弯道外侧，宜加密种植以引导视线	—
	植物与各类设施之间的最小距离	7.1.6~7.1.18	·强制性 ·《公园规范》对植物与架空电力线路导线，地下管线，建筑物、构筑物外缘之间的最小垂直距离、最小水平距离作了详细规定	·《绿道规划设计导则》（7.1.6）中对绿道游径两侧的绿色空间控制范围有更详细的规定，可供参考； ·《园林绿化工程项目规范》GB 55014—2021（3.3.4）中对树木根颈中心至构筑物和市政设施外缘的最小水平距离有更详细的规定，可供参考
	植物种类的选择	7.1.14~7.1.15 7.1.17 7.2.2~7.2.5	·非强制性 ·《公园规范》中对植物选择的原则及不同场地（如儿童活动场地、停车场、车行道、道路交叉口、滨水区等）植物选择的特殊要求进行了详细规定	·《城市口袋公园设计导则》T/CECA 20028—2023（8.2）中规定，植物选择可考虑具有趣味科普性、康养疗愈等多元功能的植物类型； ·《绿道规划设计导则》（7.2.2）中对绿道植物选择与植物配置有更详细的规定，可供参考
水体	安全性	水深	5.3.3 8.6.7	·非强制性 ·《公园规范》中对无防护设施的非淤泥底人工水体的岸高及近岸水深以及戏水池的水深等作了详细规定，但第5.3.3条已被《园林绿化工程项目规范》GB 55014—2021（3.5.1）废止	·《城市儿童友好空间建设导则（试行）》（5.4.2）中对亲水空间中的婴幼儿戏水区的水深和防护设施有更详细的规定，可供参考； ·《园林绿化工程项目规范》GB 55014—2021（3.5.1）中对水体岸边设有活动场地的区域设置防护设施的条件作了详细规定
		水质	9.1.7 条文说明	·强制性 ·《公园规范》中规定新建人工水体和喷泉水景应充分利用满足水质标准的天然水体、雨水、工业循环水、再生水等水源	·《生态河道建设技术标准（征求意见稿）》（6.0.5）中对河道的疏浚清淤方式有更详细的规定，可供参考； ·《城市水系规划规范》GB 50513—2009（2016年版）（4.3）中对水质保护有更详细的规定，可供参考
		防护护栏	5.3.4 8.2.2	·强制性 ·《公园规范》中规定淤泥底水体近岸应有防护措施，防护护栏高度不应低于1.05m	·《城市儿童友好空间建设导则（试行）》（5.4.2）中对安全护栏的杆间净距有更详细的规定，可供参考
	给水排水		9.2.3~9.2.8	·非强制性 ·《公园规范》中规定了应优先采用地表生态设施，实现对径流总量的控制，并简要介绍了雨水疏导设施的设计；以及当公园用地外围有较大汇水汇入或穿越公园用地时，宜采用的排水方式	·《海绵城市建设专项规划与设计标准（征求意见稿）》（6.1~6.7）对海绵城市的设施设计有具体介绍； ·《城市口袋公园设计导则》T/CECA 20028—2023（6.1.6）中规定口袋公园海绵设施的设计标高需满足其功能要求； ·《绿道规划设计导则》（7.3.2）中对绿道给水排水有更详细的规定，可供参考； ·《河道整治设计规范》GB 50707—2011（4.1.3）对河段的防洪、排涝、灌溉或航运等的设计标准有更详细的规定，可供参考

续表

	项目名称	对应条款	解释说明	其他参考规范
建筑	消防设施	3.5.7	·强制性 ·《公园规范》中规定了公园内的用火场所应设置消防设施，建筑物的消防设施应依据建筑规模进行设置	—
	建筑能耗	8.1.3	·非强制性 ·《公园规范》中规定了建筑应优化建筑形体和空间布局，以充分利用自然条件，降低建筑能耗	·《绿道规划设计导则》（7.3.1）中对绿道驿站建筑有更详细的规定，可供参考
基础设施	设施项目的设置	3.5.1	·强制性 ·《公园规范》中对不同陆地面积的公园应设置的项目设施作了规定	·对特殊类型公园，如植物园、动物园的设施项目设置在《植物园设计标准》CJJ/T 300—2019（3.5.1）、《动物园设计规范》CJJ 267—2017（3.5.1）中有详细的规定，可供参考； ·《城市口袋公园设计导则》T/CECA 20028—2023（7.3）对城市口袋公园需设置的设施有更细化的规定
	厕所	3.5.3	·非强制性 ·《公园规范》中对公园中游人使用的厕所的服务半径、厕位数量，以及男女厕位比例作了规定；同时，规定无障碍厕位或无障碍专用厕所的设计应符合现行国家标准《无障碍设计规范》GB 50763—2012 的相关规定	·《城市公共厕所设计标准》CJJ 14—2016（4.1）中规定男女厕位比不应小于 2：1，并对卫生设施、厕位数量等有更详细的规定，可供参考； ·《城市口袋公园设计导则》（4.3.4）T/CECA 20028—2023 中规定小型口袋公园可根据实际需求设置厕所，微型口袋公园不作要求； ·《城市儿童友好空间建设导则（试行）》（3.8.3）中对第三卫生间（家庭卫生间）有更详细的规定，可供参考； ·《绿道规划设计导则》（7.3.1-9）中对绿道厕所的设置间隔有更详细的规定，可供参考
	停车场	4.2.9 7.1.18	·非强制性 ·《公园规范》中对停车场布置，出入口的数量、位置，以及停车场的绿化和种植设计等有更详细的规定	·《绿道规划设计导则》（7.1.7）中对绿道的公共停车场、出租车停靠点布局有更详细的规定，可供参考
	标识系统	3.5.8	·非强制性 ·《公园规范》中对标识系统的设置类型、数量、位置、最大间距有较详细的规定	·《园林绿化工程项目规范》GB 55014—2021（2.2.11）中对公园、绿道的标识、标志有更详细的规定，可供参考
	游戏健身设施	8.6.1~8.6.9	·非强制性 ·《公园规范》中对室内外各种游戏健身设施的安全性、尺度、使用人群等有较详细的规定	·《城市儿童友好空间建设导则（试行）》（5.4.5）中对儿童活动场地的小品设施有更详细的规定，可供参考； ·《全龄友好型公园设计导则（征求意见稿）》（7.1、7.2）中对游戏、运动和健身设施的全龄人群适应作了要求，可供参考； ·《生态河道建设技术标准（征求意见稿）》（9.0.15）中对亲水平台有更详细的规定，可供参考
照明	灯具选择	10.2.1 10.2.2	·非强制性 ·《公园规范》中对公园的照明类型、灯具选择，以及照明控制与节能作了规定	·《城市口袋公园设计导则》T/CECA 20028—2023（4.3.6）中规定应根据场地周边的夜间灯光条件，在活动场地、主要园路及休息设施周边设置功能性照明设施； ·《城市河道景观设计标准》DB 33/T 1247—2021（10.6）中对照明设施有更详细的规定，可供参考
	照明控制	10.2.3 10.2.4		

注：1. "强制性"指必须遵守的规范；"非强制性"指可弹性遵守的规范，在条件许可时尽量遵守；
　　2. 表中的"对应条款"均指在《公园规范》中的对应条款编号。

公园用地比例（%）   表1-5

陆地面积 A_1（hm^2）	用地类型	公园类型					
		综合公园	专类公园			社区公园	游园
			动物园	植物园	其他专类公园		
$A_1 < 2$	绿化	—	—	> 65	> 65	> 65	> 65
	管理建筑	—	—	< 1.0	< 1.0	< 0.5	—
	游憩建筑和服务建筑	—	—	< 7.0	< 5.0	< 2.5	< 1.0
	园路及铺装场地	—	—	15~25	15~25	15~30	15~30
$2 \leq A_1 < 5$	绿化	—	> 65	> 70	> 65	> 65	> 65
	管理建筑	—	< 2.0	< 1.0	< 1.0	< 0.5	< 0.5
	游憩建筑和服务建筑	—	< 12.0	< 7.0	< 5.0	< 2.5	< 1.0
	园路及铺装场地	—	10~20	10~20	10~25	15~30	15~30
$5 \leq A_1 < 10$	绿化	> 65	> 65	> 70	> 65	> 70	> 70
	管理建筑	< 1.5	< 1.0	< 1.0	< 1.0	< 0.5	< 0.3
	游憩建筑和服务建筑	< 5.5	< 14.0	< 5.0	< 4.0	< 2.0	< 1.3
	园路及铺装场地	10~25	10~20	10~20	10~25	10~25	10~25
$10 \leq A_1 < 20$	绿化	> 70	> 65	> 75	> 70	> 70	—
	管理建筑	< 1.5	< 1.0	< 1.0	< 0.5	< 0.5	—
	游憩建筑和服务建筑	< 4.5	< 14.0	< 4.0	< 3.5	< 1.5	—
	园路及铺装场地	10~25	10~20	10~20	10~20	10~25	—
$20 \leq A_1 < 50$	绿化	> 70	> 65	> 75	> 70	—	—
	管理建筑	< 1.0	< 1.5	< 0.5	< 0.5	—	—
	游憩建筑和服务建筑	< 4.0	< 12.5	< 3.5	< 2.5	—	—
	园路及铺装场地	10~22	10~20	10~20	10~20	—	—
$50 \leq A_1 < 100$	绿化	> 75	> 70	> 80	> 75	—	—
	管理建筑	< 1.0	< 1.5	< 0.5	< 0.5	—	—
	游憩建筑和服务建筑	< 3.0	< 11.5	< 2.5	< 1.5	—	—
	园路及铺装场地	8~18	5~15	5~15	8~18	—	—
$100 \leq A_1 < 300$	绿化	> 80	> 70	> 80	> 75	—	—
	管理建筑	< 0.5	< 1.0	< 0.5	< 0.5	—	—
	游憩建筑和服务建筑	< 2.0	< 10.0	< 2.5	< 1.5	—	—
	园路及铺装场地	5~18	5~15	5~15	5~15	—	—
$A_1 \geq 300$	绿化	> 80	> 75	> 80	> 80	—	—
	管理建筑	< 0.5	< 1.0	< 0.5	< 0.5	—	—
	游憩建筑和服务建筑	< 1.0	< 9.0	< 2.0	< 1.0	—	—
	园路及铺装场地	5~15	5~15	5~15	5~15	—	—

注："—"表示不作规定；表中管理建筑、游憩建筑和服务建筑的用地比例是指其建筑占地面积的比例。

（6）动物笼舍应按游憩建筑计入面积，动物运动场宜计入绿化面积。

2. 容量计算（《公园规范》3.4）

公园游人容量，指游览旺季高峰期时同时在公园内的游人数量。通过对游人数量的控制，避免公园因超容量接纳游人，而造成人身伤亡和园林设施损坏等事故，并为城市部门验证绿地系统规划的合理程度提供依据。

公园设计应确定游人容量，作为确定内部各种设施的规模、数量以及进行公园管理的依据。

公园游人容量应按下式计算：

$$C=(A_1/A_{m1})+C_1 \qquad (1-1)$$

式中　C——公园游人容量（人）；

　　　A_1——公园陆地面积（m^2）；

　　　A_{m1}——人均占有公园陆地面积（$m^2/$人）；

　　　C_1——公园开展水上活动的水域游人容量（人）。

人均占有公园陆地面积指标应符合表 1-6 规定的数值。

3. 公园设施项目的设置（《公园规范》3.5）

公园设施项目的设置，应符合表 1-7 的规定。

4. 公园厕所（《公园规范》3.5.3）

游人使用的厕所应符合下列规定：

（1）面积大于或等于 10hm² 的公园，应按游人容量的 2% 设置厕所厕位（包括小便斗位数）；面积小于 10hm² 者，按游人容量的 1.5% 设置；男女厕位比例宜为 1：1.5；

（2）服务半径不宜超过 250m，即间距 500m；

（3）各厕所内的厕位数应与公园内的游人分布密度相适应；

（4）在儿童游戏场附近，应设置方便儿童使用的厕所；

（5）公园应设无障碍厕所。

5. 休息座椅（《公园规范》3.5.4）

休息座椅的设置应符合以下规定：

（1）容纳量应按游人容量的 20%~30% 设置；

（2）应考虑游人需求，合理分布；

（3）休息座椅旁应设置轮椅停留位置，其数量不应小于休息座椅的 10%。

6. 垃圾箱（《公园规范》3.5.5）

垃圾箱设置应符合下列规定：

（1）垃圾箱的设置应与游人分布密度相适应，并应设计在人流集中场地的边缘、主要人行道路边缘及公用休息座椅附近；

（2）公园陆地面积小于 100hm² 时，垃圾箱设置间隔距离宜为 50~100m；公园陆地面积大于 100hm² 时，垃圾箱设置间隔距离宜为 100~200m；

（3）垃圾箱宜采用有明确标识的分类垃圾箱。

7. 公园停车场（《公园规范》3.5.6）

公园配建地面停车位指标可符合表 1-8 的规定。

8. 标识、标牌（《公园规范》3.5.8）

标识系统的设置应符合下列规定：

（1）应根据公园的内容和环境特点确定标识的类型和数量；

（2）在公园的主要出入口，应设置公园平面示意图及信息板；

（3）在公园内道路主要出入口和多个道路交叉处，应设置道路导向标志；如公园内道路长距离无路口或交叉口，宜沿路设置位置标志和导向标志，最大间距不宜大于 150m；

公园游人人均占有公园陆地面积指标（$m^2/$人）　表 1-6

公园类型	人均占有陆地面积
综合公园	30~60
社区公园	20~30
专类公园	20~30
游　　园	30~60

注：人均占有公园陆地面积指标的上下限取值应根据公园区位、周边地区人口密度等实际情况确定。

公园设施项目的设置　　　　　　　　　　　表 1-7

设施类型	设施项目	陆地面积 A_1（hm²）						
		$A_1 < 2$	$2 \leq A_1 < 5$	$5 \leq A_1 < 10$	$10 \leq A_1 < 20$	$20 \leq A_1 < 50$	$50 \leq A_1 < 100$	$A_1 \geq 100$
游憩设施 （非建筑类）	棚架	○	●	●	●	●	●	●
	休息座椅	●	●	●	●	●	●	●
	游戏健身器材	○	○	○	○	○	○	○
	活动场	●	●	●	●	○	○	○
	码头	—	—	—	○	○	○	○
游憩设施 （建筑类）	亭、廊、厅、榭	○	○	●	●	●	●	●
	活动馆	—	—	—	—	○	○	○
	展馆	—	—	—	—	○	○	○
服务设施 （非建筑类）	停车场	—	○	○	●	●	●	●
	自行车存放处	●	●	●	●	●	●	●
	标识	●	●	●	●	●	●	●
	垃圾箱	●	●	●	●	●	●	●
	饮水器	○	○	○	○	○	○	○
	园灯	●	●	●	●	●	●	●
	公用电话	○	○	○	○	○	○	○
	宣传栏	○	○	○	○	○	○	○
服务设施 （建筑类）	游客服务中心	—	—	○	○	●	●	●
	厕所	○	●	●	●	●	●	●
	售票房	○	○	○	○	○	○	○
	餐厅	—	—	○	○	○	○	○
	茶座、咖啡厅	—	○	○	○	○	○	○
	小卖部	○	○	○	○	○	○	○
	医疗救助站	○	○	○	○	○	●	●
管理设施 （非建筑类）	围墙、围栏	○	○	○	○	○	○	○
	垃圾中转站	—	—	○	○	●	●	●
	绿色垃圾处理站	—	—	—	○	○	○	○
	变配电所	—	—	○	○	○	○	○
	泵房	○	○	○	○	○	○	○
	生产温室、荫棚	—	—	○	○	○	○	○
管理设施 （建筑类）	管理办公用房	○	○	○	●	●	●	●
	广播室	○	○	○	●	●	●	●
	安保监控室	○	●	●	●	●	●	●
管理设施	应急避险设施	○	○	○	○	○	○	○
	雨水控制利用设施	●	●	●	●	●	●	●

注："●"表示应设；"○"表示可设；"—"表示不需要设置。

（4）在公园主要景点、游客服务中心和各类公共设施周边，宜设置位置标志；

（5）景点附近可设科普或文化内容解说信息板；

（6）在公园内无障碍设施周边，应设置无障碍标识；

（7）可能对人身安全造成影响的区域，应设置醒目的安全警示标志。

9. 水体外缘（《公园规范》5.3）

水体的进水口、排水口、溢水口及闸门的标高，应保证适宜的水位，并满足调蓄雨水和泄洪、清淤的需要。

水体驳岸顶与常水位的高差以及驳岸的坡度，应兼顾景观、安全、游人亲水心理等因素，并应避免岸体冲刷。

公园配建地面停车位指标　　表 1-8

陆地面积 A_1 （ hm^2 ）	停车位指标（个 /hm^2）	
	机动车	自行车
$A_1 < 10$	≤ 2	≤ 50
$10 \leq A_1 < 50$	≤ 5	≤ 50
$50 \leq A_1 < 100$	≤ 8	≤ 20
$A_1 \geq 100$	≤ 12	≤ 20

注：不含地下停车位，表中停车位为按小客车计算的标准停车位。

关于水体岸边防护设施的设置，《园林绿化工程项目规范》GB 55014—2021 的 3.5.1 中有以下最新规定：

水体岸边设有活动场地的区域，应在下列条件下设置防护设施：

（1）近岸 2.00m 范围内、常水位水深大于（含）0.70m 的人工驳岸；

（2）驳岸顶与常水位的垂直距离大于（含）0.50m 的驳岸；

（3）天然淤泥底水体的驳岸。

10. 园路纵断面及园路横坡（《公园规范》6.1.5、6.1.6）

1）园路纵断面设计规定

（1）主路不应设台阶；

（2）主路、次路纵坡宜小于 8%，同一纵坡坡长不宜大于 200m；山地区域的主路、次路纵坡应小于 12%，超过 12% 应作防滑处理；积雪或冰冻地区道路纵坡不应大于 6%；

（3）支路和小路，纵坡宜小于 18%；纵坡超过 15% 的路段，路面应作防滑处理；纵坡超过 18%，宜设计为梯道；

（4）与广场相连接的纵坡较大的道路，连接处应设置纵坡小于或等于 2% 的缓坡段；

（5）自行车专用道的坡度宜小于 2.5%；当大于或等于 2.5% 时，纵坡最大坡长应符合现行行业标准

《城市道路工程设计规范》CJJ 37 的有关规定。

2）园路横坡设计规定

园路横坡以 1%~2% 为宜，最大不应超过 4%；降雨量大的地区，宜采用 1.5%~2%；积雪或冰冻地区的园路、透水路面横坡以 1%~1.5% 为宜。纵、横坡坡度不应同时为零。

11. 梯道（《公园规范》6.1.7）

梯道设计应符合下列规定：

（1）台阶踏步数不应少于 2 级；

（2）纵坡大于 50% 的梯道应作防滑处理，并设置护栏设施；

（3）梯道的净宽不宜小于 1.5m；

（4）梯道每升高 1.2~1.5m，宜设置休息平台，平台进深应大于 1.2m；条件为特陡山地时，宜根据具体情况增加台阶数，但不宜超过 18 级；

（5）梯道连续升高超过 5.0m 时，宜设置转折平台，且转折平台的进深不宜小于梯道宽度。

12. 护栏（《公园规范》8.2）

（1）各种安全防护性、装饰性和示意性护栏不应采用带有尖角、利刺等构造形式。

（2）防护护栏高度不应低于 1.05m；设置在临空高度 24m 及以上时，护栏高度不应低于 1.10m。护栏应从可踩踏面起计算高度。

（3）儿童专用活动场所的防护护栏必须采用防止儿童攀登的构造，当采用垂直杆件做栏杆时，其杆间净距不应大于 0.11m。

（4）球场、电力设施、猛兽类动物展区以及公园围墙等其他专用防范性护栏，应根据实际需要另行设计和制作。

（5）防护护栏扶手上的活荷载取值应符合下列规定：

①竖向荷载按 1.2kN/m 计算，水平向外荷载按 1.0kN/m 计算，其中竖向荷载和水平荷载不同时计算；

②作用在栏杆立柱柱顶的水平推力应为 1.0kN/m。

（6）防撞栏杆应符合现行行业标准《城市桥梁设计规范》CJJ 11 的有关规定。

1.4 常用公园绿地指标计算

城市公园绿地的规划指标主要包括城市绿地面积、人均绿地面积、人均公园绿地面积、城市绿地率和城市绿化覆盖率。绿地面积应该以绿化用地的平面投影面积为准，每块绿地只应计算一次。城市公园绿地的各项指标应按以下公式计算。

1. 城市绿地面积

城市绿地面积指公园绿地面积、防护绿地面积、广场用地中的绿地面积和附属绿地面积之和。

$$A_g=A_{g1}+A_{g2}+A_{g3}+A_{xg} \qquad (1-2)$$

式中　A_g——城市绿地面积（m²）；

A_{g1}——公园绿地面积（m²）；

A_{g2}——防护绿地面积（m²）；

A_{g3}——广场用地中的绿地面积（m²）；

A_{xg}——附属绿地面积（m²）。

《城市绿地分类标准》CJJ/T 85—2017 中的"区域绿地"（EG）位于城市建设用地之外，不参与建设用地汇总，故没有作为城市绿地面积的一部分加以计算。

2. 人均绿地面积

人均绿地面积指城市中每个居民平均占有城市绿地的面积。

$$A_{gm}=（A_{g1}+A_{g2}+A_{g3}+A_{xg}）/N_p \qquad (1-3)$$

式中　A_{gm}——人均绿地面积（m²/人）；

A_{g1}——公园绿地面积（m²）；

A_{g2}——防护绿地面积（m²）；

A_{g3}——广场用地中的绿地面积（m²）；

A_{xg}——附属绿地面积（m²）；

N_p——人口规模（人），按常住人口进行统计。

3. 人均公园绿地面积

人均公园绿地面积指城市中每个居民平均占有城市公园绿地的面积。

$$A_{g1m}=A_{g1}/N_p \qquad (1-4)$$

式中　A_{g1m}——人均公园绿地面积（m²/人）；

A_{g1}——公园绿地面积（m²）；

N_p——人口规模（人），按常住人口进行统计。

4. 城市绿地率

城市绿地率指城市中的绿地面积占城市用地面积的比率。

$$\lambda_G=[（A_{g1}+A_{g2}+A_{g3}+A_{xg}）/A_c]×100\% \qquad (1-5)$$

式中　λ_G——城市绿地率（%）；

A_c——城市用地面积（m²），与绿地统计范围一致；

A_{g1}——公园绿地面积（m²）；

A_{g2}——防护绿地面积（m²）；

A_{g3}——广场用地中的绿地面积（m²）；

A_{xg}——附属绿地面积（m²）。

5. 城市绿化覆盖率

城市绿化覆盖面积是指乔、灌木和草坪等所有植被的垂直投影面积，包括屋顶绿化植物的垂直投影面积以及零星树木的垂直投影面积，但是乔木树冠下的灌木和草本植物不再重复计算。故城市绿化覆盖率是城市建设用地范围内全部绿化植物垂直投影面积之和与建设用地面积的比率（%）。目前，城市绿化面积的测算已广泛采用了航测和人造卫星摄影技术。

我国一直以城市绿地率、城市绿化覆盖率和人均公园绿地面积等指标为核心，来指导城市绿地系统建设。但这些指标难以反映城市公园在城市中的空间分布格局，以及城市居民对公园的使用需求和效率。王云才等人提出了新的公园绿地指标，涵盖了游憩文化服务和生态调节服务两个方面。在游憩文化服务方面，选取了公园服务半径覆盖率、公园服务重叠率、人均公园面积和游憩机会指数等指标；在生态调节服务方面，选取了冷岛效应和归一化植被指数等指标。此外，《城市绿地规划标准》GB/T 51346—2019 还提出了人均风景游憩绿地面积、公园绿地服务半径覆盖率、万人拥有综合公园指数三大指标。

6. 规划市域人均风景游憩绿地面积

$$\text{人均风景游憩绿地面积} = \frac{\text{市域风景游憩绿地面积（m}^2\text{）}}{\text{市域规划人口（人）}} \quad (1\text{-}6)$$

其中，"市域规划人口"指市域范围内的规划人口总量，而非仅包括中心城区人口。

7. 公园绿地服务半径覆盖率

$$\text{公园绿地服务半径覆盖率} = \frac{\text{公园绿地服务半径覆盖的居住用地面积（hm}^2\text{）}}{\text{居住用地总面积（hm}^2\text{）}} \times 100\% \quad (1\text{-}7)$$

8. 万人拥有综合公园指数

$$\text{万人拥有综合公园指数} = \frac{\text{综合公园总数（个）}}{\text{建成区内的人口数量（万人）}} \quad (1\text{-}8)$$

纳入统计的综合公园应符合现行行业标准《城市绿地分类标准》CJJ/T 85 的规定；人口数量统计应符合《中国城市建设统计年鉴》的要求。

第 2 章

公园设计过程解析

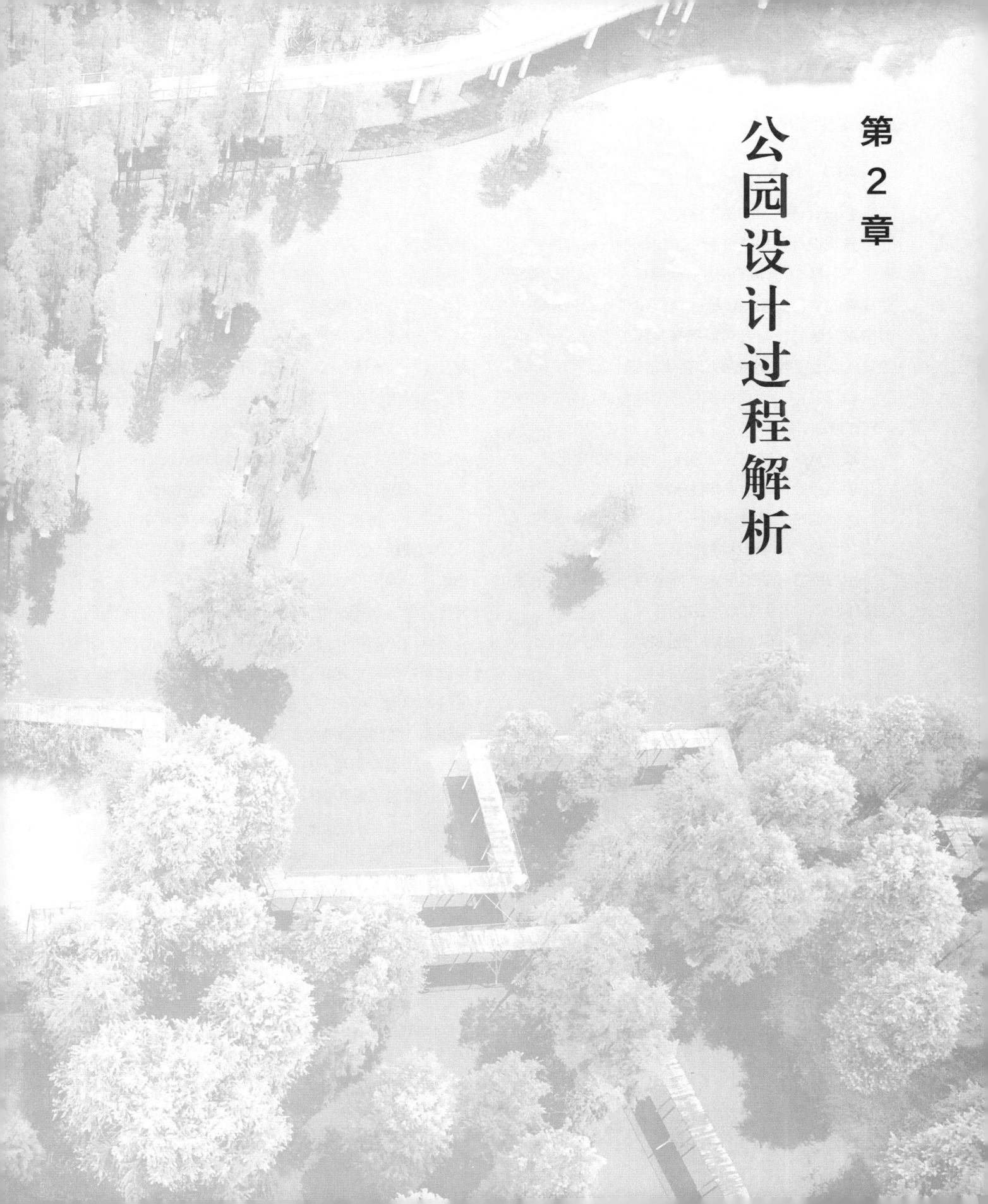

2.1 设计的起始：任务与背景

2.1.1 任务解读

1. 设计任务书的基本信息

景观设计项目的任务书（也称项目说明书或项目要求书）是一份详细描述项目目标、范围、要求和预期成果的文件。它为设计人员提供了明确的指导，并帮助确保所有参与者对项目有共同的理解。一个典型的景观项目任务书包括以下基本信息。

项目名称：为项目提供一个独特的名称，以便于识别和管理。

项目背景：描述项目起源、背景和历史信息。

项目目标：明确主要目标和预期成果。

场地信息：提供场地的详细描述，包括地理位置、红线、地形、场地遗存等。

用户需求和功能要求：描述目标用户群体的需求以及项目必须满足的功能要求。

项目范围：明确场地红线，界定红线内外区域。

植物：提供场地原有植物信息。

园路：提供场地内部现状道路信息。

预算与资金：明确项目的预算限制和资金来源。

时间表：提供项目的时间线，包括关键里程碑（时间节点）和预期的完成日期。

附件和参考资料：提供相关的图纸、研究报告、历史文件等支持材料。

实际的项目任务书可能还包括环境和社会影响评估、可持续性和生态要求、设计和施工要求、沟通和报告机制、风险管理、合同和法律要求等。任务书的内容可能会根据项目的具体情况和复杂程度而有所不同，但上述列出的任务书要点提供了一个基本框架，有助于确保项目从一开始就有明确的方向和目标（图2-1）。

2. 设计任务书的解读策略

1）关注任务书命题

这是理解公园设计目标、功能定位、规模和服务范围的起点。如果任务书的命题是"某城市中心公园的改造设计"，关键词"改造"表明设计应在现有公园的基础上进行，考虑其原有的特色和功能，同时提升其服务能力和环境质量。

即使是看似常规或没有太多要求的题目，也可以激发自己的问题意识，尝试进行主题性表达。因此，平时需要培养自己对社会需求、专业前沿、行业动态、社会现象、国家政策等方面的敏感性和关注度。例如，可以在公园设计中加入海绵城市与固碳设计的内容。

2）重视场地环境条件

环境条件通常通过文字描述和地形图来呈现。设计师需要结合这些信息，在脑海中构建出公园的空间形象，以便更好地理解其自然环境、地形特征和社会文化背景。例如，当任务书中提到需要保留特定的历史遗迹或自然景观时，设计师就应考虑如何将这些元素融入新的设计之中，使其成为公园的特色之一。若任务书提到"公园东、南、北三面隔城市道路与居住区相邻，西侧紧邻高等院校"，设计时就应考虑将其定位为生态健全、景观优美、充满活力的户外公共活动空间，以满足该市居民日常休闲活动的功能需求。具体来说，应至少配备儿童活动场、老年人活动场；公

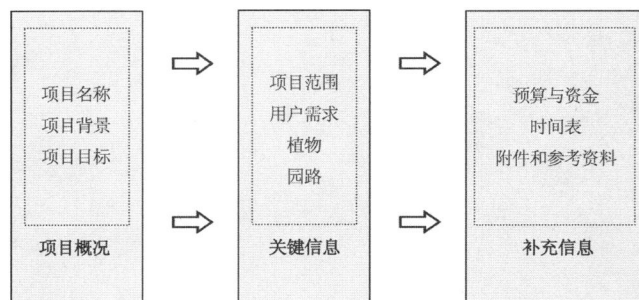

图2-1 设计任务书框架图

园内邻近高等院校的场地，应配备与校园环境互补的功能性场地，如科普认知场地、极限运动场地等。

3）紧扣设计要求

设计要求通常涉及公园的功能布局、交通流线、可达性等，这些要求是设计过程中必须遵循的基本原则。同时，任务书中可能还包含一些隐性要求，如对公园的可持续性、生态保护或特定活动空间的设计等。例如，任务书提到"公园用地原为土山，经多年取土挖掘，现状地形破碎，山体及自然地貌遭到很大破坏"。这时就需要考虑如何因地制宜，对山体进行修复与生态保育。

通过深入理解这三大策略，设计师可以确保公园设计在尊重和利用现有环境条件的基础上，既满足任务书的要求，又能提升公园的功能性和吸引力。

2.1.2　场地调研

对任务书进行深入解读后，需对场地进行有目的的资料收集与现场调研。本节详细列举了一个设计项目可能需要收集的前期资料和现场调研内容，可结合实际情况加以相应取舍。

1. 资料收集

资料收集与整理常常采用分类统计的方式。公园设计的主要对象为城市公共区域，涉及使用人群、社会经济、历史与文化、自然环境等多方面的内容，尤其是大型项目，所需收集的资料内容庞杂。数据收集之前，需根据项目的规模与特点、设计的目标与内容，制作专属的资料收集表格或提纲（表 2-1）。

2. 现场调研

实地勘察与调研的主要任务是详细了解基地要素现状、基地与周边环境的关系，以及基地辐射范围内的人地关系和使用需求（表 2-2）。提前做好相关准备，有利于提高现场踏勘与调研的效率。

调研的方法多种多样，日本建筑师协会编著的

《建筑与城市设计的调查分析方法》《建筑·都市计画のための调查·分析方法》（井上书院，2012 年）一书罗列了五大类调查方法，分别为观察类、实验类、捕捉意识类、访问类和资料调查类。此外，在罗承选等编著的《大学生社会调查方法与艺术》和李和平编著的《城市规划社会调查方法》等书籍中，也有对调研方法的系统讲解和梳理。

项目前期资料收集列表　　　　表 2-1

资料类型		资料内容
基地及城市资料	气象	· 年平均温度、年最低和最高温度； · 年平均湿度、年平均降雨量、降雨天数、阴晴天数； · 风向、风速、静风频率、太阳高度角； · 微气候
	地质	· 自然基底（植被、水体、绿地）； · 地质结构； · 不良地基分布（滑坡、山体坍塌、泥石流、地震带）； · 水体及地下水位、水质变化状况； · 地下管网分布、给水排水与电力电信管网现状
	历史	· 城市及基地历史沿革； · 历史建筑遗存； · 历史事件与传说、民俗文化、近现代特色文化
	城镇	· 城镇职能类型； · 城镇分布； · 城市化发展状况； · 人口规模与结构； · 种族与宗教； · 流动人口、人口变动规律、人口老龄化率
	经济	· 地区生产总值、人均可支配收入； · 近年全年接待游客人次、旅游综合收入； · 消费水平； · 旅游资源、特色物产
	相关规划	· 城市总体规划； · 绿地系统规划； · 土地利用规划； · 交通规划； · 基地历史规划图纸
	规划依据	· 国家法律法规、标准规范及相关文件； · 地方法规、规范与文件
	同类项目	· 已建成或已规划同类项目的分布状况； · 使用状况、认知度、规模与特点、创新点与亮点
专题资料		· 因项目性质及设计要求，需收集相应的专题资料；例如，设计一个运动公园，需调查并收集公园使用者的数量、运动设施的类型以及需求量的相关数据；设计工业遗产地保护景观，需了解工业遗产的产业特征、工艺流程、区域内相似产业的分布情况等专题资料

现场调研分析常见内容 表 2-2

调研类型	调研内容	
场地周边概况	建筑风貌、基础设施、周边用地性质、周边交通	
使用需求调研	人群年龄占比与结构、人群属性（根据目的划分）、人群活动时间、人群出行方式与活动流线、人群活动（空间）需求	
基地现状调研	地形	·场地现有地形的起伏与分布、场地的自然排水类型
	水体	·现有水面的位置、范围、平均水深；常水位、最低和最高水位；洪涝水面的范围和水位； ·现有水面与基地外水系的关系、水面岸带情况； ·汇水区、汇水点、排水体、主要分水线和汇水线
	植被	·植被的种类、数量、分布、群落结构、可利用程度； ·林地范围、植物组成、水平与垂直分布、郁闭度、林龄、林内环境
	建筑	·位置、类型及风格、使用情况
	景观视线	·场地周边视域界面、范围、视线通廊、观赏物等
	交通状况	·主路、支路、小路的现状及道路的通行问题； ·基地与周边区域的衔接

3. 场地分析

场地分析不是简单的场地记录和描述，而是对调研资料和数据进行分析，找出场地的现存问题，并提出相应的初步解决方案。场地分析的常见内容如表 2-3 所示。

场地分析可以采用定性分析和定量分析相结合的方法。定性分析以归纳法为主，有利于界定设计问题和不断集中主要矛盾所在，指明设计方向。定量研究重视客观事实，依赖数据和量度，其结果更加精确可信。随着信息技术的发展，大数据分析在园林行业中的应用，已经为景观设计师提供了更为准确、精细、科学的数据支持，是数字景观规划设计的重要数据源和定量科学依据，如智慧城市及智慧景区动态监测数据、街区或景区人流实时统计数据等。此外，大数据分析技术也可以帮助设计师对园林场所进行系统性的

场地分析的常见内容 表 2-3

图纸类型	图纸内容
交通分析	列出周围各种交通形式的走向、场地与相邻道路的关系、停车位数量和位置、公共交通站点分布等；可以得到制约下一步设计的一些要素，如出入口、停车场、避让要素（轻轨、高速公路的噪声避让等）
项目定位	确定项目在整体区域中的定位；分析周边的用地性质，列出其他同类项目的分布及服务半径，确定本项目的服务对象及规模，从而合理规划公园的功能和特色
使用人群分析	分析场地潜在使用人群的年龄结构、职业结构，依据人口特征来设计公园绿地，能够更好地满足不同人群的需求，提高公园绿地的使用率和满意度
社会人文分析	进行城市文化与旅游规划分析，包括历史信息、民风民俗、适宜该场地的理想生活模式等，使公园绿地成为城市文化传承和展示的重要载体
景观视线分析	旨在通过确定观景点和视线点、模拟视线路径、评估可见性、保护天际线，以及优化设计等步骤，为游客提供最佳视野体验；同时，确保公园的自然美景和文化特色得到保护
基础设施现状分析	涉及对游览、服务、公共、管理四大类设施的评估，关键点包括场地及周边现有的停车位、厕所等设施的接待能力；以此为后续的合理规划提供支撑
竖向及高程分析	包括对高程、坡度、坡向的量化分析，以及对排水和视线等影响因素的考量；确保公园设计既满足功能需求，又兼顾美观、安全和生态平衡
植被现状分析	涉及对乔木、灌木和草本植物等上、中、下层植被的考察，分析常绿与落叶、阔叶与针叶植被的分布，关注植物的色彩和季相变化，以及生物的多样性水平
生态物种分析	关注场地内生态物种的多样性、分布状况、生态位和保护状态，以及生境质量和生态过程；其目的是制定保护和恢复措施，维护生物多样性，增强生态系统的服务能力，以实现生态平衡和可持续发展
地质水文分析（水环境分析）	涉及对地质遗迹、水文地质特征、地下水位埋深和水文地质结构的全面评估，对保护地质遗产、评估水资源潜力、规划公园建设和维护生态平衡至关重要
场地不利因素分析	包括对场地内潜在的自然和人为不利因素的识别和评估，包括悬崖、污染物、特殊工厂、污染水体、高压线、边坡、垃圾堆放和有害植物等
SWOT 分析	需要综合考量公园的内部资源和外部环境，作出综合全面的分析总结，包括内部的优势与劣势和外部的挑战与机遇

分析和评估。例如，通过大数据分析，评估场地的水文环境、生态条件、空气质量等指标；通过分析用户的浏览历史、点击模式、搜索内容等，了解用户对不同景观元素的兴趣和偏好。这些数据分析结果可以被设计师用于优化景观设计方案，使设计更符合用户需求，从而提升用户的体验感和满意度。

2.1.3 限制条件

在上一节中，我们详细介绍了在开始设计之前我们需要收集和调研的资料。其中，当地的文化、场地的历史变迁、人群需求等，对于设计有一定的指导意义；而场地的上位规划、区域气候、场地内一些特殊条件等，则是设计无法忽略的限制条件，在一定程度上，对设计内容起到了决定性的作用；因此，在着手设计之前需作针对性梳理。本节结合《公园规范》中的相关内容，从上位规划、区域气候条件、场地内特殊条件三个方面解读其对公园设计的限制（表 2-4），以方便读者快速了解影响公园设计的限制条件。

《公园规范》中强调了上位规划、远期建设、地域特色在公园设计前期阶段的重要性，关于公园现状地形、原有设施、古树名木保护等有详细规定。第 3.1.1 条规定：公园的用地范围和类型应以城乡总体规划、绿地系统规划等上位规划为依据。在城乡总体规划中，绿地系统规划是重要的专项规划之一，其中有专门针对公园性质、规模、服务半径、主要建设内容的指导条文。首先要确保符合规划所要求的规模和位置，不得随意更改用地红线；其次要明确公园的性质和服务半径。第 3.1.2 条中规定：公园设计应正确处理公园建设与城市建设之间、公园的近期建设与持续发展之间的关系。

2.1.4 问题研判

设计在初始时，往往具有模糊性，任务书所提供

的也只是一个设计方向。具体的设计内容不应该是草率决定的，而应基于综合全面、详细缜密的分析研判，提出具体的设计方向和内容。在进行基地现状分析、使用需求调研等工作之后，设计者通常使用 SWOT 方法，对项目的优势和劣势、机遇和挑战加以分析考量。最后综合研判，凝练出一个或几个关键问题，并将其作为后续立意构思、分区布局以及详细设计的指导性内容。关键问题的凝练因场地而异，甚至可以跳出场地范围的限制，而从更广泛的自然生态视角或社会人文视角入手，以下简单列举一些问题研判的视角。

1. 场地存在良好基底或突出问题

包括场地内的典型地形、河流等自然景观、场地所处的特殊位置，以及场地内特殊的保留要素等，无论其表现为优势（如良好的水域景观）还是突出问题（如水质不佳），都可作为分析的重点。例如，南京汤山矿坑公园曾为汤山最大的废弃矿坑，通过调研现场地形，发现场地内原有山体上有多个采石坑，互相独立、并不相通。后续设计利用这一独特的地形条件，赋予各个采石坑不同的功能定位（图 2-2）。长春水文化生态园，其原址是一片工业遗迹，场地内原有大量长势良好的植物群落，以及部分古树名木资源。因此，项目团队保留并利用古树，以古树为主角，设计了多处广场和台地花园，使得整个项目具有了无法被复制的生态面貌和艺术气质。

2. 场地周边的人群需求

在场地规划中，需精准研判周边不同人群的行为特征与使用需求。例如，当场地毗邻大型居住区时，儿童与老年人的活动需求应作为核心考量要素，规划设计需充分契合不同年龄群体的生理特征、行为模式及使用偏好。以贵阳乐街小区中心花园改造项目为例，设计团队对使用者的年龄结构、性别比例、职业类别及活动轨迹等信息进行了量化分析与梳理（图 2-3）；

影响公园设计的常见限制性条件 表 2-4

限制条件	限制内容		具体解释
上位规划	对公园性质、范围的限制		公园的用地范围和类型应以城乡总体规划、绿地系统规划等上位规划为依据
	对功能区的限制		功能分区应充分考虑不同人群的需求，而人群类型又与周边的用地性质相关，周边用地性质取决于上位规划
	对空间布局、园路设计的限制		公园主、次出入口和专用出入口的位置和数量应考虑城市规划的要求，如交通规划、用地规划等；机动车停车场的出入口应考虑周边规划，如距人行过街天桥、地道和桥梁、隧道引道应大于 50m，距交叉路口应大于 80m
	对水系设计的限制		水系设计应充分考虑上位规划中对周边水域的规划
	对公园竖向设计的限制		竖向设计应根据公园周围的城市竖向规划标高和排水规划，提出公园内地形的控制高程和主要景物的高程
区域气候条件	对种植设计的限制		植物种类选择、配置方式应充分考虑当地的气候状况；例如，北方城市公园的常绿乔木与落叶乔木的种植比例约为 3∶7，而南方地区常绿乔木和落叶乔木的比例以 5∶5 或 4∶6 为宜
	对场地设计的限制		场地设计要充分考虑气候特色，创造适合当地气候环境的开放式空间；例如，温度较高的地区应考虑如何通过设计缓解高温带来的不舒适感，日照时间较长的地区则应考虑如何得到更多的阴影面积
	对园林建筑设计的限制		建筑的形式、朝向、布局、间距、材料等，应结合气候特点进行确定
	对水体设计的限制		在季风气候区，应根据水体的枯水期水位线及丰水期水位线设置水体消落带
	对道路设计的限制		积雪或冰冻地区道路纵坡不应大于 6%
	对给水排水的限制		绿化灌溉用水定额应根据气候条件、植物种类、土壤理化性状、灌溉方式和管理制度等因素综合确定；灌溉设施也应根据气候特点、地形、土质、植物配置和管理条件进行设置
场地内特殊条件	地形、地貌、土质条件		地形设计应充分考虑原场地的起伏变化，尽可能平衡公园内的土方；水系设计应根据水源和现状地形等条件，确定各类水体的形状和使用要求；当对公园内原有自然岩壁、陡峭边坡加以利用时，应对其作地质灾害评估，并根据评估结果采取安全防护或避让措施；不应填埋或侵占原有湿地、河湖水系、滞洪或泛洪区及行洪通道；种植设计应根据地形、土质条件等选择适宜的植物
	场地内保留物	建（构）筑物	地形设计应与已有建（构）筑物保持一定的距离，如紧邻建（构）筑物时，应保证不影响其地基基础及上部结构的安全；有文物价值的建（构）筑物，应加以保护，并结合到公园内的景观之中
		古树名木	严禁砍伐或移植公园内的古树名木，应按《公园规范》采取相关的保护措施
		地下管线和工程设施	在保留的地下管线和工程设施附近进行设计时，应对原有物进行保护
	原场地的特殊需求		如当公园内的河流有通车、通船及排洪需求时，园桥应充分考虑桥下净空

结合人群需求和场地条件，设置了社交、休憩、观赏、娱乐等多重功能空间；围绕场地四周设置了一条塑胶康体跑道，串联起花园中的 7 个活动场景，为社区居民提供了安全高效的运动休闲场地。

3. 场地所在的文化背景

文化背景包含两个维度，一个维度是场地所处的地区或城市的文化背景。如成都分水公园的设计，从成都地脉和文脉出发，以四川的水文特征为导向，将"水到成都"的故事通过自然模拟的设计手法，从堰渠、峡谷到叠池、洲屿，逐步演绎形成四个专属于成都的水互动公园，共同构成"水到成都"四部曲（分水、穿水、叠水、环水）。另一个维度是场地本身历史沿革的文化背景（如场地自身的兴衰演替、场地曾经的功能属性等）。如杭州白塔公园，原是闸口火车站所在区域，留存有铁轨、火车、信号灯、仓库等浙江铁路工业的印记，公园内还有一座建于五代十国时期的

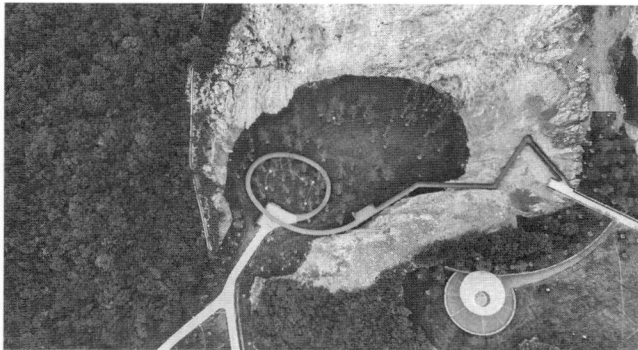

图 2-2　改造后的采石场矿坑（张唐景观）

图 2-3　贵阳乐街小区中心花园（九源国际）

图 2-4　杭州白塔公园

图 2-5　杭州少年儿童公园（沈实现　提供）

白塔，如何对待场地内原有的工业遗存和历史遗迹，保留或重塑其在新的历史阶段的功能价值，是设计需要解决的关键问题（图 2-4）。

4. 社会未来的发展趋势

可以当前的社会热点问题作为设计的切入点，如儿童的自然缺失症、自然灾害频发等公共问题。如杭州少年儿童公园，原场地为传统风格的桂花文化公园，在综合整治工程设计中，以让儿童回归自然为主旨，充分保留和利用现状山林和泉水资源进行改造，设计水剧场、撒欢坡、萌宠园、水乐园和岩石园等游乐空间，探索了一条传统公园低成本有机更新的途径（图 2-5）。

以上几个切入设计的视角往往需要相互结合、综合研判，得出设计的关键问题。例如，某公园场地内水域景观突出，但水质不佳，周边有大量居住区，儿童是场地的主要使用人群；结合当下儿童接触自然不足的现象，将模糊的设计问题清晰化，聚焦于"如何在改善水质的同时，为周边住区的儿童提供一个可以融入自然的玩乐场所"。

【示例 1】（杭州临安）苕花公园

苕花公园位于临安区沿苕溪的城区西侧，是城区唯一未被开发的滨水地块。场地现状整体平缓，除邻近 205 省道的一幢 6 层建筑外，其余区域均已完成拆整。地块沿溪长 1.4km，最宽处 180m，最窄处 18m。场地周边为直立驳坎，与现状水渠呈夹角形式，临水面大，具有较好的亲水优势。然而，场地存在空间局促、近水不亲水、缺少场景体验等问题。如河堤断面太陡、太硬，单一性质的活动场地缺乏互动性和特色体验。这些问题需要在后续的规划和设计中加以解决和优化（图2-6）。

【示例2】（杭州临安）南屏山公园

南屏山公园位于昌化镇中南部，占地约7hm²；拥有显著的区位和文化优势，地处交通便利的黄金旅游线上，且拥有丰富的历史文化资源。然而，公园目前面临基础设施老化、功能布局分散、景观季相单一等劣势，亟须通过改造提升来优化游客体验和公园形象。此外，公园的发展潜力巨大，借助政府支持和旅游发展机遇，有望转型为集休闲、文化、教育于一体的城市山地公园，但需克服保护与发展的平衡难题，提升公园的吸引力和竞争力（图2-7）。

【示例3】天目山珍稀植物园

天目山珍稀植物园位于杭州市临安区西天目山风景区内，占地约20.5hm²。场地自然景观丰富，拥有火山岩巨石、丰富的植被资源和多样的动物种类，同时也是文化和历史的宝库，具有重要的生态、科研和旅游价值。然而，场地面临一些挑战和问题，包括如何合理规划和利用自然资源以保护生态平衡，如何融入和展示丰富的历史文化遗产，以及如何在保护生物多样性的同时满足科普教育和旅游需求。此外，还需要优化场地内部的交通游线，以减少对生态环境的干扰，并提高游客体验（图2-8）。

图 2-6　苕花公园现状问题研判

场地现状

| 维护不足 | 未满足需求 | 场地破碎化 | 入口缺乏吸引力 | 风格混杂 | 道路与场地铺装存在破损状况 | 存在废弃场地 | 标识系统欠缺 |

历史文化

昌化镇建成于唐朝万岁通天元年，是一座历史悠久、山环水绕的自然城，辖区内旅游资源丰富，文化特色鲜明，有昌化十景、东塔、虞溪古桥、南门弄古街等，吸引了众多游客，使昌化镇成为集吃、住、游于一体的特色镇

南屏塔
虞溪古桥
南门弄
祭孔礼仪

SWOT分析

优势	劣势
1. 交通便捷 2. 生态环境良好 3. 历史文化悠久	1. 基础设施老化 2. 景观缺乏维护 3. 公园区块破碎
机遇	挑战
政府扶持带来发展机遇；昌化镇仅有的市内公园	如何使其既具有历史延续感，又满足当代人的需求

图 2-7　南屏山公园现状问题研判

资源分析

石	溪	林	人文	路
火山岩巨石之多，2002年被列入《吉尼斯世界纪录大全》，巨石成谷、清泉满谷，被称为石水胜景、峡谷仙境	西天目山南坡诸水汇合为天目溪，向南流经桐庐入钱塘江；天目山其余诸水入苕溪，注入太湖	拥有"大树华盖冠九州"和"植物王国"的美称	天目山的佛教文化源远流长，且有人文旅游地——周恩来演讲纪念亭，为天目山留下了丰富的人文景观	园区内有车行环线系统，道路宽度为4.5~6.5m；场地内有部分古道，但不成系统

SWOT分析

THREATS 挑战

如何展示 **优势自然资源**　　如何体现 **历史文化遗产**　　如何融入 **天目山禅意**

区位优势	自然资源优势	文化优势	临安旅游前景	场地停留	场地分割
邻近临安城区，是离大都市最近的古森林	有禅林、古道、巨树等特色旅游资源	浙大西迁、周恩来演讲、佛教文化历史悠久	临安将以其环境和自然资源优势，与长三角经济区各发达地区形成密切联系，旅游发展前景非常广阔	景区入口区块，游客停留时间短	整个场地被道路划分成三部分，缺乏联系

STRENGTHS 优势　+　**WEAKNESSES 劣势**　+　**OPPORTUNITIES 机遇**

图 2-8　天目山珍稀植物园现状问题研判

2.2 场所的链接：概念与构思

2.2.1 设计定位

项目定位首先应严格遵循《城市绿地分类标准》CJJ/T 85—2017 中对公园绿地的定义和分类（见本教材第 1.1 节）。公园绿地（G1）为向公众开放，以游憩为主要功能，兼具生态、景观、文教和应急避险等功能、有一定游憩和服务设施的绿地，包括综合公园（G11）、社区公园（G12）、专类公园（G13）和游园（G14）四中类（表 2-5）。此外，《公园规范》第 3.2 节还对各类公园的主题内容有更详细的规定和说明，第 3.3 节规定了不同类型和陆地面积的公园的用地比例（绿化用地、建筑用地、园路及铺装场地用地）（见本教材第 1.3 节）。

经过前期的调查分析，尤其是对场地问题的综合研判后，基本上就能对设计目标有一个较为清晰客观的定位，明确公园规划建设的目标和标准了。也就是建设什么样的公园，或者说这个公园未来将在整个城市环境中扮演什么样的角色。一个好的公园设计定位需要能够在满足相关法规、规范规定的前提下，较好地呼应场地关键问题。具体的设计定位因地而异，并无标准答案。

在本教材第 2.1.4 节问题研判中，介绍了几种提炼场地关键问题的切入点，它们也有助于判断、确定场地的设计定位。在这一节中我们提到，某公园的设计问题聚焦于在改善水质的同时，如何为周边住区的儿童提供一个可以亲近自然、融入自然的玩乐场所，由此推导出其设计定位——一个以水质净化为核心的儿童科普教育公园。

【示例4】（杭州临安）苕花公园

在综合考虑场地现状问题后，将苕花公园定位为集游戏玩乐、氛围体验、运动休闲等多种功能于一体的全场景体验样板区。旨在形成临安区山水相连的创新之作，通过省级"未来社区"的运营和体验，解决现有"未来社区"的通病。将玲珑山公园和沿苕溪地块纳入戚家桥未来社区，实现山水相连，提升城市品质和居民生活质量。

不同类型的代表性公园绿地   表 2-5

公园绿地类别		代表性公园绿地
综合公园（G11）		奥林匹克森林公园、上海世纪公园
社区公园（G12）		东山少爷公园、梅丰社区公园、上海创智农园
专类公园（G13）	动物园（G131）	北京动物园、苏州动物园
	植物园（G132）	杭州植物园、北京植物园、厦门园林植物园
	历史名园（G133）	避暑山庄、豫园、拙政园、网师园、留园
	遗址公园（G134）	圆明园遗址公园、良渚古城遗址公园、汉长安城国家遗址公园
	游乐公园（G135）	上海迪士尼乐园、广州长隆欢乐世界
	儿童公园（G139）	杭州少年儿童公园、深圳龙岗儿童公园
	体育健身公园（G139）	深圳湾体育训练基地、衢州体育公园、杭州运河体育公园
	滨水公园（G139）	三桥亚运公园、上海杨浦滨江公园
	纪念性公园（G139）	湖南烈士公园、青海原子城基地纪念园
	雕塑公园（G139）	上海静安雕塑公园、北京国际雕塑公园
	城市湿地公园（G139）	杭州西溪湿地、金华燕尾洲公园、哈尔滨市群力新区城市湿地公园
	城市风景名胜公园（G139）	北海公园、成都浣花溪公园
	城市森林公园（G139）	北京奥林匹克森林公园、江西梅岭国家森林公园
游园（G14）		北京市灵镜胡同地铁口口袋公园、上海永嘉路口袋广场

【示例5】（杭州临安）南屏山公园

南屏山公园旨在打造一个集运动休闲、文化展示与自然教育于一体的城市山地公园。通过提升基础设施、丰富植被景观、保护和利用历史文化资源，以及增设多样化的休闲和教育设施，将公园打造成市民日常休闲、体验自然和了解地方文化的重要场所。设计注重可持续发展和生态保护，旨在提供一个既美观又实用的公共空间。

【示例6】天目山珍稀植物园

设计团队在经过对场地条件、地理区位、区域资源等方面的综合研判和问题凝练之后，将植物园定位为集自然观光、人文体验、禅意休闲等多种功能于一体的"十大名山的园中园""自然生态的探索园""科普研学的标本园""珍稀植物的展示园"，以充分展示天目山的自然资源和人文资源优势。

2.2.2　主题立意

主题是风景园林绿地和各类主题公园的灵魂和精髓，促使风景园林形成鲜明特色和独特个性，为自身建立鲜明的公众形象。风景园林中的"主题"常用来指艺术创作活动中所表现出来的中心思想。风景园林主题绿地与一般风景园林绿地的区别在于，前者除具备风景园林绿地的普遍功能之外，还会因主题定位的不同，而具备其他功能，如教育功能、体育运动功能、纪念功能、生态功能等。

主题设计就是主题的选择和确定以及立意和表达。主题的立意和表达不能停留在局部或设计的表层，而应融入整体的风景园林规划设计之中。"造园之始，意在笔先"，根据不同的主题，可以设计出意境、景色各异的园林景观。主题设计是风景园林规划设计的核心和关键，因此应结合具体的场地条件，将设计立意以形式语言的方式表达出来，增强景观的感染力和吸引力，激发游赏者的情感共鸣。主题立意可以从以下几个方面切入。

1. 从功能出发立意

园林设计的核心在于实现场地的基础使用价值。首先，依据绿地的主导属性（如综合公园、社区游园等），梳理游憩、集散、生态涵养等功能的层级关系，构建合理的功能分区与空间序列；其次，以功能分区为骨架，展开具体空间的形态设计与设施配置。

2. 从生态角度立意

生态优先已成为当代风景园林设计的核心准则。从生态维度进行主题立意，需以生态学原理为支撑，通过低影响开发（LID）、构建乡土植物群落、优化水文循环系统等策略，营造具有自我修复能力的近自然生态系统，实现场地的碳汇增效与生物多样性保护。

3. 从诗情画意出发立意

"诗情画意"是中国传统造园的灵魂，蕴含着独特的文化基因与造园哲思。将其融入现代风景园林主题设计，可以通过"比德""借景""题咏"等造园手法，借助植物配置、空间序列与意境符号的呼应，达成"意与境偕"的审美效果，实现"虽由人作，宛自天开"的艺术境界。

4. 从地方风情出发立意

从地域特征维度进行主题立意，需深度挖掘场地所在区域的民俗文化、地貌特征与生活方式。通过提取地域标志性元素（如乡土材料、传统符号），将其转化为景观语言，使主题既彰显地域文化的独特性，又融于当代生活场景。

5. 从历史文化出发立意

从历史文脉维度进行主题立意，需基于场地周边的历史遗存、文化事件或传统智慧，筛选具有当代价值的文化内核，通过景观叙事（如节点纪念性设计、空间序列重现），实现历史文化的现代表达；同时，结合当代人的行为需求与场地现状，达成文化传承与功能使用的有机统一。

6. 从设计理念或生活出发立意

设计理念是设计过程中的主导思想，在风景园林主题设计时，"以人为本"是第一设计理念。要充分考虑人的游乐休憩需求，将人们的生活理念融入园林绿地设计的造景与布局之中；同时，也应注重将功能与美观相结合。

7. 从模仿类似设计项目的角度立意

在风景园林主题设计中，将外界的相似事物应用于风景园林设计之中；模仿相似作品的构图方式或形式，在其基础上进行归纳总结，充实和完善自己的创作理念和手法，进而形成主题立意新颖的好作品。

8. 从技术、材料等角度出发立意

技术与材料是园林设计的重要前提与保障。从技术与材料的角度进行风景园林主题立意，新技术、新材料因其在工艺上有所创新，不仅可以丰富风景园林主题设计的形式，还可以打造风景园林新形象，向人们展示科学技术的高速发展。

【示例7】（杭州）花港观鱼公园

"花港观鱼"为西湖十景之一，地处西湖苏堤的南段西侧，三面临水，一面倚山。公园在南宋时称"卢园"，又以其邻近花家山而名"花港"。古时这里只有一池、一碑、三亩地。1952年，在原有"花港观鱼"的基础上，扩建了附近的旧庄园和水田，逐步建成了如今的花港观鱼公园。设计人员延续"花、港、鱼"三个在地性主题，利用原本的场地环境条件和地形变化，以及原有的几座私家园林，疏通港与道，建成了以"花、港、鱼"为特色的园内景点。1964年，二期扩建工程竣工后，占地面积达 20hm²。全园分为大草坪观赏区、红鱼观赏区、牡丹园区、花港区、丛林区、疏林草坪区等景区，与雷峰塔、净慈寺隔苏堤相望（图2-9）。

【示例8】（杭州）小河公园

公园的前身是始建于20世纪70年代的中石化小河油库，是运河历史变迁的重要见证和杭州的"老工业代表"。原有废弃工业厂址以"小河公园"的面貌得以再生，被打造成为一个多功能的公园。封闭式仓储库房被改造为艺文空间；露天仓库被用作室外活动场所；油罐的外墙上切割出上千个大小不一的孔洞，被称为油罐灯笼。设计在保留原有建筑遗产和特色元素、延续历史记忆的基础上，融合了新时代的设计语言，形成独一无二的文化地标公园，使这个有着近70年历史的工业遗产焕发了新生（图2-10）。

【示例9】（杭州良渚）劝学公园

公园紧邻良渚实验学校，青少年和儿童是其主要适用人群。因此设计师以自然科普教育为设计主题，利用地势高差及水资源分布，将公园划分为自然认知墙、时光漫影、宇宙旋涡、银河印象、创智农场等多主题互动休闲乐园，创造出一种可玩、可游、可学的多元生活场景（图2-11）。

【示例10】天目山珍稀植物园

天目山珍稀植物园将展现天目山独特的自然生态和丰富的珍稀植物资源作为主题立意，同时融合地域文化和历史遗产，打造了一个集自然观光、科普教育、文化体验与生态保护于一体的综合性园区。通过精心设计的"自然之径""人文之径"和"寻禅之径"，为游客提供沉浸式的自然与文化体验，强调生态保护与可持续发展的理念（图2-12）。

2.2.3 设计策略

城市公园有了切合实际又富有创造性的立意之后，下一个关键步骤就是拟定设计策略。设计策略是实现上述设计定位和主题的具体路径，因园而异，有法无式，具有较高价值的策略往往具有很强的系统化思维，所解决的问题具有一定的普遍性与较强的实践性。设计策略一方面来源于对设计目标的推导，这也是能够将设计目标落地的有效途径和抓手；另一方面来源于设计者的知识储备和经验。

图 2-9　花港观鱼公园

图 2-10　小河公园

图 2-11　劝学公园（张唐景观）

图 2-12　天目山珍稀植物园

设计策略的提出需要遵循以下几项原则。

1. 问题导向性

设计策略必须精准对应具体问题，这是使问题得以有效解决的关键。通过构建"问题研判→设计定位→主题构思→策略制订"的闭环逻辑链，确保方案的系统性与针对性。

2. 多维覆盖性

复合型问题往往需要多元策略的组合实施。典型策略可能横跨生态保护、文化传承、生活便利等多重维度。策略一经确定，便需实现全流程一致性贯彻，以避免执行断层。

3. 具有层级性

设计策略一般不止一个层级，第一层级为"总策略"，或称之为理念，具有统领的作用。每个策略下又会有下一层级的"具体策略"，具体策略的落地性、针对性和可操作性更强。

4. 具有科学性

设计目标、主题立意等偏于抽象层面，而设计策略则具备科学的可操作性。作为达成设计目标的具象路径，它是将设计目标与主题立意转化为场地实体形态的关键环节，其表达需精准明确，而非模糊含混。

【示例 11】　美国纽约中央公园

纽约中央公园是在美国城市中心建立的第一个大型公园，由时任中央公园管理委员会主任的奥姆斯特德设计。他以"景观化的自然"作为建造城市绿色空间的理念，为曼哈顿的未来勾勒出了一个"绿色乌托邦"，一座异质于城市环境的"绿洲"。

①功能定位：草坪计划

草坪是设计方案的核心特征。奥姆斯特德认为人们最需要的是简单、宽阔、开敞、干净的草坪，它需要提供足够的活动范围；周围有很多树木，能提供多种光线效果和树荫；没有过多城市功能与人工构筑物干扰的中央公园应该成为城市中的"精神避难所"。

②交通系统：隔断疏离

中央公园以分隔的方式强调公园与城区空间的疏离感，把步行交通和车辆交通有意识地分隔开。彼此分离的各级道路通过下行穿越通道和架空跨越通道的方式独立运行，使人们在公园中休憩的时候，不会遇到城市交通系统带来的潜在冲突和危险，从而强化田园牧歌的印象。

③景观设计：风景如画

在中央公园景观设计中，设计师因地制宜地利用地形，随类赋形，再现自然，营造多样化的景观空间；设计焦点景观和多维度的观景点；选择大量自然野生的植物种类，构成原生态的植物景观。

【示例 12】（西安）雁南公园

项目位于古都西安的市中心，占地约 41hm²。场地地下是一处可以追溯至新石器时代（仰韶文化时期）的考古遗址。设计团队需要面对历史文化遗产保护条例对场地的苛刻限制，同时还要在大型开放空间里营造出可容纳多种城市活动的人性化的公共空间。文物部门限制了地下 30cm 及以下空间的任何开发使用，并且限制了深根性植物的种植和使用。设计团队采取了"漂浮的宝箱"的设计策略，39 个由竹丛包围而成的口袋花园应运而生，底部是回收来的建筑垃圾。这样设计的"城市绿心"不仅为各种相互冲突的活动创造了独立空间，也为原本令人生畏的大型开放空间带来了人性化的尺度，成为一个真正充满活力的"城市绿心"；将日常生活融入人工自然，同时将神

秘的古城遗址保护在地下。

①可消纳建筑垃圾的"漂浮花园"

为了避免开挖和深根性植物，景观地形的塑造采用现场回收的土方和建筑垃圾，形成 1~3m 高的景观地形，并栽植属于浅根植物的竹子，形成直径为 10~70m 的围合空间，每个围合空间构成一个"漂浮花园"。

②可容纳丰富活动的花园系统

围绕中央草坪，场地内共形成了 39 个不同规模的口袋花园，以容纳不同的用途和活动；从而构成丰富、可达的公共空间，如圆形剧场、儿童游乐场、宿根花园、草药园。

③可创造沉浸式体验的路网系统

两条花廊作为公园的交通主干路；环绕公园的自行车道和慢跑道也被用作公园次干路，连接所有的服务设施；沿着公园高地边缘的空中步道，游客可以欣赏到城市天际线。

④台地和低维护景观

地形设计采用台地形式，消解场地至排水沟之间的陡峭地形，就地回收再利用石头和瓦片等旧建筑材料，建造挡土墙，构建低成本、低维护景观。有些台地作为人工湿地，被用于过滤富营养化的水体。

【示例 13】 天目山珍稀植物园

天目山珍稀植物园的设计策略着重于"小展示、大保护"的理念，通过集中展示天目山特色植物资源，满足科普教育需求的同时，分担核心保护区的压力。设计中融合了入口游线、研学节点、山体景观和原生植被，以提升自然美感和生态保护功能。植物园采用"一轴、三园、三径、六点"的布局方式，通过生态修补和自然资源保护，强化生态韧性；同时，采用最小扰动的人工介入方式，保护原生环境。此外，设计还注重场地活化与历史文脉的焕新，利用原有古道、寺庙等历史遗存构建景观节点，强化场地的历史记忆，创造具有教育意义和自然体验价值的生态空间（图 2-13）。

存量更新	修复生境	提炼自然	三生三径	低碳减排
○ 自然中见人工	○ 保护本土珍稀植物	○ 展示珍稀植物之美	○ 多重视角串联场地	○ 体现自然人文之美的人工营造

图 2-13　天目山珍稀植物园设计策略

①存量更新，自然中见人工

利用古道、田垄、木栈道等原有路基构筑道路。这些自然特征和历史遗存成为游线组织的关键，它们不仅成为道路改造的基础，而且能够作为视觉节点，建立游客和场地历史的连接。

②修复生境，保护本土珍稀植物

多层级优化现有生境的稳定性。将复原力纳入规划框架，提高该项目在应对如树木死亡、公平性、洪水、山火、生态健康和气候变化等多种关键问题时的能力。

③提炼自然，展示珍稀植物之美

设计团队以抓住本土植物群落的精髓为目标，对原型生态系统进行了视觉上的提炼，以凸显其色彩、对比、纹理和季相特性。

④三生三径，多重视角串联场地

利用场地内的两条道路，打造出三条游线。尊重不同时代层叠累积形成的历史线路与节点，对历史遗存本体仅作最低限度的清理与加固，保持其真实性。在绿色文化、红色文化、宗教文化三重语境下，展现设计者对该项目在自然、文化和时间上作出的深入思考，标志着该场地已经开启了全新的生命篇章。

⑤低碳减排，体现自然人文之美的人工营造

以"宜小不宜大、宜土不宜洋、宜低不宜高、宜隐不宜显、宜淡不宜艳"为原则，在园中适当增添观赏停留空间。为减少碳足迹，所选用的材料均来自距场地500m范围内，就地取材，以场地内的蛮石（天然

花岗石的俗称）、原木、山上原有的老石板等作为建筑材料，融入自然，减轻对原有场地的影响。

2.3　格局的推演：结构与布局

公园设计的场地，尤其是综合公园，通常面积较大，分区和节点众多；因此，设计者必须有"先规划、后设计"的全盘布局思维，应在统一的指导思想下，按照有关依据作出全面的综合设计，即总体设计。此环节考验的是设计者对场地的全局组织能力，也是公园设计区别于小尺度场地设计的关键所在，更是"公园设计"这门课程的重点与难点。本节将分内外衔接、功能分区、景观结构、园路系统、山形水系、植物景观、建筑布局 7 个专题，对总体设计环节进行详细讲解。

2.3.1　内外衔接

1. 周边用地性质

通过分析公园周边的用地性质，设计师可以合理规划公园内的空间布局，如休闲区、娱乐区、运动区等，确定其功能结构及功能配比（表 2-6）。周边有商业中心时，可以布置商业娱乐功能，形成规模效应，提升地块价值；有历史街区时，可以设置文化轴线，并将其延伸进地块内；有教育用地时，需要考虑人流影响，布置教育和文化建筑等。此外，还应评估公园

周边用地性质对出入口设计的影响 表2-6

周边用地性质	对应使用人群及需求	对出入口设计的影响
商业区	青年人；休闲娱乐、集散	出入口需考虑大面积人流集散、户外洽谈、商业展示、水景喷泉等功能
办公区	办公人群；办公、休息	出入口需考虑人流集散、休闲健身、户外会议等功能
居住区	全年龄段人群，尤其是老年人及儿童；娱乐	出入口多设硬质场地，以满足人们休闲娱乐等需求
学校	学生；户外教室	出入口不需要太大，可以考虑包含科普教育、户外课堂等功能
医疗用地	医患；康养空间	可考虑增加花带、水体，且需设置无障碍坡道
山体	—	不需设置出入口
水系	—	不需设置出入口

建设对周边环境的影响，如交通流量、噪声污染、生态平衡等，通过合理的规划和设计，最大限度地削弱这些负面影响，确保公园的可持续发展。

2. 周边竖向标高

公园的竖向设计，特别是公园内外交界处，应充分考虑周边的竖向标高。如通过周边市政道路的标高确定地块内部交通对外的标高点，使场地内外的竖向设计恰当衔接；通过设置台阶消除场地内外高差，引导游人进入公园内部；通过地形设计，构建场地内外的视线通廊，强化与周边的空间联系。

【示例14】（深圳）笔架山公园

笔架山公园北侧界面毗邻城市主要快速道路，多年来被长期忽视，主要以围墙和小型路口的形式呈现，失去了与城市连接的活性和契机。设计团队围绕"把公园送还给城市"这一主旨，拆除围墙，打开公园边界，模糊公园与城市的界线，使公园的绿色景观可以修饰过于嘈杂的快速路空间；通过人行天桥，让快速路对面的大型社区居民可以快速便捷入园，并通过坡道消解场地高差，构建可直达湖边的曲折游线（图2-14）。

【示例15】（杭州临安）苕花公园

该公园为苕溪沿线新规划的公园改造项目，与玲珑山公园主入口之间，相隔一条交通繁忙的城市主干道，这严重限制了两个地块之间的人群流动。设计方提出了建设人行过街天桥的解决办法，这样不但能解除交通限制，还能消解部分场地高差。游客可以通过

过街天桥直接到达山地公园内部较高处，减小了山地公园入口处人群拥挤的可能性，构建了两块绿地之间更顺畅的连接（图2-15）。

3. 周边水系状况

公园的水系尽量与周边河湖水系连通，使公园水系成为有来源和去脉的安全活水水系。《公园规范》第3.1节规定：公园与水系相邻时，应根据相关区域防洪要求，综合考虑相邻区域水位变化对公园景观和生态系统的影响，并应确保游人安全。公园在设计时，应根据区域的径流总量控制目标和上位规划确定的公园分解指标及功能要求，并结合公园的景观要求和自然条件，确定公园的雨水控制利用目标，以指导具体的专项设计。

因此应首先处理好与公园周边大环境水系的关系，结合水文变化情况，有效地管控和确定公园水系的水量、水位、流向等。公园内的最高水位，必须保证重要的建筑物、构筑物等不被水淹。周边水系因水位变化而可能对公园水系的水位产生不利影响时，需设置堤坝、闸站等水工设施，对水位加以控制和调节。在具体设计时，判断水流方向是滨水设计的前提。当水质较好时，应设计亲水节点；当水质较差时，应考虑采用水质净化措施加以改善。水位的高低决定了滨水消落带的设计，当水位变化较大时，应根据不同的水位设计不同高度的道路与平台。

【示例16】（杭州）运河体育公园

场地位于杭州市核心地段，基地一侧临京杭大运

河，两侧临城市主干道。项目团队保留运河肌理与文化，改造场地内原有水系，利用促渗、滞净等手段对场地雨水径流进行管理，并为周边河道提供优质的雨水水源，使整个公园成为一个收集、过滤和再利用雨水的城市绿肺。为加强南北两个地块的联系，根据地形设计了下穿的生态峡谷，峡谷之上是城市道路、漫步道（人行天桥）和城市河流。挖掘"下沉长廊"产生的土方，可以在不需要引入客土的情况下，确保公园内可以塑造连绵起伏的山丘和湿地景观；坚持"零土"策略，以最大限度地减少建造过程对环境的不利影响（图2-16）。

图 2-14　笔架山公园北环沿线景观提升工程（方行设计）

图 2-15　苔花公园综合改造工程

图2-16 运河体育公园[浙江省建筑设计研究院有限公司+纽约建筑与技术事务所（ARCHI-TECTONICS）+中国电建集团华东勘测设计研究院]

【示例17】（南京）河西生态公园

南京河西生态公园位于河西新城的西南端，起始于河西新区的行政中心区，穿越了高容积率的商业办公区，连通了位于河西端头的城市金融中心，是坐落于新崛起、高密度的南京未来城市中心一条城市轴线上的中央公园。南京多降雨，且水量不均；尤其在雨季，当地暴雨多，容易引发内涝。因此，出于防洪上的考虑，在秦淮河与长江交汇处的沿岸建立起防洪大坝，使市民失去了亲水的机会。此次设计，在水文化传承和城市防洪排涝需求的基础上，设计团队提出了一个大胆的构想，用一条水系连通位于基地端头的鱼嘴公园和位于基地中心的滨湖公园。这条水系将穿过高密度的城市商业空间，并于滨湖公园引入一个较大的水面，在解决城市内涝问题和提供城市休憩景观空间的同时，呼应了南京历史悠久的水文化，为南京市民创造了一处新的城市亲水空间（图2-18）。

4. 内外交通衔接

出入口是联系公园内外的纽带和关键点，是由城市道路空间过渡到公园空间的转折处，在整个公园中起着十分重要的作用。《公园规范》第3.1.4、4.2.8、6.1.13条对出入口有以下规定：沿城市主、次干道的公园主要出入口的位置和规模，应与城市交通和游人走向、流量相适应。需要设置出入口内外集散广场、停车场、自行车存车处时，应确定其规模要求；售票的公园游人出入口外应设集散场地，外集散场地的面积下限指标应以公园游人容量为依据，宜按500m²/万人计算。考虑到双向轮椅的通过，单个出入口的宽度不应小于1.8m；举行大规模活动的公园应另设紧急疏散通道。此外，《城市绿地规划标准》GB/T 51346—2019第5.1.4条规定：综合公园至少应有一个主要出入口与城市干道连通。

1）公园人行出入口设置

公园的出入口可分为主要出入口、次要出入口和专用出入口三类，在位置和数量设定时，除需考虑周边的交通因素，还应考虑周边用地性质对出入口的影响（见表2-6）。本节对各类出入口的设置进行了经验总结，供初学者快速掌握出入口设计的要点（表2-7）。

2）公园停车场出入口设置

（1）停车场的分类。公园停车场一般分为机动车停车场和非机动车停车场。机动车停车场的停车以小型客车居多，适当考虑大型客车。泊位数依据公园性质与面积规模、区位交通、游人容量等的综合情况而定。

公园出入口设计要点　　　　　　　　　　　　　　　　　　　　　　　　表 2-7

出入口分级	数量	功能	位置
主要出入口	1~2 个	·标志性； ·供大多数游人出入； ·满足人群集散，以及短暂的停留、休息	·一般面向城市干道、游人主要来源方向； ·同时考虑园内分区、自然地形等因素； ·通常结合集散广场设计； ·与主园路连通，使游人能快速到达大型设施或娱乐场所
次要出入口	2~4 个或更多	·人流通行集散； ·起辅助作用	·一般设在公园四周的不同位置，避免周围居民绕远路入园； ·设在园内有大量人流集散的设施附近； ·其设施规模、内容仅次于主要出入口
专用出入口	1 个	·为园务管理、运输和内部工作人员而设，不供游人使用	·在公园管理区附近或较偏僻隐蔽处
无障碍出入口	1 个或更多	·方便残障人士入园	·一般结合公园的其他出入口设置

（2）停车场的布置。大规模停车场一般作为重要附属设施，布置在公园主要出入口外侧附近。必要时可考虑设置地下停车场（或结合地下人防设施），这种方式更有利于人车分流和车辆管理。结合实际情况，可以分散设置多处停车场。

《公园规范》第 4.2.9 条规定：机动车停车场的出入口应有良好的视野，位置应设于公园出入口附近，但不应占用出入口内外的游人集散广场；地下停车场应在地上建筑及出入口广场用地范围下设置；机动车停车场的出入口距离人行过街天桥、地道和桥梁、隧道引道应大于 50m，距离交叉路口应大于 80m；机动车停车场的停车位少于 50 个时，可设一个出入口，其宽度宜采用双车道；50~300 个时，出入口不应少于 2 个；大于 300 个时，出口和入口应分开设置，两个出入口之间的距离应大于 20m。

（3）停车场的规模。公园是否需要建设停车场和公园陆地面积有关，《公园规范》第 3.5.1 条规定：陆地面积小于 2hm² 的公园不需要设置停车场，中等规模的公园（2hm² ≤陆地面积< 10hm²）可设停车场，陆地面积大于或等于 10hm² 的大型公园应设停车场。关于公园配建地面停车位的数量指标，根据《公园规范》第 3.5.6 条的相关规定（见本教材第 1.3 节），不同规模的公园应按陆地面积的相应比例设置机动车和非机动车停车位。

【示例 18】（杭州）运河体育公园

场地北靠留石高架路，西侧为商业用地和居住用地，南侧为居住用地，东侧为居住用地和公共设施用地。场地由四条城市道路清晰地勾勒出近 46hm² 的用地边界，一条花园岗街将其划分为南北两片区域。

公园主入口设在东南角，承接主场馆人流、周边居民和学生，东西两侧为居民提供了若干次级出入口。其中公园北部片区的西侧因运河阻隔，而仅开设了一个出入口；北侧因紧邻城市快速路，而只开设了一个小出入口（图 2-17）。

【示例 19】（南京）河西生态公园

场地北靠城市主干道；西侧为居住用地和绿道，靠城市次干道；南侧为居住用地，靠次干道；东侧为公共设施用地，靠次干道。

公园主入口设在东侧，承接公共设施人流与主轴线。北侧、南侧和西侧开若干次级出入口，其中地下车库出入口设于南侧次干道上（图 2-18）。

【示例 20】（上海）徐家汇公园

场地北侧为居住用地和商业用地，靠城市主干道；西侧为商业用地，靠城市次干道；南侧为居住用地，靠主干道；东侧为居住用地，靠次干道。

主入口设在南侧，承接居住和商业用地的人流与主轴线，其余几侧开若干次级出入口。靠商业用地一侧的出入口为开放式广场（图 2-19）。

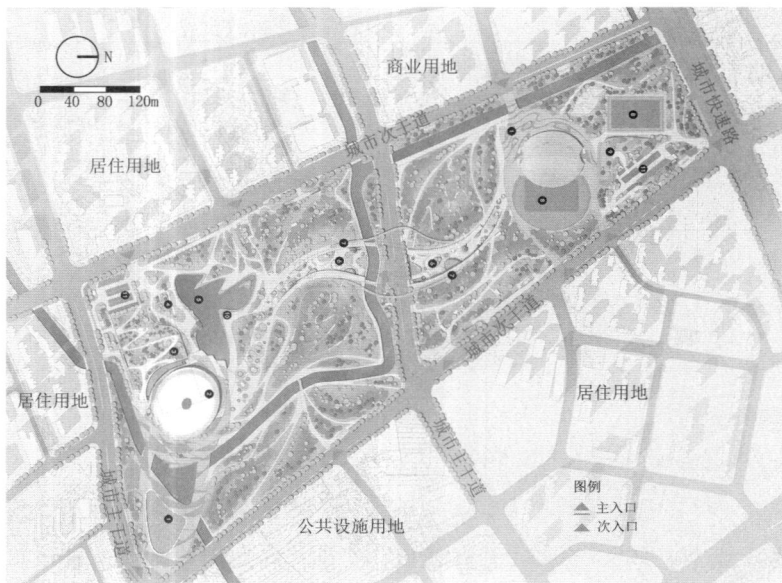

图2-17 运河体育公园出入口设置

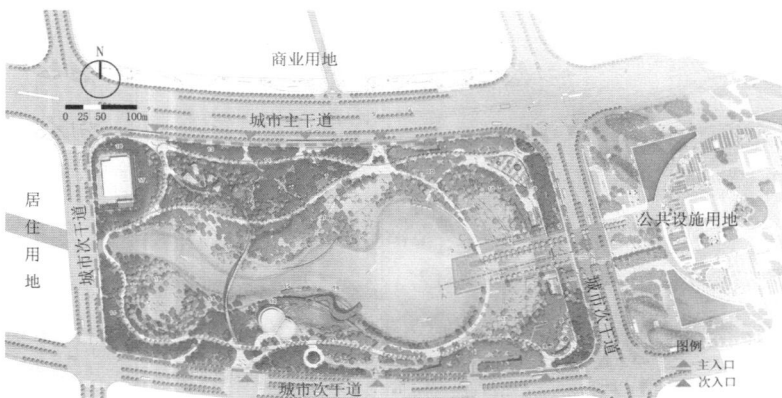

图2-18 河西生态公园出入口设置

图2-19 徐家汇公园出入口设置

2.3.2　功能分区

功能分区属于公园设计中规划层面的内容，设计师要在宏观的景观环境中，从全局的角度充分了解环境、周围建筑物与人之间的相互作用，以理性、客观、科学、人性的角度进行整体的安排。在公园分区规划阶段，有两项关键任务：一是明确需要安排哪些功能区；二是确定各个分区该如何布局。

1. 分区规划的依据

公园中应该安排哪些功能区？这与公园的主题定位、场地特点有关。《城市绿地规划标准》GB/T 51346—2019 第 5.1.5 条规定：综合公园设置儿童游戏、休闲游憩、运动康体、文化科普、公共服务、商业服务、园务管理等设施，应符合以下规定（表 2-8）。这说明不同规模的综合公园在设施设置上应有所区别，大规模公园的设施应更全面，相应的功能分区应更多元；而专类公园或主题公园还会有更具主题特色的分区。在具体设计时，功能分区可根据具体情况，选择某个角度或者多个角度进行分区规划。

1）以外部用地属性分区

场地有怎样的功能，在很大程度上取决于使用人群有什么需求，而人群需求与周边的用地性质有关。因此应当先明确场地周边的用地性质，依据用地性质判断场地的主要使用人群，继而判断场地内部需要哪些功能分区（表 2-9）。

2）以内部自然元素分区

公园内的功能分区规划可以根据公园所在地的自然条件，如地形、土壤状况、水体、原有动植物等，结合地形、游人数量、当地特色植物等，营造具有特色的自然元素分区。可按植物景观特色划分，例如樱花观赏区、水生植物观赏区；或按综合景观游赏特色划分，例如柳浪闻莺景区、平湖秋月景区、花港观鱼景区等。

综合公园设施设置规定　　表 2-8

设施类型		公园规模（hm²）		
		10~20	20~50	≥ 50
1	儿童游戏	●	●	●
2	休闲游憩	●	●	●
3	运动康体	●	●	●
4	文化科普	○	●	●
5	公共服务	●	●	●
6	商业服务	○	●	●
7	园务管理	○	●	●

注：1. "●"表示应设置，"○"表示宜设置；
　　2. 表中数据以上包含本数，以下不包含本数。

公园常见人群特征及空间需求　　表 2-9

分类	人群	特征	空间需求
年龄	儿童	好奇心强，容易受伤	需要安全、有趣、色彩丰富的空间；应提供体育运动、自然探索、文化科普等户外活动
	青少年	活动量大，喜欢新潮	体育运动场地和社交场地
	老年人	身体较弱，喜爱社交活动	应提供安全且通行无障碍的空间，需要广场、亭廊等场地，进行社交、健身等活动
身份	学生	求知欲强，需要放松	能够展示地方文化、进行自然教育的设施
	商务人群	案牍劳形，远离自然	能够亲近自然，游憩放松的空间
	家庭	亲子活动需求量大	能够开展亲子交流、科普教育等活动的场地，如露营草地

3）依据内部人文元素分区

针对一些场地可能存在建筑物或历史遗迹的情况，或者具有特殊的人文元素，可以围绕场地内的特定文化及遗产保护要素进行分区，保留场地特色，延续场所精神，赋予场地独一无二的精神风貌。如一些纪念性公园、工业遗址公园等，可设计传统文化展示区、工业文化展示区；对于一些建筑、田地遗存，可以改造为文化展示馆、科普展示区、农耕体验园等。

公园常见功能分区规划设计要点　　　　表 2-10

功能分区	常见设施内容	选址要点	设计要点
科普及文化娱乐区	·广场及商店、餐厅、俱乐部、展览馆、影剧院、音乐厅、溜冰场等服务设施	·交通便利，人流量大的项目尽量靠近主出入口，可快速疏散人流，甚至可以设置专用的出入口； ·布置在平地、缓坡等易于活动的区域	·人流最集中、最热闹的活动区域，游人密度大； ·在大型综合公园中通常集中布置，有瞬时人流高峰； ·设置足够的道路广场和生活服务设施，以满足大型活动的需求；小型活动场地可化整为零、分散布置； ·演出场地应有方便观赏的适宜坡度和观众席位； ·利用地形以及树木、山石等加以隔离，减小对安静区域的干扰
观赏游览区	·花草树木、山石水体、建筑小品等	·宜远离主入口，选择地形、植被等自然资源丰富处； ·若面积较大，可分成数块灵活布局，但应保持各块之间的联系	·公园核心区域占地面积较大，游人密度较低，是相对安静的区域； ·应与文化娱乐区、体育活动、儿童活动区等闹区进行分隔； ·植物配置宜采用自然式，林间空地可搭配草坪、亭、廊、花架、座椅等
安静休息区	·亭廊、茶室等小面积分散布置的风景建筑	·选址灵活，可分散布置，宜远离主入口和闹区，设置在比较独立的边角处； ·宜结合山谷、溪流、湖泊等自然风景选址	·占地面积一般较大，因公园规模而异； ·供游人安静休息、漫步、学习或进行一些较为安静的体育活动； ·活动项目宜少不宜多，利用地形、树木与闹区自然隔离； ·多采用自然密林式种植，或以植物围合出密闭空间，或疏林草地
老年人活动区	·服务建筑； ·简单的体育设施和健身器材； ·坡道、无性别厕所等无障碍设施	·交通便捷，远离闹区，交通方便，无障碍； ·环境优雅、风景宜人、地形平坦、背风向阳之地； ·可设在观赏游览区或安静休息区附近	·应设置以健身、娱乐为主的动态活动区和以下棋、聊天为主的静态活动区；两区之间既要保持相应的距离，又可以相互观望； ·充分考虑安全防护问题，道路广场应注意平整、防滑； ·道路不宜太窄，不宜使用汀步； ·老年人认知能力减退，视觉敏感度下降，道路景观营造应指向明确、易识别； ·植物配置可结合老年人的喜好，并选择具有健康疗愈作用的芳香、保健类植物
儿童活动区	·长凳、滑梯、爬架等儿童活动设施	·靠近公园主入口，便于儿童快速到达，避免穿越其他功能区； ·较为独立，安全性高； ·日照、通风、排水良好的地段	·规模可大可小，视情况而定； ·用地面积较大的儿童活动区在内容设置上与儿童公园类似，用地面积较小的儿童活动区只在局部设游戏场； ·可根据儿童的年龄特征设置多个区域； ·设置成人照看、休息和等候的场所
运动健身区	·运动设施、景观小品	·常位于次入口处，既方便运动人群快速到达，又不会造成拥堵	·有完善的运动设施，可设表达运动主题的景观小品； ·植物配置一般采用规则式配置方式；选择生长速度快、高大挺拔、冠大整齐的乔灌木，以利于夏季遮阴

2. 常见分区的布局要点

各个分区该如何布局？需要考虑各个分区与场地环境的关系，以及各个分区相互之间的关系，最终确定各个分区的位置和大致范围。如不同功能、不同人群使用的游憩设施场地应分别独立设置；游人大量集中的场地应与主园路顺畅连接，并便于集散；安静休息区与喧闹区之间应利用地形或植物加以隔离；儿童游戏场与游人密集区、主园路与城市干道之间宜用植物或地形等加以隔离，构成独立地带。

由此可见，景观功能分区充满了无限的生动性和灵活性，也有着较大的不确定性，有法无式、因园而异。但同时一些常见功能区该如何设计和布局，已经有了经过实践验证的成熟经验和规律。表 2-10 从设施内容、选址和设计要点三个方面，对公园中常见的分区设计进行了总结，方便初学者快速掌握功能分区的要点。

图 2-20　徐家汇公园功能分区

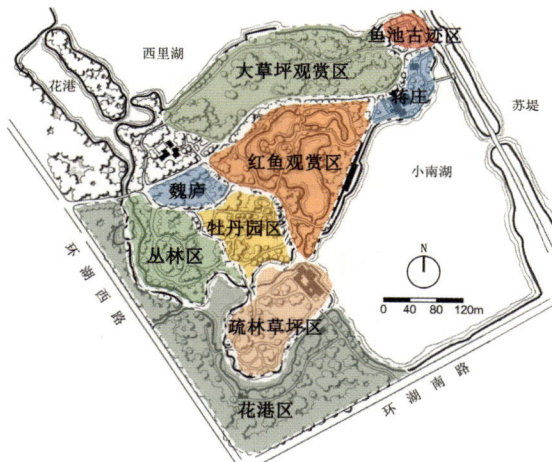

图 2-21　花港观鱼公园功能分区

图 2-22　岐江公园功能分区

【示例 21】（上海）徐家汇公园

徐家汇公园是一座开放式公园绿地，东自宛平路，西抵天平路，南北镶嵌在衡山路和肇嘉浜路之间。徐家汇公园的设计非常注重将历史元素与现代元素相结合，从而充分表达规划区域的历史文化内涵与整座城市的精神与文脉。文化娱乐区承接商业区人流，采用较多的硬质铺装，为游人提供活动空间。儿童活动区与体育活动区面向居住区人群。亲水休闲区既可以为游人提供游憩场所，也可以屏蔽来自城市主干道的污染。花园观赏区位于场地中心，对场地的其他分区起到枢纽、过渡的作用（图 2-20）。

【示例 22】（杭州）花港观鱼公园

花港观鱼公园是一座占地约 20hm² 的大型公园，综合考虑自然地形条件、原有园林建筑、功能需求等多方面因素，全园分为大草坪观赏区、红鱼观赏区、牡丹园区、花港区、丛林区、疏林草坪区六个景区。在自然地形条件方面，充分利用原有场地的优越环境条件和地形的高低起伏变化，包括半岛地形、滨水地带以及山坡等自然地形；在园林建筑方面，原有场地上保留有几座私家园林，设计人员将这些园林整合进公园布局中，如蒋庄、魏庐等；在功能需求方面，设计不同功能分区，以满足游人观赏、休闲等需求（图 2-21）。

【示例 23】（中山）岐江公园

岐江公园位于广东省中山市区，总面积 10.3hm²，园址原为粤中造船厂，设计强调足下的文化与野草之美。中山岐江公园整体分为三个区域——工业遗产区、休闲娱乐区、自然生态区。场地北部区域分布着大部分原造船厂的标志性构筑物，形成工业遗产区；中部区域以中山美术馆为主体建筑物，形成休闲娱乐区；南部区域保留原场地具有代表性的植物，营造可供游人散步、观景的绿色环境，形成自然生态区（图 2-22）。

【示例 24】（杭州）运河体育公园

该公园以体育为公园的定位，园内分区多按运动类型划分，同时兼顾休憩游赏和餐饮娱乐。室外运动区可供开展曲棍球、轮滑、篮球等运动项目。公园绿地区和公园休闲区可开展步行等一些轻量运动，服务于周边居民，尤其是老年人和儿童。室内运动区作为运动场馆的集散区，设置有较多的硬质场地，以承载较大人流的交通疏散。商业峡谷区作为连接南北场地的下沉空间，可吸引较多人流（图2-23）。

图2-23　运河体育公园功能分区

2.3.3　景观结构

1. 景观轴线

在公园设计中，为了使景观得到良好的组织，通常会使用一条或数条景观轴线；但并不是所有的公园都存在实际的景观轴线，有的表现为透景线。若存在多条轴线，需有主次之分，通常为一主两副或一主多副（图2-24）。主轴线是指一个场地中把各个重要景点串联起来的一条抽象的直线；次轴线是一条辅助性的轴线，把各个独立景点以某种关系串联起来。无论如何，设计中务必重视景观轴线，特别是在较大的场地中，轴线作为骨架必不可少。可以沿轴线将景物依次展开，把主要景物设置在轴线的端点或轴线间的交点上，从而凸显主景，做到主次分明。

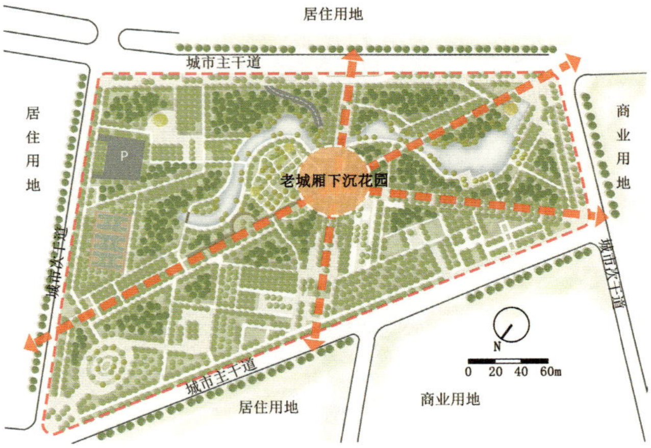

景观轴线按照形态布局可以分为实轴线和虚轴线。

实轴线又分为对称轴和非对称轴。对称轴具有较强的控制力，可以形成鱼骨状景观体系，适用于纪念性、庄重感较强的园林，如法国凡尔赛宫、南京中山陵；非对称轴则具有轻松活泼之感。此外，还包括一些以展现轴线内容为主的轴线形态，以折线或垂直线为基本构图形式，此类轴线虽无明显的对称性，却也能给人以实轴之感。

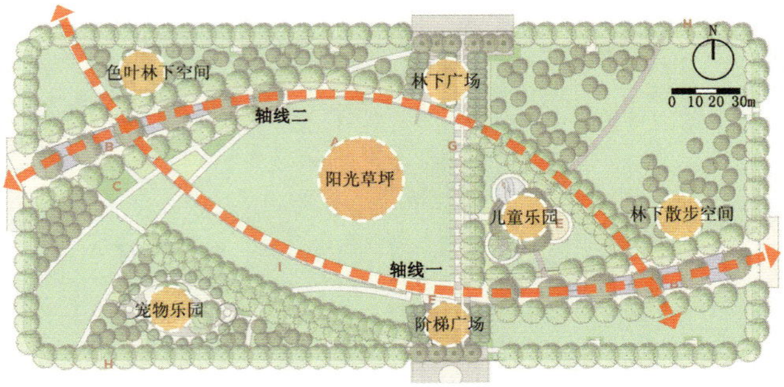

虚轴线通常用于超大尺度的场地，在视觉上没有实轴线那么直观，但同样能组织构图和空间。如曲轴线，以曲线为基本构图形式，串联景观要素，构成骨架（图2-25）；视觉轴线是以观赏视线为出发点构

图2-24　徐家汇公园景观轴线分析

图2-25　芝加哥东湖岸公园景观轴线分析

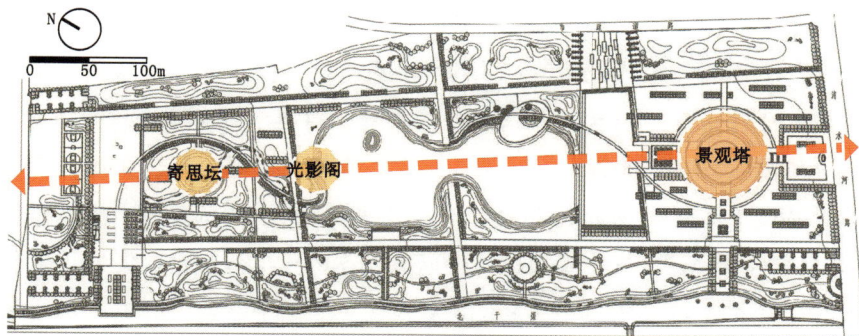

图 2-26　团结公园景观轴线分析

建的一条视线通廊，通常穿过大草坪或大的水面，有"形虽断，意相连"的视觉效果（图 2-26）。

【示例 25】（上海）徐家汇公园

徐家汇公园中的景观天桥横贯东西，与蜿蜒的湖面、滨水主园路以及两条主要轴线道路立体交叉，不仅使桥上和桥下空间得以互动，而且创造出丰富的视点和画面。轴线将整个园区很好地串联起来，成为完整的景观系统。三条轴线也是公园的三条主要直线园路。三条轴线交会在公园中心的老城厢下沉花园，聚合成富有活力的中心（图 2-24）。

【示例 26】　芝加哥东湖岸公园（The Park at Lakeshore East）

轴线一由东至西，依次串联林下散步空间、儿童乐园、阶梯广场、阳光草坪、宠物乐园和色叶林下空间；空间由合转开再转为闭合。轴线二由西至东，依次串联色叶林下空间、林下广场、阳光草坪、儿童乐园、林下散步空间。公园中央的阳光大草坪由轴线一与轴线二围合而成（图 2-25）。

【示例 27】（新疆巴音郭楞蒙古自治州和硕县）团结公园

东区是公园的主轴线空间，由两侧规则形水池和中央自然形水池构成场所的骨架。主轴线由南至北分别设置了景观塔、光影阁及寄思坛。光影阁与景观塔隔水相望，景观塔完成了看与被看的功能需求，强化了场所的中心存在（图 2-26）。

2. 场景序列

场景序列是由彼此间具有差异性的场景构成，对不同场景进行组合、编排，形成景观序列。在纪念性公园、展览性公园中，通常需要按时间或事件发生发展的次序进行展示；或者在公园中构建叙事性景观时，就需要构建清晰明确的游览路线。

场景序列通常依附于景观轴线或者园路而生。可以在轴线上依次布置主次场景，形成具有序景、起景、发展、转景、高潮、结景的完整空间序列。如果不存在景观轴线，可以通过园路串联场景，有秩序地组织空间序列。根据空间结构的不同，序列可以呈现为直线形、曲线形或环形。

场景与场景之间可以通过过渡空间加以衔接。序列受到轴线的影响，也可以分为直线序列、曲线序列和混合序列。序列中场景的差异，从人的感官角度来看，节奏有强弱之分。场景之间的视觉形态变化较小，就会形成相对较强的节奏感；反之，如果规律含糊或相对较弱，节奏感也会相对较弱。序列中场景的距离也是影响节奏的关键因素，节奏的快慢取决于单元场景之间的间距，场景越集中，节奏越快；场景越分散，节奏越慢。

【示例 28】　美国罗斯福纪念公园（Franklin Delano Roosevelt Memorial Park）

该园专为纪念美国第 32 任总统富兰克林·德拉诺·罗斯福先生，而由美国政府出资设计并建造。整座纪念公园采用叙事化的表达方式,在设计中运用线性序列空间,路线设计十分明确,引导游客按照预设的路线进行游览。纪念公园共分四个园区,分别对应罗斯福执政的四个时期:第一区对应罗斯福总统上任初期,岩石顶倾泻而下的水瀑,象征罗斯福就任时所表露出的那种乐观主义与一股振奋人心的惊人活力。第二区对应经济恐慌时期,图腾与雕像呈现出当时全球经济大恐慌所带来的失业、贫穷、社会无助与金融危机等种种亟待解决的问题。第三区对应第二次世界大战时期,崩乱的花岩石零碎散置于两旁,有如被炸毁的墙面乱石一般,象征战争的惨状。第四区对应和平富足时期,以舒适的弧形广场形成开放辽阔的空间效果,配以灵动有致的水景和日本黑松,产生了一种和谐太平的景象(图2-27)。

【示例29】(杭州)亚洲花卉主题园

亚洲花卉主题园是为展现"花满杭城 香飘亚运"的城市亚运景观而建的,汇集了超过200种花卉。主题园为位于钱塘江畔的钱江世纪公园内一个带状的展园,总面积2.8hm²。以"种子的故事"为线索,表达种子传播友谊的主题。项目在中轴线上,按照东亚、南亚、东南亚、中亚、西亚等地理分区,进行主题植物分区,设计有"东方花韵""亚洲花毯""花帆启航"三大板块。以亚洲各国的植物诗歌文化串联整个花园,在地表现从温暖湿润到干旱荒漠的不同气候带(图2-28)。

【示例30】(湖州)长岛公园

长岛公园设计的8个景点名称演化自古代的"吴兴八景"。以东侧防洪大道为纽带,从南到北把8个景点连成一体。"湖舟夕照"与艺术地形相结合的绿色建筑成为公园北端的景观标志;生态观赏展示区包括"花谷春色""塘浦观鱼"两个景点;文化休闲区包括"斜阳青坊""藕花香渡"两个景点;市民户外活动区包括"流芳幽径""漫江桃柳"两个景点;城市展演区包括"菰城春秋"景点(图2-29)。

图2-27 美国罗斯福纪念公园场景序列

3.景观视线

公园内各个景观空间（景点）之间以及公园内外景观之间，是否存在重要的视线联系，如单视、互视（对景）等，在总体规划设计中需要加以分析和表现。公园景观丰富，有无数的视景线，但需要表达的只是其中最重要或最有特色的部分，即常常吸引游人的驻足点与被观赏的景点或风景画面之间的视线。在规划设计之初，设计师就应将景观视线组织列入考虑范围，

将其作为场地内部规划的重要参考，以此打造独特的景观效果。

1）观景点的设置

游览者的视点会移动，不断变换位置，如何找出最佳观景位置，使观景者既可观赏到园内景色，又能欣赏到被"引入"公园的城市景观，形成景观渗透，是视线分析的重要目的之一。在选定观景点的过程中，会涉及视距大小的问题。视距可分为近景、中

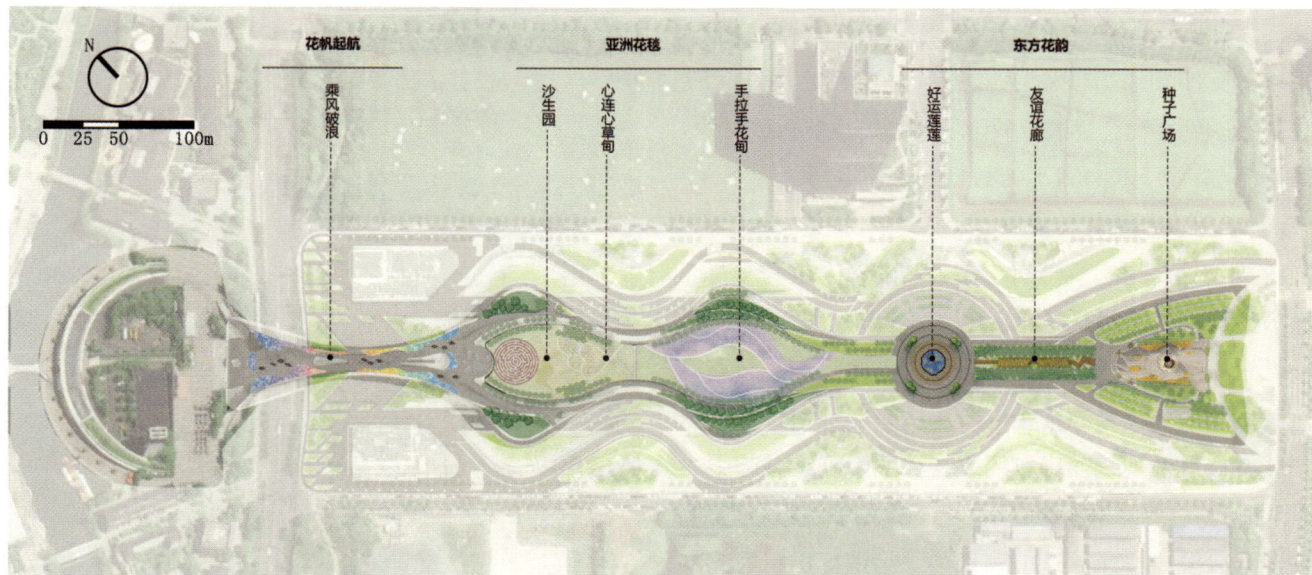

图 2-28 亚洲花卉主题园场景序列（沈实现 提供）

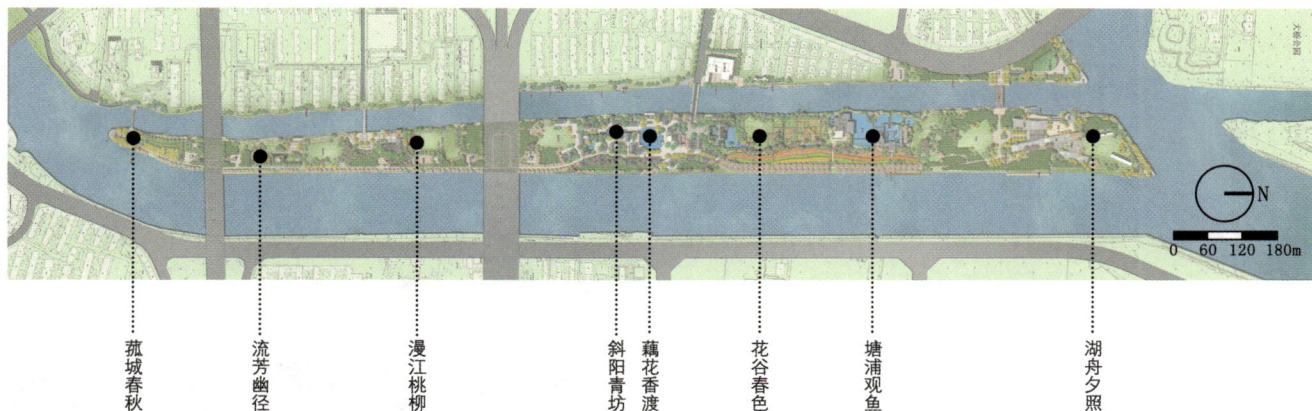

图 2-29 长岛公园场景序列

景和远景。近景：视距为 0~120m，视觉感受最强，在此范围内可以看到景物的细部与组织；中景：视距为 120~1200m，可看到的景物的细部逐渐简化，视觉注意力由点向面过渡；远景：视距大于 1200m。1200m 在视觉上被称为最大有效视距，此视距的视觉感受最弱。

以雷峰塔为例，观景者从不同视点观看雷峰塔，会获得不一样的视觉体验和空间感受（图 2-30）。近景：在近处观看雷峰塔时，由于距离较近，观景者可看到雷峰塔建筑的细部，同时由于视角大，雷峰塔给观景者带来高大的视觉感受；中景：此时可以看到雷峰塔的整体形态，及其与周边环境的大致关系，和谐的空间关系使观景者感到舒畅；远景：只能看到雷峰塔的大致轮廓，雷峰塔与水面、树林及远山融为一体，更显秀美。

2）视线通廊的打造

视线通廊是指观赏者与被观赏的景物之间没有或者极少有视线遮挡的景观廊道。良好的视线引导设计，能把近距离的观察和远距离的眺望结合起来，丰富景观空间层次。在公园的空间布局中有多种引导视线的方式，如线性视线通廊常用来在公园中延续城市中的景观廊道，或延续城市的空间结构（如轴线布局），抑或加强公园中某一景观的表现力。组织视觉引导元素时，除了应保证视线通透外，在其尽端还应布置能引人注意的内容，如美国纽约的罗斯福四大自由公园，两侧通过成列的树木加强视线引导，在草坪的尽端，放置 476kg 的罗斯福青铜头像，给人以强烈的庄严肃穆之感（图 2-31）。

通过景观视线营造，还可以协调与公园外部景物的关系，做到有藏有露。如杭州太子湾公园毗邻南山路和西湖，设计采用障景的手法，以高大的乔木为背景，进行多层次的植物配置，使其与繁忙的城市道路形成物理隔绝，打造公园内部优美静谧的风景氛围（图 2-32）。苏州拙政园则通过借景的手法，远借北寺

图 2-30　由近至远三种视距的雷峰塔视觉效果

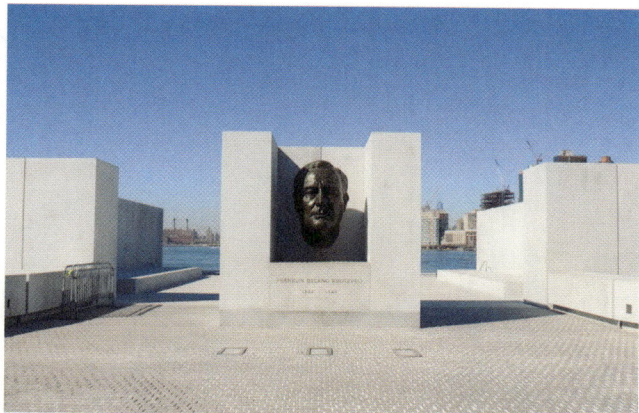

图 2-31　罗斯福四大自由公园中的青铜头像

图 2-32　太子湾公园的障景手法

图 2-33　苏州拙政园远借北寺塔之景

塔，因二者相距约 900m，从园内望去，北寺塔在视觉上较弱，于是在园中布置狭长水池，将水景轴线与北寺塔重合，并精心设计水面宽度、两侧景物的尺度、园内景物的层次等。通过水池两侧的假山和建筑形成夹景效果，成为远借园外之景的经典之作（图 2-33）。

3）制高点的打造

制高点是指具有一定视觉控制性，在某一局部范围内的最高点，其在公园空间的设计中经常被采用，尤其是在基址平坦的公园中。由于制高点对全园具有控制性，因此可以成为公园中的标志物，对丰富公园内部的景观层次具有重要作用。制高点由于其形象的突显性，因此在详细设计中，对其体量、外观要格外谨慎，可选取当地的特色建筑，或对某一元素进行提取设计。不管采用什么样的设计手法，都要与中小城市整体的空间环境协调统一，避免出现大尺度、大体量的设计手法。以上海市徐家汇公园为例，在公园设计中，原大中华橡胶厂的烟囱不仅没有被拆除，反而增高了 11m，增高的部分外部镂空，而内部布满光纤。通电后光纤发出的光透过外罩，就像是烟囱顶端冒出的白烟。由于突出的高度和独特的外观形象，烟囱成了徐家汇公园的标志物，成功地吸引了游客的驻足。

【示例 31】（杭州）凤凰公园

凤凰公园内部利用林缘线的开合变化，塑造节点间的对景关系，在塑造空间轴线的同时，引导游人展开游览活动。同时，设计根据场地外部山体和水体的景观方位，在公园内设置多条借景视线，丰富了场地的视线关系（图 2-34）。

【示例 32】（杭州临安）南屏山公园

在设计山顶平台时，考虑其位置选择，以确保能够提供一个绝佳的俯瞰视角。该平台位于一个自然突出的地理位置，这使它成为观赏周围风景的理想位置。对"双塘鱼跃"周边的视线进行优化，从池塘边能清晰地看到山顶平台，从而形成对景关系。此外，对现

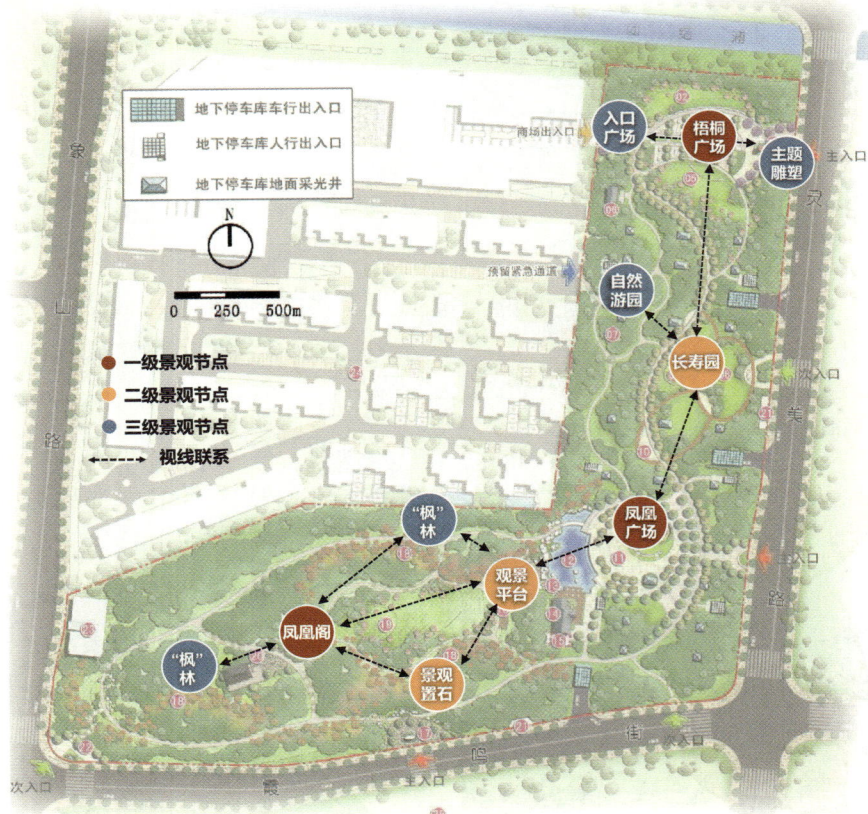

图 2-34 凤凰公园景观视线分析图

有的亭子进行视线梳理，移除一些杂木，使得观景视线更加通透。登上"南屏塔影"顶端，可俯瞰园内外景色，该塔也是整个公园的视觉焦点所在（图2-35）。

【示例33】（杭州临安）望湖公园

望湖公园位于临安主城区以东，是青山湖环湖绿道的起点。从绿道主入口到道路端头，规划了一条中轴线。在中轴线上设置了具有标志性的自行车雕塑，以呼应绿道功能，引导游客的视线和人流方向。中轴线两侧的开阔草坪和植物景观围合出疏朗的空间氛围。建筑临水一侧空间打开，与水面形成视线联系（图2-36）。

4.景点布局

公园总体设计时，需要根据总体定位和空间规划布局，以及道路交通、竖向、水系、植物景观、建筑与设施等专项设计内容，科学且艺术地布置各个景点。整体布局需做到主次分明、动静合宜、疏密有致。节点的布局通常依托于路网，既要保证相互联系的便捷性，又要保证一定的独立性。一般情况下，每隔50~100m应当设置一个景观节点，以此提高人们在公园内活动的趣味性和多样性。

1）区分主次

一个公园需要由至少一个主节点和若干个次节点组成。主节点面积最大，常位于轴线或者构图的中心位置，沿场地主园路分布，靠近场地的中心区域，是视觉中心与焦点所在；以开敞空间为主，场地活力比次节点强。可以通过突出主体的高度、色彩、体量等来突出主景。次要节点不宜过于复杂、喧宾夺主，可以沿次要园路进行分布；面积、体量可以相对小些，设计层次也可以相对简单些。

图 2-35　南屏山公园景观视线分析图

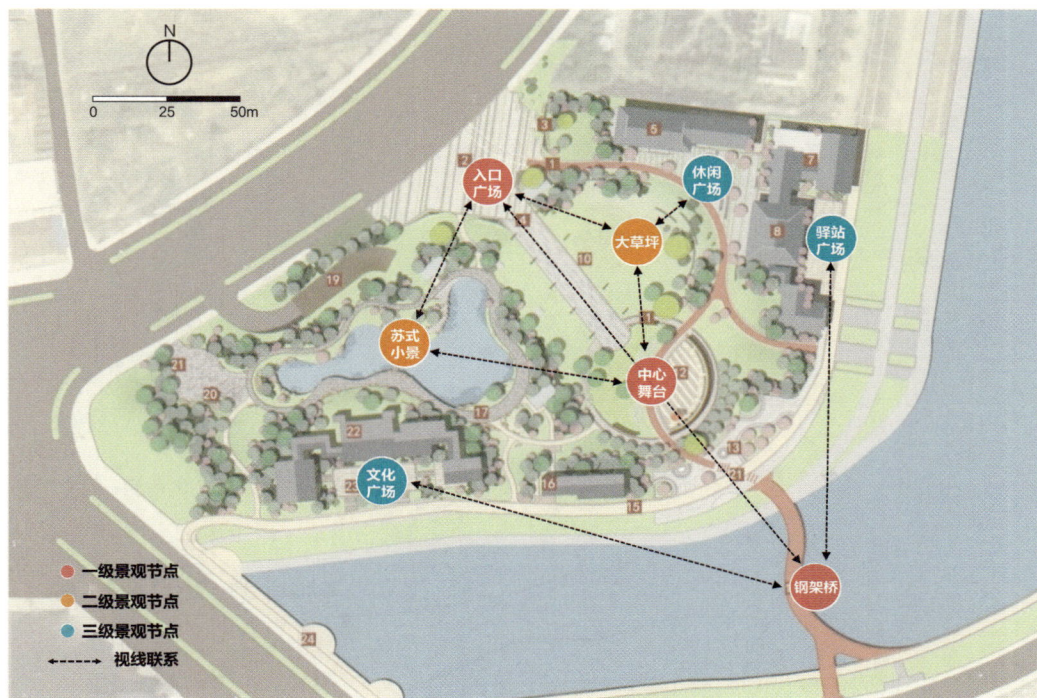

图 2-36　望湖公园景观视线分析图

2）区分动静

和功能分区的动静考量一样，景观节点也要注意各个节点间的关系和矛盾，喧闹节点和安静的休息节点不宜相邻，可在两者间设置过渡空间。

3）区分疏密

节点布置不可聚作一团，也不可均匀排布。游人较多的热闹核心区域通常节点更为密集；场地中较为安静的休憩地块，其节点布置更加疏朗，可以通过丰富的植物造景营造良好环境。

【示例34】（中山）岐江公园

中山岐江公园以园路作为主线轴，由西侧路口开始，经过北侧出入口，到达南侧出入口，沿途展开一系列景观节点。其中，西侧的游艇俱乐部、东侧的古船游乐场以及中部的树屋成为公园的主要景观节点；而骨骼塔、琥珀塔、红房子等则作为次要景观节点。保留的铁轨形成一条明显的视觉轴线，而矩阵柱和铁轨延长线上的内湖则构成了一条景观次轴线。这样，中山岐江公园不仅保留了工业遗产的历史记忆，还融入了自然之美，成为一个完整且富有创新性的城市景观（图2-37）。

【示例35】（南京）河西生态公园

公园中心水面开阔、变化丰富，并布置了众多滨水节点。主要节点分布在东侧的庆典广场、草坪和南侧的生态区域，节点密集且与公共建筑区域相毗邻，适合开展活动。北部为森林区域，节点稀疏，适合开展较安静的活动（图2-38）。

【示例36】（杭州）凤凰公园

杭州凤凰公园因为地形较为狭长，故采用分段式设计，从北至南布置有多个主要景观节点，依次为梧桐广场、凤凰广场和凤凰阁。这些景观节点或空间开阔，或构筑物高耸。在主节点之间，以草坪、树林等景观元素进行过渡，并设置了一系列次要景观节点，以满足游人对观景、休憩、游赏的需求（图2-39）。

图2-37 岐江公园景点布局

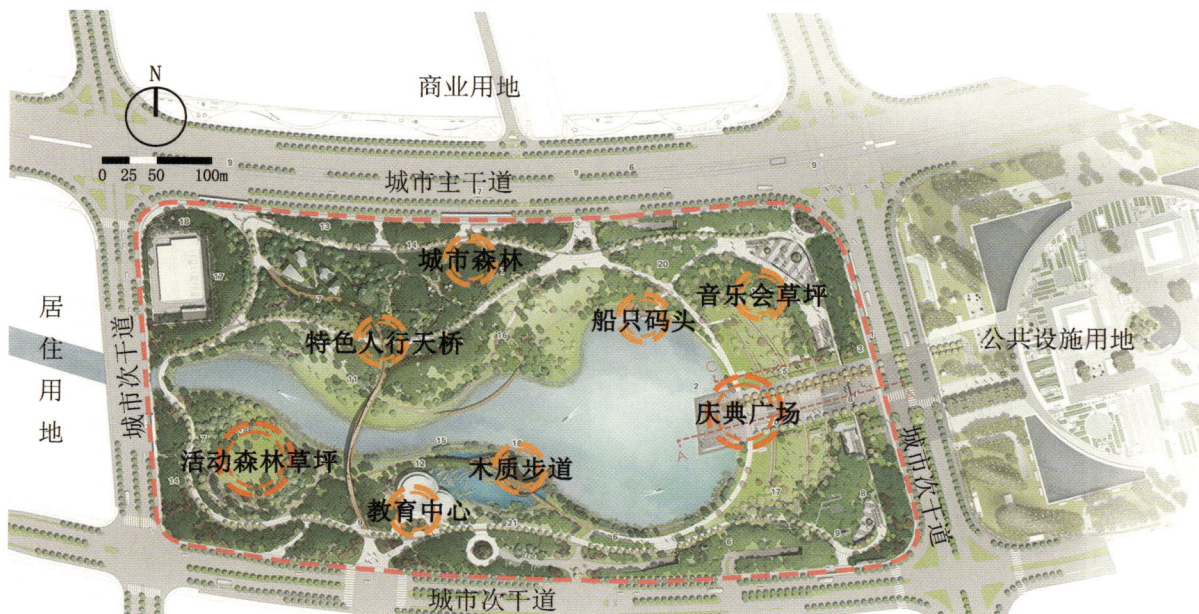

商业用地

城市主干道

0 25 50 100m

居住用地

城市次干道

城市森林

音乐会草坪

特色人行天桥

船只码头

公共设施用地

庆典广场

城市次干道

活动森林草坪

木质步道

教育中心

城市次干道

图 2-38 河西生态公园景点布局

地下停车库车行出入口

地下停车库人行出入口

地下停车库地面采光井

N

0 250 500m

梧桐广场

自然游园

长寿园

枫林

凤凰广场

观景平台

枫林草坪

凤凰阁

枫林

景观置石

图 2-39 凤凰公园景点布局

2.3.4 园路系统

园林道路起着组织空间、引导游览、交通联系，以及提供散步休憩场所的作用，它像叶脉一样，把园林的各个景区连成整体。园路本身又是风景园林的组成部分，蜿蜒起伏的曲线、丰富的寓意、精美的图案，都给人以美的享受。

在总体设计中的园路规划布局环节，应根据公园规模、各分区内容、管理需要，以及公园周围的市政道路条件，确定公园的出入口位置与规模、园路的路线和分类等级、铺装场地的位置和形式。园路的规划布局应因地制宜、主次分明、通达成环、密度适宜。在《公园规范》的第4章和第6章中，将园路、铺装场地、园桥归为一类进行阐述，对园路的分级、密度、宽度、线形、坡度、梯道等都作了详细规定。

1. 园路分级

大规模的综合公园中的园路一般分为主园路、次园路、支路、小路。公园面积小于10hm²时，可只设主园路、支路、小路三级园路。不同等级的道路功能不同，其设计要求也不同。本节对不同等级的道路设计要点进行了经验总结，并加入了特色园路和专用道（表2-11）。需要注意的是，该表格中仅列出了园路的常见尺寸。在具体设计时，应参照《公园规范》第6.1.3条的规定，根据公园的类型和规模，适当调整道路的等级和宽度。

【示例37】 美国纽约中央公园

纽约中央公园通过下行穿越通道和架空跨越通道，把步行交通和车辆交通有意识地分隔开，使人们在公园中休憩的时候，不会遇到其他交通方式带来的潜在冲突和危险（图2-40）。

公园各级道路的设计要点 表2-11

分级	定位	功能	常见尺寸	设计要点
主园路	公园骨干道路	·与主要出入口相连通，引导游览，快速通往园内各功能区、主要建筑、风景点； ·必要时可通行少量管理用车，以满足快速集散、消防、急救车辆的通行要求	·路宽为4~7m； ·纵坡宜小于8%，横坡宜为1%~4%；山地公园主、次园路的纵坡应小于12%，超过12%时，应作防滑处理	·首尾应当相连，形成流畅的环状； ·全程作无障碍处理，不宜出现台阶； ·转弯处采用流畅的弧形，避免出现锐角； ·不宜过分集中，也不宜距离场地边缘过近； ·通向建筑集中地区的园路应有环形道路或回车场地； ·尽量减少景观桥、景墙等构筑物跨越主园路的情况； ·主园路宽度保持不变
次园路	辅助主园路，为各功能区的主要道路	·串联功能区内的不同节点，引导游人到达各景点、专类园；自成体系，自组织景观	·路宽一般为3~4m； ·纵坡宜小于8%，横坡宜为1%~4%	·串联每个功能区的不同景点； ·能够组织游线，引导游览； ·避免出现尽端式道路
三级园路	由主、次园路向各景区内部延伸出的分支道路	·主要游览道路，引导游人到达各个景点和主要服务设施；可用于散步休闲，串联特殊节点和私密空间	·双人行走路宽宜为1.2~2m，单人行走路宽宜为0.9~1.2m	·体现人性化设计； ·可根据观赏功能的要求自由布置； ·通往孤岛、山顶等限制性较强的路段时，可设计原路返回
特色园路	木栈道	·观光体验，连接湿地、岛屿等景点	·宽度宜为1.5~3m，可视等级和游客使用量等情况加以调整	·形式可为林中穿行步道、特色高架、登山道等； ·设计时可采用架空等手段，以减轻对场地的干预
	健身步道	·跑步健身	·长度不宜小于200m；宽度宜为1.5~3.0m，单向通行宽度应不小于1.5m，双向通行宽度应不小于2.5m	·以塑胶跑道为主； ·可与地形结合； ·可与其他园路并线或独立设置
专用道	园务管理使用	·生产运输	—	·与游览道路分开设置，并应减少交叉，以免干扰游览

公园内部以环状道路为主，从公园的主要入口或中心区域向外辐射出多条道路，这些放射状道路像脉络一样延伸到公园的各个角落。放射状道路通向不同的功能区，如儿童游乐区、野餐区、运动场地等。这样的布局使游客从入口进入公园后，能够迅速到达自己想去的区域，提高了游览的便捷性。环绕大草坪或者水面的环状道路使游客可以沿着湖边漫步或骑行，全方位地观赏湖中的景色、沿岸的植被以及在湖面上活动的水鸟等。

【示例38】（北京）奥林匹克森林公园

北京奥林匹克森林公园设计突出生态与文化的融合，道路分级明确，布局注重多功能性与人性化（图2-41）。主园路贯穿整个森林公园，形成了公园的主要骨架，既满足了机动车（如公园管理车辆、应急救援车辆等）的通行需求，也为游客提供了较为便捷的长距离游览路线。游客可以沿着主园路快速到达公园的不同区域，如从公园的南门到北门。次园路从主园路分支出来，连接园内的各个功能区和景点。次园

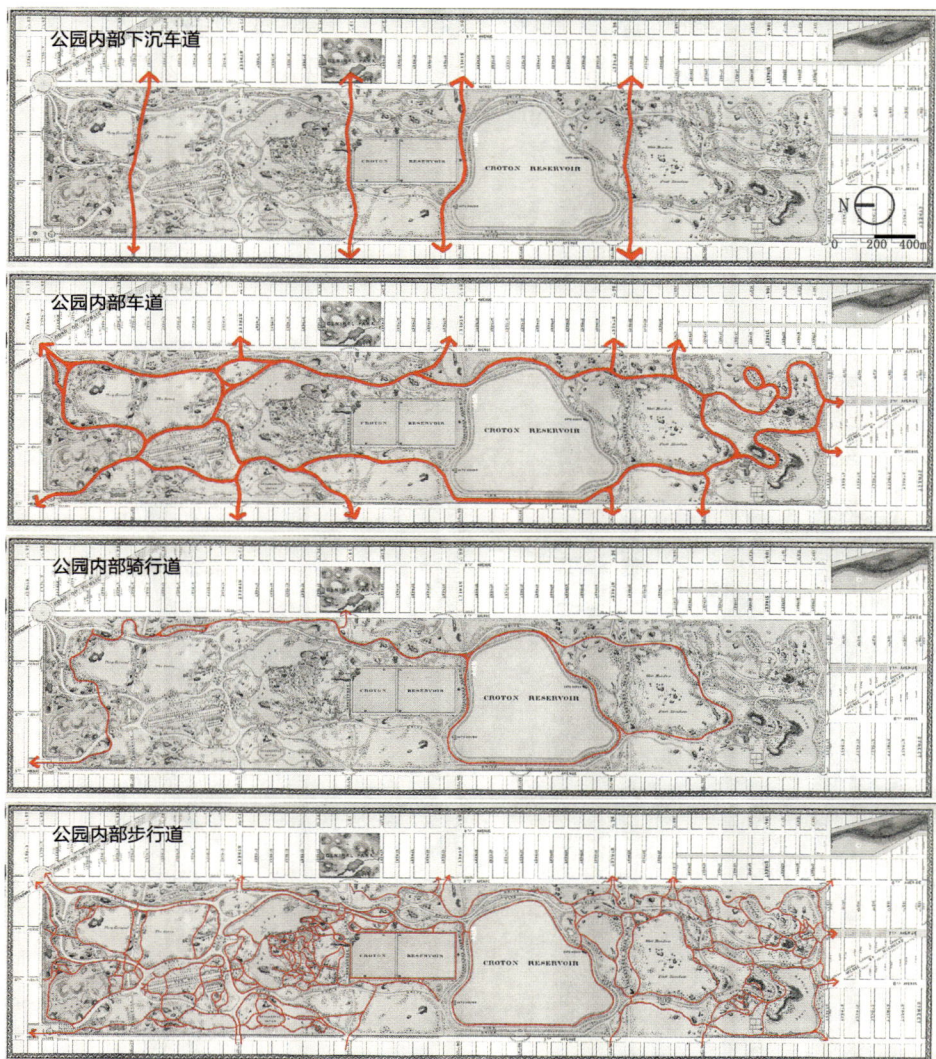

图 2-40 纽约中央公园园路系统

路宽度相对较窄，主要供行人和自行车通行，它们像脉络一样将公园内的景观区域，如湖泊、森林、草地等，相互串联起来。小径在公园内最为密集，蜿蜒穿梭于树林、花丛和草地之间，这些小径为游客提供了近距离体验自然景观的机会。

2. 园路密度

园路路网密度是公园单位陆地面积上园路的长度，其值的大小影响园路的交通功能、游览效果、景点分布和道路及铺装场地的用地率。路网密度过大，会将公园分割得过于细碎，影响总体布局的效果，并使园路用地指标升高，减少绿化用地；路网密度过小，则通行不便，造成游人穿踏绿地。《公园规范》第4.2.10条规定：园路的路网密度宜为150~380m/hm²；动物园的路网密度宜为160~300m/hm²。

园路的密度与公园的规模和性质有关，由于不同的公园，其主体内容和地形条件不同，路网密度可作相应调整。在具体设计时，一般根据功能分区、地形地势、风景特点、游人密度等，确定适宜的园路布局密度，做到疏密有致。以大面积自然风景为主的游览休息区，游人密度相对较小，园路密度亦较小；而活动内容丰富、游人密度相对较大的文化娱乐区，园路密度也相对较大；平地公园的园路密度可大些，而山地公园、湿地公园则可适当小些。

3. 游线规划

游人在公园中游览景观时所经过的路径称为游览路线，简称游线。游线在公园实景中是看不见的，只是规划设计时，为表达公园的游览服务功能，从游人视角设想出来的虚拟线路。现实中游人在游览公园时，会根据各人的时间、兴趣、体能、心理等状况，选择不同的游览路径。

图2-41 奥林匹克森林公园园路

游线依据游览景点的主次关系，可分为主要游线和次要游线。主要游线是公园最重要的游览路径，经过主要出入口、主要景点（或景点附近）等公园大部分区域，一般成环。次要游线则是主要游线的补充，位于公园的局部区域，从主要游线分出，联系若干次要景点。

依据景观环境特色、交通方式、游客体验的不同，游线又可分为陆上游线、水上游线、空中游线、登山游线以及其他主题游线等。水上游线通常基于具有丰富水岸或水域景观的较长水体，游线两端为游船码头；一些浅水湿地景观区域通常设置有游览栈道（桥），也可视作水上游线。登山游线一般与登山游览步道重合。空中游线通常分为两种：一种是高架步道和高架观光车道形成的游览路径；另一种是乘坐空中交通工具（如动力滑翔伞、水上观光飞机、观光直升机等）游览所经过的路径，空中游览主要是为了让游人获得从高视点俯瞰大面积景色的特殊体验和感受。

【示例 39】（龙口）黄县林苑公园

游线设计很好地组织了景观节点（图 2-42）。健身路径是一条 1400m 长的闭合林荫跑步道，串联出入口、网球馆、体操场、门球场等运动场所。林中步道是一条架设于地形之上的道路，提供立体游览路径和观赏视点。花园路径串联起 6 个以植物为主题的小花园，它们分别为月季园、樱花园、琼花园、彩叶园、牡丹园和海棠园。历史文化科普与体验路径串联 3 个主题小广场，通过雕刻在路面铺装、墙面和石块上的地图和文字，展现龙口的历史。

【示例 40】（南京）河西生态公园

公园道路分为三级。主园路绕湖布置，形成环路，并连接各出入口。次园路沿湖布置，为游客提供更多亲水、近水的机会，同时提供各分区之间的快速通道。小路在各分区内提供交通连接，北侧的森林片区道路蜿蜒曲折，适合散步漫游；东侧广场草坪区园路较为平顺，方便通行。此外，公园内还通过架桥的方式连通南北两岸茂密的植被，形成了南北贯穿的生态路线（图 2-43）。

【示例 41】天目山珍稀植物园

天目山珍稀植物园的游线规划以"一轴、三园、三径、六点"为框架，核心轴线为"进化之路"，串联起苔藓蕨类园、裸子植物园和被子植物园。三条游线分别为自然之径、人文之径和寻禅之径，分别展现自然景观、历史文化和禅宗文化。六个主要景观节点包括远古植物观测道、天目径等，提供丰富的游览体验和科普教育机会。游线设计旨在引导游人进行系统性参观，减少对生态环境的人为扰动（图 2-44）。

4. 设计要点

1）园路与节点

节点布置时需注意与周边道路的衔接关系，常见形式有节点位于道路旁（图 2-45）、节点被道路穿过（图 2-46）、节点打断道路（图 2-47）、道路拓宽形成节点（图 2-48）等。

2）园路与地形

高差较大的场地，可选择盘山小路（图 2-49），或者采用圈桥（图 2-50）、架空栈桥的形式消解高差。当道路纵坡过大时，应设置台阶。在园路中，台阶通常出现在建筑入口、水岸、山路、陡坡等处，可结合花池、栏杆、水池、挡土墙、假山、蹬道等进行设计。公园中纵坡大于 50% 的梯道应作防滑处理，并设置护栏设施。《公园规范》第 6.1.7 条对梯道的净宽、休息平台的设置等设计细节有具体规定。

3）园路与水系

场地中有河流、水体时，在水边可设置道路，以增强水域景观的可达性，促进游客与自然水岸之间的良好交流。且道路与水的关系应若即若离，从而为游人带来丰富的视线变化和空间体验（图 2-51、图 2-52）。

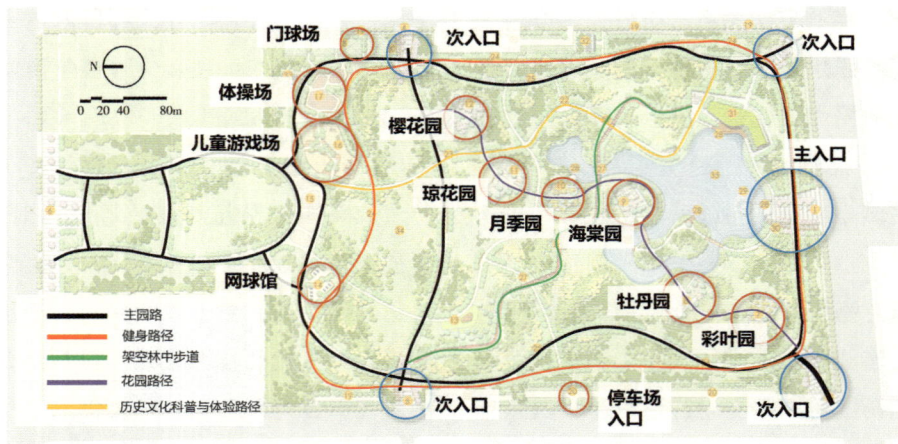

图 2-42 黄县林苑公园游线规划

图 2-43 河西生态公园游线规划

图 2-44 天目山珍稀植物园游线规划

4）园路与建筑

为了避免道路上的行人对建筑内部的人员活动带来干扰，一般建筑与主园路之间应保持一定的距离，可采取适当加宽间距或分出支路的办法与建筑相连（图 2-53、图 2-54）。游人量较大的主要园林建筑，后退空间较多，通常会形成建筑前的集散广场。靠山的园林建筑通常利用地形分层设置入口；临水建筑亦可从陆地进入，穿过建筑涉水（桥、汀步）而出。

5）园路与园桥

小水面的分隔和近距离的浅水处多用汀步，岛与

图 2-45　节点位于道路旁

图 2-46　节点被道路穿过

图 2-47　节点打断道路

图 2-48　道路拓宽形成节点

图 2-49　青山湖绿道三期的盘山小路

图 2-50　青山湖绿道三期仙渡桥节点

陆地的连接或小水面的对岸连接一般用桥。园桥的位置宜选择水面最窄处，以降低工程造价（图2-55）。公园中不宜建体量过大的桥，宜采用平桥或拱度不大的桥。在次园路或小路上的桥，主要供造景和赏景之用，形式可灵活多样，如紧贴水面的平桥、宛若飞虹的拱桥等（图2-56）。

6）园路相交

两条主干道相交，交叉口应作扩大处理，为避免游人拥挤，可形成小广场、中心岛。若两条路相交呈锐角，角度不应过小，可通过三角形广场解决。丁字交叉口是视线交点，交点处可布置道路的对景，尤其在主园路与次园路的交点处还应留出一定的视距广场。道路应为相互平行的曲线或折线，道路相交处尽量垂直且倒圆角。应避免十字路口以及多叉路口；还应避免道路之间距离过近，当道路距离过近时，可以合并成一条。

2.3.5　山形水系

公园内的地形地势条件，对公园的功能组织、视线系统设计、景点空间组合、绿化空间层次都有很大的影响。应通过公园地形图掌握其内部的地形地势，辨别低洼地势、凸起地势以及公园与周边城市道路的高差。若公园内部地势平坦，高差不大，可以通过堆山置石或开挖水池的方式，对公园的景观地形进行改造。也可以结合视线通廊的打造，在公园内进行微地形的设计。若公园内地势高差较大，可以因高就低，于低洼处理水，凸起处置石。若公园内部有河流穿过，应当好好利用河流的景观和生态功能，对河岸、河堤进行不同形式的绿化。同时，将河流作为公园景观与城市景观连接、渗透的媒介，通过植物配置和构筑物的设置，使公园具有一定的空间变化，也使公园内的景观层次更加丰富（图2-57）。

图2-51　青山湖绿道三期磨石坑驿站

图2-52　东苕溪（乾元段）滨河景观

图2-53　双源云谷郊野公园管理中心

图2-54　苕花公园活力中心

图2-55　深圳仙湖植物园蕨园

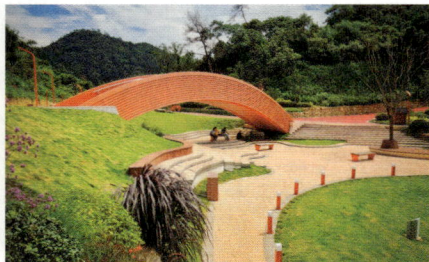
图2-56　青山湖绿道三期彩虹桥

1. 竖向控制

竖向控制是总体设计阶段至关重要的内容，所以在对园内主要景物进行布局的同时，应对其高程和周围地形作出控制规定，并对全园排水加以统一考虑。合理的竖向设计可有效组织公园内部的雨水排放，并有利于消纳周边城市用地的雨水径流，同时也是营建多样生境的重要手段。

公园的竖向控制主要反映公园中各种地形和重要景物在垂直方向上的变化情况，其主要内容包括：山坡地（顶部）；水面（最高水位、最低水位、常水位）；水底；驳岸顶部；园路的主要转折点、交叉点、变坡点；主要建筑的底层和室外地坪；标志性建、构筑物顶部；主要景观广场的地面（含下沉广场）；各出入口内外地面；地下工程管线及地下构筑物的埋深；重要观景点地面等的具体高程（标高）。

根据现状地形、景观资源、功能分区、景点设置、园路走向、水系形态等，通过在平面图上绘制不同密度和形状的等高线（或等深线），表现地形和水体，采用带箭头的短线段表现雨水汇聚方向和总的排水方向。

此外，作为补充，还需绘制全园或重点区域的地形剖面图，以便更为直观地表现竖向地形与景物的高差变化。剖面图中需对剖切地段的场地以及重要建筑、植物等景观的高度进行标注。剖切位置的选择要能够反映公园地形的最大高差，必要时可作转折剖切。剖面图既可与平面图绘制于同一张图纸上，也可单独绘制。

挖方区域　　填方区域
填方、挖方统计图

填方、挖方统计表

填、挖方	编号	体积（m³）	面积（m²）
挖方	1	39843.1	29264.0
	3	2.5	131.0
	5	0.6	19.0
	10	0.0	1.0
填方	4	-0.2	28.0
	6	-243.4	487.0
	8	-349.3	1106.0
	7	-6451.7	6601.0
	2	-11225.8	13723.0
	9	-14264.1	16894.0
总计		7311.7	

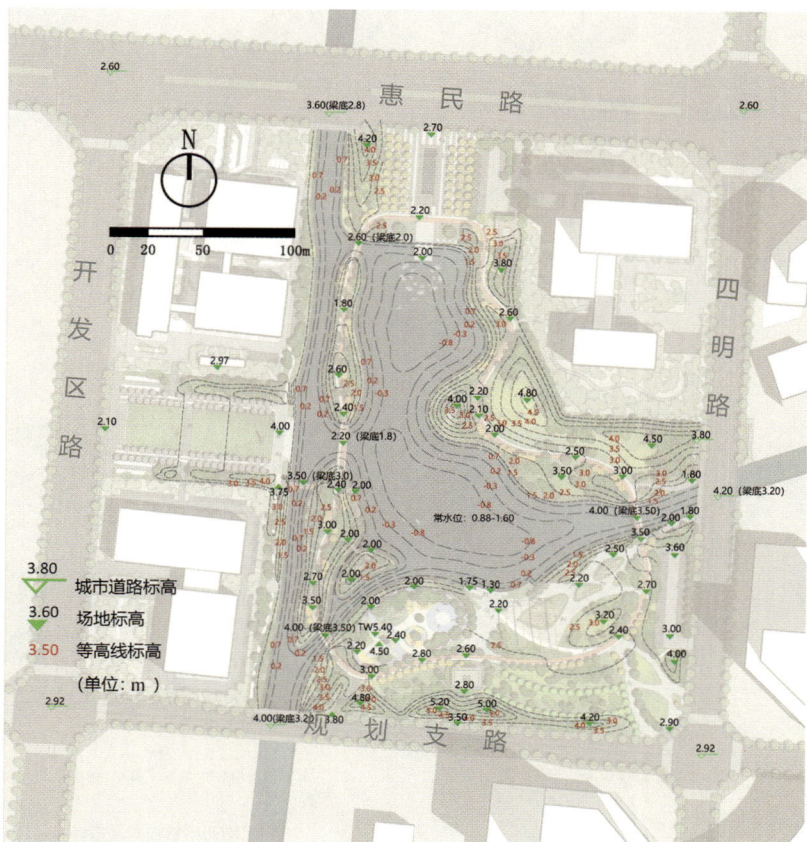

图 2-57　地形设计

【示例42】（长沙）中航"山水间"社区公园

"山水间"社区公园是一个典型的中国高密度社区里的公共绿地，它的四周被超高层住宅所包围，将为新搬迁来的几千名住户提供室外活动空间。公园占地仅1.4hm²，却要满足各类人群的使用需求。场地本身标高比四周低，而且有大片的原有山林和一个池塘。设计方案在尽量保护植被和满足人们使用要求的基础上，巧妙地将雨洪管理系统融入场地。在使用生态手段处理雨洪的同时，使人们可以与这个系统进行互动，在玩耍的同时，学习雨洪管理的相关知识（图2-58）。

【示例43】（杭州临安）双源云谷郊野公园

临安区双源云谷郊野公园原场地是一处土方消纳场，周围群山环绕，中间低且平整，四周高而崎岖，形成天然汇水区。在现状368亩的土方消纳场中，通过林地复绿、边坡治理、完善公共基础设施，规划设计在场地最低洼处设计了一处雨水花园，以增强场地的生态韧性，打造一个临安近郊可供市民开展娱乐休憩活动的生态郊野公园（图2-59、图2-60）。

01. 人口广场
02. 交互式浅水池
03. 耐候钢水墙
04. 坡道带座椅
05. 观光广场
06. 种植池
07. 生态湖
08. 透水混凝土道路
09. 篮球场
10. 咖啡馆
11. 温室
12. 菜园
13. 雨水花园B
14. 阿基米德水花园
15. 湖畔休息区
16. 小桥
17. 活动草坪
18. 雨水花园A
19. 休息区
20. 游乐场
21. 木平台
22. 攀岩墙
23. 森林小径
24. 巨型蚂蚁雕塑

公园平面图

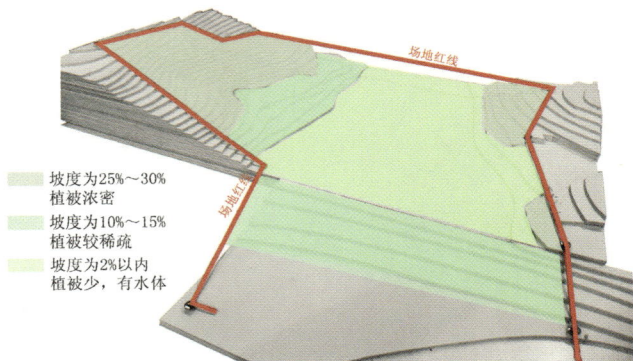

坡度为25%~30% 植被浓密
坡度为10%~15% 植被较稀疏
坡度为2%以内 植被少，有水体

公园场地原状分析图

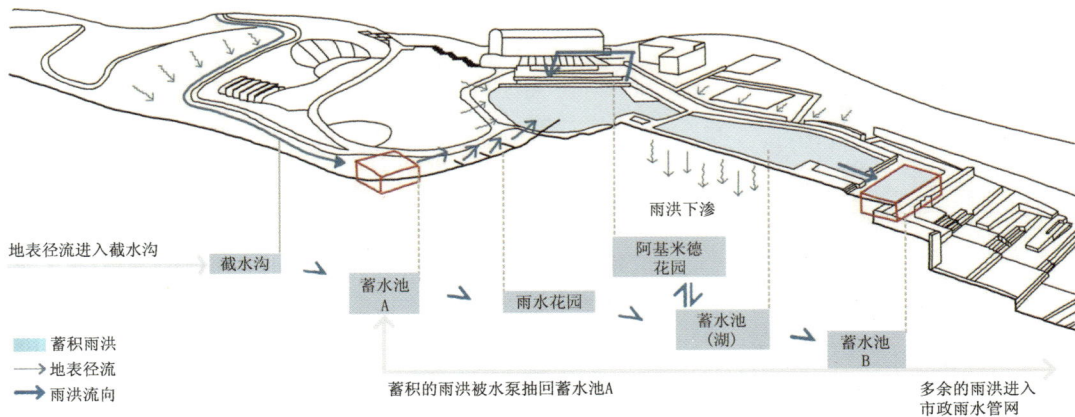

地表径流进入截水沟 → 截水沟 → 蓄水池A → 雨水花园 → 阿基米德花园 → 蓄水池（湖）→ 蓄水池B → 多余的雨洪进入市政雨水管网

雨洪下渗

蓄积雨洪
地表径流
雨洪流向

蓄积的雨洪被水泵抽回蓄水池A

公园雨洪管理系统示意图

图2-58 长沙中航"山水间"社区公园竖向设计

【示例 44】（杭州）凤凰公园

公园位于凤凰山北侧山脚，设计充分利用原有山体，并融入凤凰主题。通过园路将广场、山体、植物加以串联，构建成形象上的凤凰。同时，结合凤凰眼雕塑、小品，表现文化内涵上的凤凰主题。竖向设计着重解决公园与周边城市景观和周边山体的因借关系，以及地下车库采光井与地面景观的矛盾关系。同时，完善和强化原有的环境结构和生态系统，营造具有本土特色的高品质环境和形象（图 2-61~图 2-63）。

高程分析图

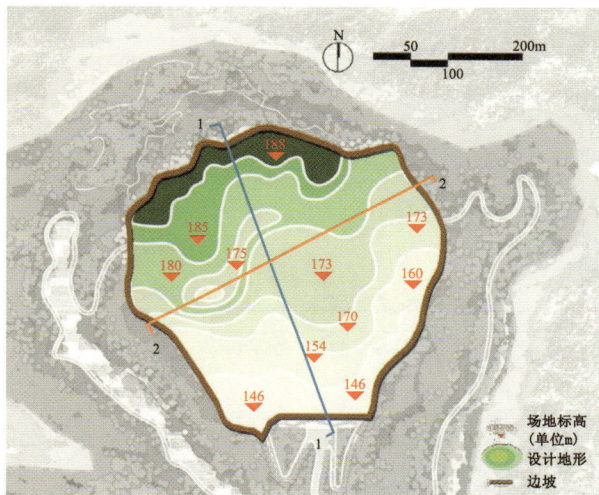

顺应现状地形，整体北高南低

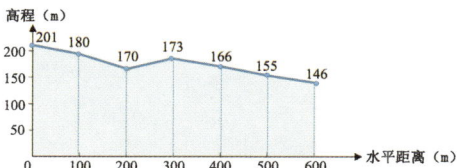

1-1 高程变化图
总体缓坡下降，湿地与中央草坪略微下凹，至攀岩墙处高程降至146m，平均坡度约为5%

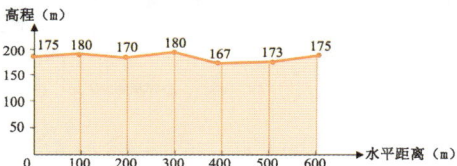

2-2 高程变化图
东侧道路标高为175m，湿地与中央草坪地势略低，至西侧，道路高程回到175m；整体场地内东西高，中间下凹

图 2-59　双源云谷郊野公园场地高程分析

总平面图

现状照片

① 管理中心　⑩ 森林小屋
② 草阶栈道　⑪ 吊床休憩营地
③ 雨水花园　⑫ 林间漫步道
④ 极限攀岩墙　⑬ 林下小憩
⑤ 互动艺术装置　⑭ 萌宠驿站
⑥ 通景大道　⑮ 亲子探险园
⑦ 云谷之心　⑯ 儿童沙坑
⑧ 生态湿地　⑰ 森林剧场
⑨ 疏林草坪

图 2-60　双源云谷郊野公园总平面图及现状照片

12.00

9.00

7.50

绿地（微地形，自然式植物景观配置） 园路 绿地（樱花草坪背景林） 樱花草坪景观 树阵广场 樱花草坪景观 绿地

A—A 断面图

剖切位置图

15.30

9.00

7.30

绿地（微地形，自然式植物景观配置） 树阵广场 凤凰眼主题雕塑 树阵广场 绿地

B—B 立面图

图 2-61 （杭州）凤凰公园断、立面图（一）

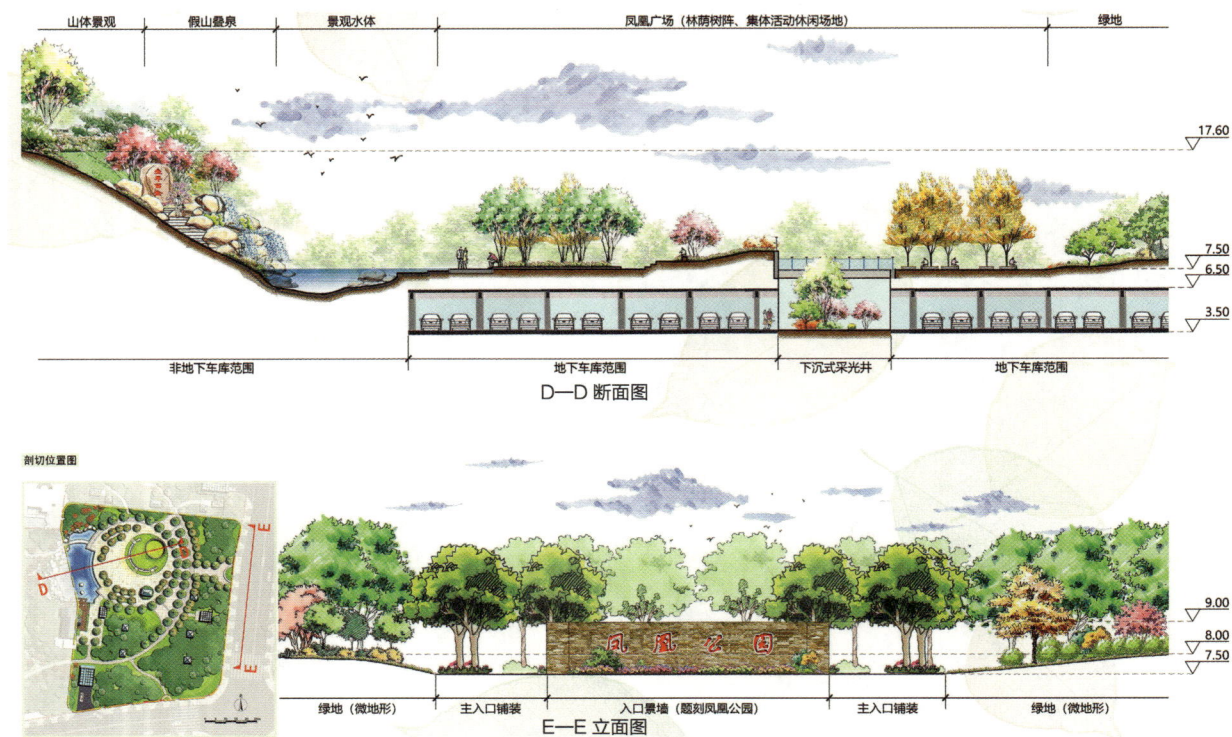

山体景观 假山叠泉 景观水体 凤凰广场（林荫树阵、集体活动休闲场地） 绿地

17.60

7.50

6.50

3.50

非地下车库范围 地下车库范围 下沉式采光井 地下车库范围

D—D 断面图

剖切位置图

9.00

8.00

7.50

绿地（微地形） 主入口铺装 入口景墙（题刻凤凰公园） 主入口铺装 绿地（微地形）

E—E 立面图

图 2-62 （杭州）凤凰公园断、立面图（二）

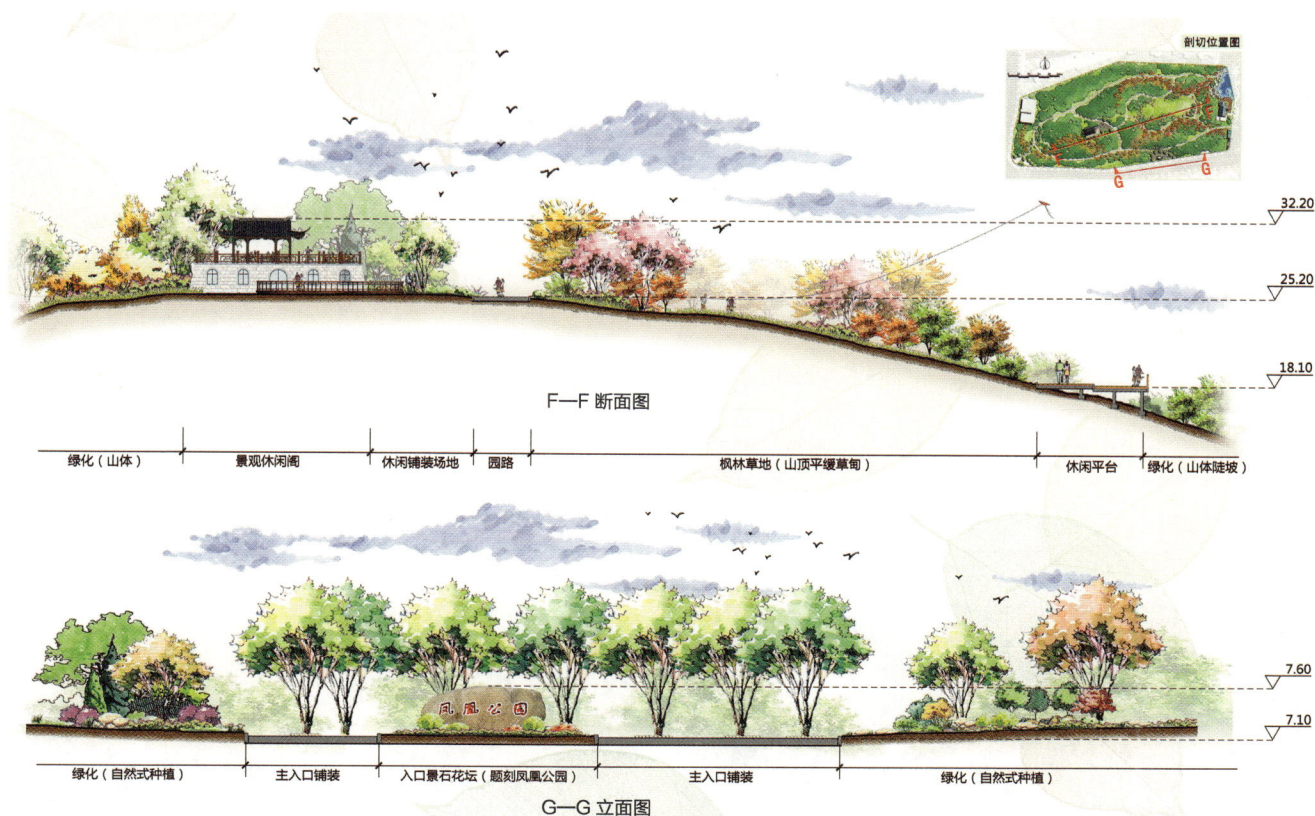

剖切位置图

32.20

25.20

18.10

F—F 断面图

绿化（山体）｜景观休闲阁｜休闲铺装场地｜园路｜枫林草地（山顶平缓草甸）｜休闲平台｜绿化（山体陡坡）

7.60

7.10

绿化（自然式种植）｜主入口铺装｜入口景石花坛（题刻凤凰公园）｜主入口铺装｜绿化（自然式种植）

G—G 立面图

图 2-63　（杭州）凤凰公园断、立面图（三）

2. 不同坡度地形的造景

公园中的地形有陆地和水体两大类。其中陆地部分按坡度大小，可分为平坡地（0~3%）、缓坡地（3%~10%）、中坡地（10%~25%）、陡坡地（25%~50%）、急坡地（50%~100%）、悬崖坡地（>100%）（表 2-12）。地形直接限定了公园陆地部分适宜的活动类型，因此应结合分区要求进行地形设计。同时，还应结合公园的给水排水设计和植物种植设计等进行地形的造景。

1）平坡地（0~3%）

平坦地形适合作为大面积工程用地，如楼房、停车场、网球场、运动场等，而且不需要平整土地。平坡地上适合开展休憩、娱乐活动，故可将其打造成游憩草坪、体育运动场地、休憩活动场地、集散广场、平整的林地、一般建筑地坪等。这类场地游人数量大且集中，活动内容丰富，所以平坡地面积需占全园面积的 30% 以上，且需有一两处较大面积的平坡地，以方便开展群众性活动及节日游园联欢活动。

平坡地在一片区域内面积过大，在视觉上会显得单调乏味。因此在平坦地形上造景，可结合挖湖堆山，营造丘陵地形或山林景观，或用植物分隔、障景等手法加以处理，打破平坡地的单调乏味。在有山水的园林中，山水交界处应有一定面积的平坦地形，作为过渡地带，营造类似冲积平原的景观，如山麓和湖畔平缓的大草坪。就公园局部小空间而言，地势较高的山顶和水中的岛屿也可以布置小块平坡地（图 2-64、图 2-65）。

坡度分级标准与设计要点 表2-12

类别	坡度值	坡比	度数	对人活动的影响	图示
平坡地	0~3%	~1:33	0°~1°43'	对人的活动无影响	i=3% 33.3 1
缓坡地	3%~10%	1:33~1:10	1°43'~5°43'	人行走在其上如履平地	i=10% 10 1
中坡地	10%~25%	1:10~1:4	5°43'~14°02'	可以站立行走，几乎无不适之感	i=25% 4 1
陡坡地	25%~50%	1:4~1:2	14°02'~26°34'	可以站立，但稍显吃力	i=50% 2 1
急坡地	50%~100%	1:2~1:1	26°34'~45°	人难以站立或保持平衡	i=100% 1 1
悬崖地	>100%	1:1~	>45°		

图2-64 双源云谷郊野公园大草坪

图2-65 临安人民广场活动草坪

2）缓坡地（3%~10%）

缓坡地形可供游人进入并开展各种不同的活动，其地形平缓，适用于各个年龄段的人群。人在其上行走活动，有如履平地之感，视野开阔。如缓坡大草坪，坡度小，地形变化丰富，场地开阔，可形成较大面积的活动场域，供人们开展如放风筝、踢毽子、踢足球、草地野餐等活动，成为人们普遍喜爱的公共场所。在缓坡地布置道路、建筑一般不受约束，可不设置台阶；可开辟园林水景，水体宜与等高线平行，不宜布置高差较大的溪流。如公园中此类地形占比较少，可以通过土方平衡的方式，将部分场地改造成缓坡地形，以获得更多的自然式活动空间（图2-66、图2-67）。

3）中坡地（10%~25%）

此类地形坡度适中，人在其上可以站立行走，基本无不适感；但同时又能明显感受到地形坡度的存在，是非常适宜打造游憩绿地的地形。为防止水土流失，应尽量少动土方，主要的工程设施需与等高线平行，以便最大限度地减少土方挖填量，并能与地形在视觉上保持和谐。虽然坡度不大，但当地形较为局促时，同样能造成空间的郁闭感（图2-68、图2-69）。

4）陡坡地（25%~50%）

此类地形坡度相对较大，人可以站立，但比较吃力且不便于行走，游人不能在上面开展游戏活动。人的活动被限制在地形上修建的台阶游步道、休息平台或亭廊中。以步行观赏活动内容为主，是引导式的"线""点"式活动。可以结合露天剧场、球场看台来设置，也可配置疏林或花台。布置道路时需设梯道；布置建筑时最好分层设置，不宜布置建筑群；也不适宜布置湖、池，而宜设置溪流。地形空间以大面积植物造景为主，形成由植物分隔的郁闭空间（图2-70、图2-71）。

5) 急坡地（50%~100%）

急坡地又称山地，此类地形坡度大，空间高差大，人的视线被阻断，空间被分隔，空间的领域感较强。由于坡度大，一般不作地形改造，不宜设置建筑和活动设施；但可适当设置蹬道、攀梯，组织游览线路。此类地形分隔空间的功能较为突出，兼具景观的观赏

图 2-66 太子湾公园缓坡草地

图 2-67 玲珑山公园缓坡草坪

图 2-68 天目山珍稀植物园疏林台地

图 2-69 临安人民广场雨水花园节点

图 2-70 天目山珍稀植物园周恩来演讲台节点

图 2-71 杭州少年儿童公园撒欢坡（沈实现 提供）

性（图2-72、图2-73）。

6）悬崖坡地（>100%）

悬崖地形在山地公园、矿山公园中常常遇到，可通过架空栈道构建游览路线，也可利用高差构建眺望景观。如上海辰山植物园矿坑花园、南京汤山矿坑公园（图2-74、图2-75）。

3. 水系规划与水体造景

1）水系规划

水系规划设计是对竖向规划设计的补充和完善。主要根据公园总体地形地势和雨水汇聚情况，结合防洪排涝、景观营造、水上活动等功能要求，在现状基础上重新整理公园的水系结构；同时，处理好与公园周边大环境水系的关系，结合水文变化情况，有效管控和确定公园水系的水量、水位、流向等。公园中的现状水体，除非其他特别建设用途需要填埋外，一般应予以保留；或在其基础上，结合景观空间营造进行改造处理，创造具有丰富景观内容的水体空间。

公园内部水系除特殊功能（如行洪、通航等）外，一般景观水系多相互联系，成为一体，并与周边河湖水系连通，使公园水系成为有来源和去脉的安全活水水系。公园内的最高水位，必须保证重要的建、构筑物和动物笼舍不被水淹。当周边水系因水位变化而可能对公园水系的水位造成不利影响时，须设置堤坝、闸站等水工设施加以控制和调节。如拦水坝、涵闸可以保证在枯水期周边水系的水位很低时，公园内部水系仍保持一定的水位（必要时补水）；泵站可以调节水位、防止内涝等。

公园中的河湖水池等必须采取护岸措施，并根据公园总体设计中规定的平面线形、竖向控制点、水位和流速进行驳岸设计。一般护岸措施有素土植被护岸和人工驳岸两种。非观赏性水工设施应结合造景采取隐蔽措施。水体虽是很好的景观载体，但设计时应确保游赏安全。根据《园林绿化工程项目规范》GB 55014—2021第3.5.1条的规定，水体岸边设有活

图2-72 青山湖绿道三期坡道景观

图2-73 天目山珍稀植物园悬浮平台节点

图2-74 青山湖绿道三期滨水栈道

图2-75 上海辰山植物园矿坑花园

动场地的区域，应在下列条件下设置防护设施：近岸2.00m 范围内、常水位水深大于（含）0.70m 的人工驳岸、驳岸顶与常水位的垂直距离大于（含）0.50m 的驳岸，以及天然淤泥底水体的驳岸。

2）水形塑造

无论是自然式还是规则式，水面塑造都不宜过直，要有曲折、开合、收放的变化。面积不大时，宜以聚为主，集中形式的水面常常会成为公园的中心。一般有曲折的岸线，周围环列建筑和山地，形成一种向心、内聚的格局。如四周有较高的山、塔等景物，其在水中形成倒影，更可增添虚实的对比变化。水体面积较大时，可将其分隔成若干点状、面状或带状的水面，彼此明通或暗通，形成各部分之间的强烈对比。空间之间可通过岛、堤、桥、建筑以及植物进行实隔或虚隔。水面不论是集中还是分散，皆依公园的风格而定。规则式公园，水体多呈几何形状，水岸为垂直砌筑驳岸；自然式公园，水体多呈自由曲线状，水岸也多为自然驳岸，或部分采用垂直砌筑的规则式驳岸。

3）水体造景

优秀的水系设计，应同时具备水形富有变化、层次丰富、景观深远、空间营造多样等特点。水形富有变化，以创造良好的空间基底；层次丰富、景观深远，以体现水面的变化与细节；空间营造多样，以体现步移景异的观赏体验，通常运用堤、岛、桥、廊、水生植物、湿地等水景要素，划分水面空间，丰富水体形态，增加景深层次。

岛在公园中可以划分水面空间，使水面形成几种具有不同趣味的水域。岛居水中，是观赏四周风景的中心点，故可在岛上与对岸建立对景。岛的类型有山岛、平岛、半岛和礁。水中设岛切忌居中和整形，一般设于水的一侧或重心位置。大型水面可设 1~3 个大小不同、形态各异的岛，不宜过多。岛的分布宜疏密有致，岛的面积要根据水面的大小而定，宁小勿大（图 2-76）。

堤是将大型水面分隔成不同景观区域的带状陆地。堤上设道，道中可设桥与涵洞，以沟通两侧水面。堤的设置不宜居中，宜靠水面一侧。多设直提，少用曲堤。堤上栽树，可以加强水面的分隔效果。

水岸有缓坡、陡坡、垂直和垂直出挑几类。驳岸有规则式和自然式两种：规则式驳岸是以石料、砖或混凝土预制块砌筑成整形岸壁；自然式驳岸则有自然的曲折、高低变化。驳岸虽应富于变化，但也要曲折有度，不宜过碎。

栈道或栈桥的设计需依地形地势而为，可顺溪流走势而设，也可穿梭于水面、溪流之间，分隔水景空间。栈道往往有直线和曲线两种形式：直线形栈道或栈桥讲究长短变化，以转折角度 ≥ 90° 为佳（图 2-77）；曲线形栈道或栈桥弧线内角宜 ≥ 90°，弧

图 2-76　浙江农林大学东湖校区鹿鸣岛

图 2-77　青山湖绿道一期水上森林架空栈道

线相互正切，弧线长短宜有主有次，以变化明显为佳，趋势、技巧同水形。

【示例45】（杭州）太子湾公园

杭州太子湾公园原为湖湾沼泽洼地，疏浚西湖时，这里成为湖中淤泥的堆积场，覆盖层厚达2~3m。20世纪80年代末，这里被政府改建为公园。太子湾公园的设计理念源于对自然山水画的欣赏与理解，设计秉承中国传统山水园的创作理念，因山就势，巧妙地挖池筑坡，使园内地形高低起伏、错落有致。全园地势南高北低，顺应引水需要，利用地势自然高差，促使水流顺畅地泻入西湖。水引自钱塘江，经水闸由南侧引入园内；穿过太子湾公园中部，由北侧注入西湖。在地形塑造中，首先对淤泥进行处理，利用地形高差引导水流，形成自然循环的水系。利用多种竖向设计手法，组织和创造出池、湾、溪、坡、坪、洲、台等园林空间；同时，还根据功能与建设管理的需要，严格控制排水坡度，为园区排水及植物生长创造了更为有利的条件（图2-78、图2-79）。

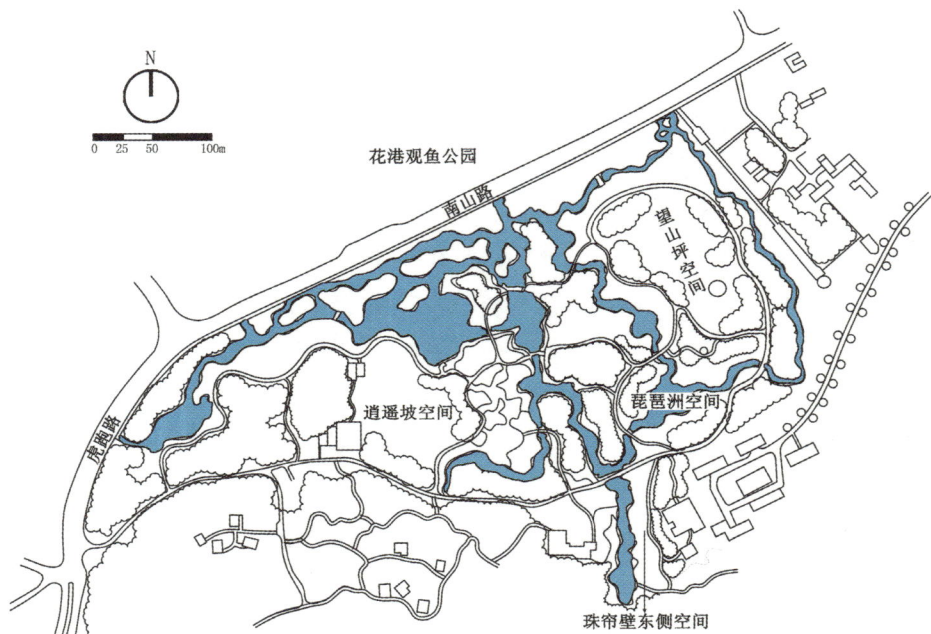

图2-78 太子湾公园水系分布

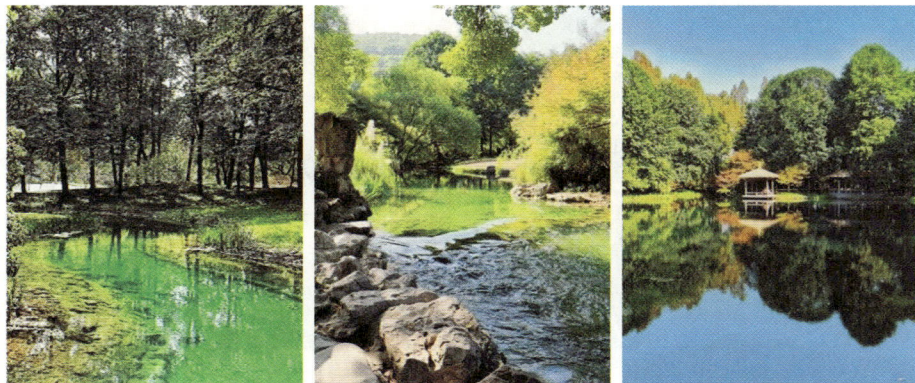

图2-79 太子湾公园水体景观

【示例 46】 宁波植物园

宁波植物园的水系注重优化水体规模和岛屿分布，以增强其生态和美学价值。设计师评估了原有水体和岛屿的生态与景观潜力，制订了合理的规划方案。通过水面调整和生态修复，植物园的水系连通性得以改善，岛屿成为野生动植物的栖息地。同时，岛屿的植被种植和水岸景观设计，为游客提供了丰富的观赏元素和互动体验。建成后的水系和岛屿不仅提升了生物多样性，也成为植物园内一道亮丽的风景线（图 2-80）。

【示例 47】 （湖州）长岛公园

湖州长岛公园在改造中保留了传统桑基鱼塘的肌理，并将其融入现代景观设计之中。在改造过程中，注重生态保护和可持续发展，将传统农业智慧与现代科技相结合，创造出既美观又具教育意义的景观，同时也展示了桑基鱼塘的历史和生态价值。改造后的桑基鱼塘延续了原有的生态循环功能，增加了教育和观赏功能。通过双层观景廊和水下观鱼廊，游客可以近距离接触这一生态系统（图 2-81）。

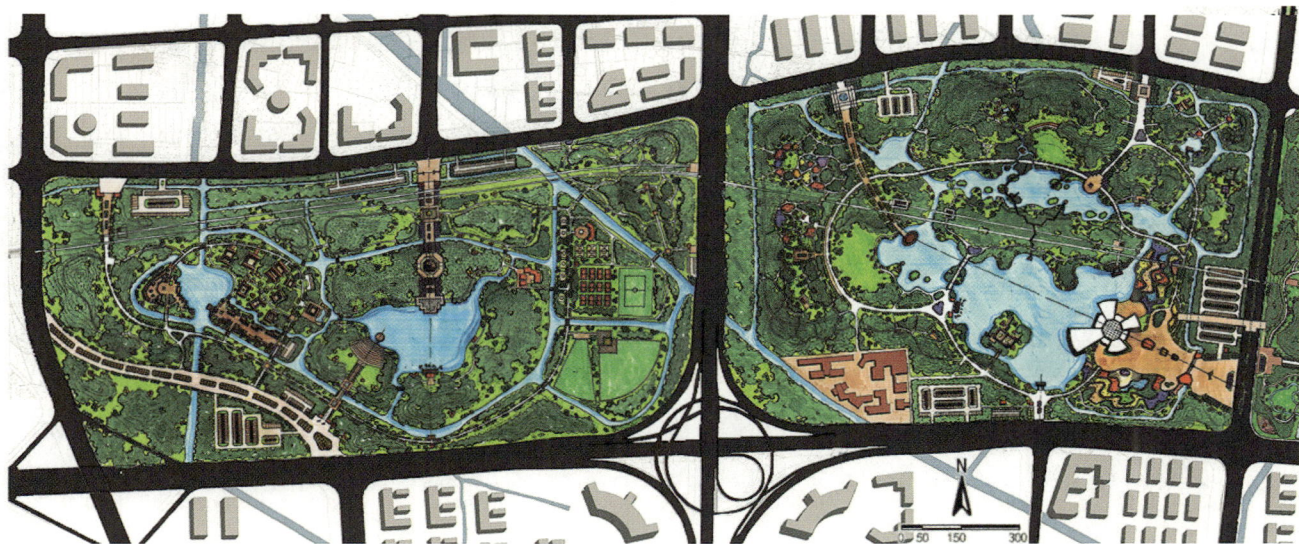

图 2-80　宁波植物园局部平面图（宁波植物园　提供）

图 2-81　长岛公园桑基鱼塘节点设计

2.3.6 植物景观

植物景观是城市公园的重要组成部分，特色鲜明的植物景观甚至可以成为城市的绿色地标和公园的基本风貌。在公园总体规划设计阶段，植物景观作为唯一具有生命的设计要素，应被视作重点（专项）内容来思考。如杭州西湖绿地中的特色植物和植物景观，已成为杭州西湖文化景观世界遗产的重要组成部分。

植物景观具有鲜明的地域性。在公园的规划设计中，应充分调查和研究公园所在区域的气候条件，城市风貌、绿地系统、植物景观专项规划等上位规划对该公园的定位和要求，当地的文化习俗，公园所在地及其周边的苗木资源，以及公园周围的环境特点等的状况。此外，公园场地内的地貌条件、土壤类型、现状植被资源、功能分区、景点布局、地形水系等，也是重要的考虑要素。综合以上要素，从规划层面确定公园的植物景观主题特色、空间类型、季相和色彩风貌等方面的总体布局。从设计层面落实公园总体风貌的基本要求，如常绿与落叶植物的比例（可参考当地的自然植被特征确定）、植物景观的基调植物和骨干植物等，以此体现公园相应区域或景观节点特色植物景观群落的结构（层次和搭配关系）。根据场地功能需求，选择与之相匹配的植物种类。如林荫广场空间适合选择悬铃木等冠大荫浓的落叶乔木，既能营造出夏季阴凉的环境，又不影响冬季采光，从而提升场地的环境舒适度。

1. 公园植物景观规划

1）植物景观主题特色规划

在公园方案设计阶段，甚至在概念性方案设计阶段，就需要根据总体方案确定与之相应的植物景观主题特色。植物景观特色主要依据公园所在城市的区位、公园类型、场地条件、当地的历史文化、特色植物资源等来确定，也可以由设计者根据当地的气候条件，赋予其特色。较为典型的案例如宁波植物园的特色植物景观——水上森林（水湿生木本植物区），该园区就是根据原址低洼的场地地势，以及地下水位较高的立地环境，结合宁波的地域风貌，凝练出了植物景观特色。上海嘉定紫藤园，则以紫藤作为特色植物景观主题。此外，还有北京元大都遗址公园的海棠；大连英歌石植物园的芝樱园、郁金香园、海棠园、桃花园等；杭州太子湾公园的樱花、郁金香等主题特色（图2-82、图2-83）。这些植物景观主题无一不成为公园的主要亮点，吸引了大量的游人。

图2-82 太子湾公园的樱花和郁金香（杨凡 提供）

图2-83 太子湾公园的樱花和郁金香（杨凡 提供）

2）植物景观风貌规划

植物景观风貌规划，主要是确定公园植物景观一年四季的基本风貌，包括公园整体和节点两个层面，重点是确定其常绿、落叶植物的比例关系。植物景观风貌规划包含两方面内容：一是，公园所在区域的地带性景观；由于我国幅员辽阔，不同维度、海拔的地域，其自然风貌不同，这也决定了该区域的公园植物景观风貌的不同；如三北地区多以落叶景观风貌为主，亚热带地区以常绿落叶混交的植物景观风貌为主，南亚热带和热带地区的公园以常绿植物景观风貌为主。二是，公园本身的植物景观风貌要结合当地的气候条件来规划布局，要采取"因地制宜"的规划原则。如在三北地区要求以常绿风貌为主或在热带地区要求以落叶风貌为主，都是比较难以实现的，因其违背了当地气候和植被风貌的基本规律。

从气候带来看，一般三北地区公园的常绿落叶体量比控制在 1∶9、2∶8 或者 3∶7 为宜，也就是冬季以落叶为主的植物景观风貌；中、北亚热带地区的公园常绿落叶体量比控制在 5∶5、4∶6 或者 6∶4 为宜；南亚热带和热带地区的公园常绿落叶体量比控制在 9∶1、8∶2 或者 7∶3 为宜；高海拔地区则应根据以上比例，作适当调整。

从公园尺度来看，以地处中亚热带气候区的杭州为例，城市公园植物景观风貌的常绿落叶体量比一般控制在 5.5∶4.5 或者 6∶4，亦可视公园实际情况，上下浮动 0.5 的比例，即控制在 5∶5 较为适宜。需要说明的是，这里指的不是单纯的树种比例，而是常绿、落叶树种所形成的体量的比例。这是由杭州所处的中亚热带常绿落叶阔叶混交林的自然植被景观以常绿为主的风貌所决定的。因此，杭州公园的冬季植物景观风貌应以绿色为基本面，落叶体量根据公园的定位和实际需求，可占据一定比重。

同时需要注意，可以对公园中不同节点和功能区的植物景观风貌进行再布局。如杭州太子湾公园的整体风貌延续南侧九曜山常绿落叶混交林的风貌，公园也采用了常绿落叶混交林的植物景观风貌——常绿落叶体量比为 5∶5，但公园内部各功能区块和节点的常绿落叶体量比又有所区别：如逍遥坡的常绿落叶体量比为 4∶6，整体风貌以落叶为主体；望山坪到北入口一带的常绿落叶体量比为 5∶5，常绿落叶体量相当；次入口常绿落叶体量比为 8∶2，常绿占据主体。通过这种风貌规划和布局，太子湾公园中的不同区域形成了各具特色的植物景观风貌，从而成为公园植物景观设计的典范。

3）植物景观空间规划

植物景观空间类型与公园的功能分区相得益彰，在方案设计阶段，应规划不同功能的植物景观空间，如开敞空间、半开敞空间、覆盖空间、垂直空间等，组织游人的视线及游览路线，使游人在游园过程中感受到步移景异、小中见大的空间变化，提升游园体验。

开敞空间指的是四周没有植物、建筑和山体的遮挡，空间感几乎是完全开放的。

半开敞空间场地四周有植物、地形、建筑物的围合，通常面积在几百、几千甚至上万平方米不等，也有的将若干个数十平方米的空间加以组合；多与园路和地形进行大小组合，空间相互穿插，使得游人在游园过程中形成"障、挡、透、漏"的视觉体验；多以"草坪＋竖向地形设计＋植物群落"的模式进行空间组织。一般草坪的面积占比不宜超过绿地面积的35%；草坪植物空间一般采用"一主多辅"的布局结构，使得公园空间富于变化且具有可识别性。主空间根据公园面积大小而定，如杭州花港观鱼的雪松大草坪约为 15000m²，藏山阁草坪约为 6000m²，牡丹园区中的植物景观空间约为 2400m²，疏林草坪区约为 2800m²。同时，亦可根据公园的活动场地、水面、地形等，打造适宜的植物景观空间形式。通常会在公园的重要区域布置一组面积较大的半开敞空间（多以大草坪的形式来呈现），其他区域根据场地和功能需要，布置若干个相对较小的半开敞空间。

结合公园的入口、园路、休憩节点等场地布置覆盖空间、垂直空间等植物景观空间类型的目的是形成隐蔽、凉爽的环境，供游人休憩停留；同时，也丰富了空间层次和游览体验（图2-84、图2-85）。

4）植物景观季相和色彩规划

植物的季相变化是公园植物景观设计的主要内容之一。植物季相设计是指对植物四季所表现出来的景观进行构建：利用植物的季相变化，对植物进行合理搭配，展现植物花、叶、枝、干的季节性变化，形成极具特色的景观。在进行公园植物景观设计的过程中，通常应重点突出一季或两季的景观特色，同时配植常绿植物，以弥补其他季节景观风貌过于单调的不足。此外，不同的植物季相表现出来的色彩也不尽相同，如春季主要以嫩绿色和丰富多彩的花色为主。如杭州西湖白堤（图2-86），主要以"桃红柳绿"为特色，

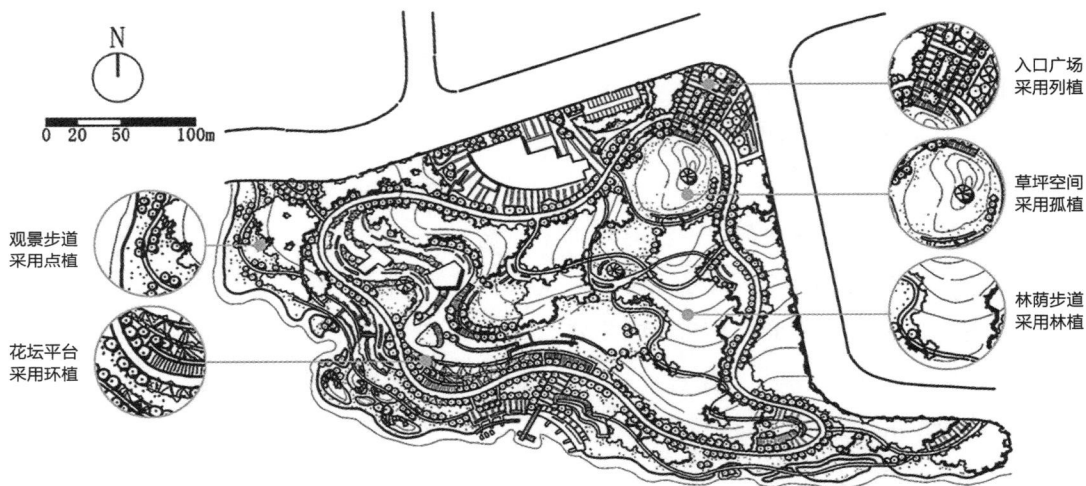

图2-84 公园设计手绘平面图（一）

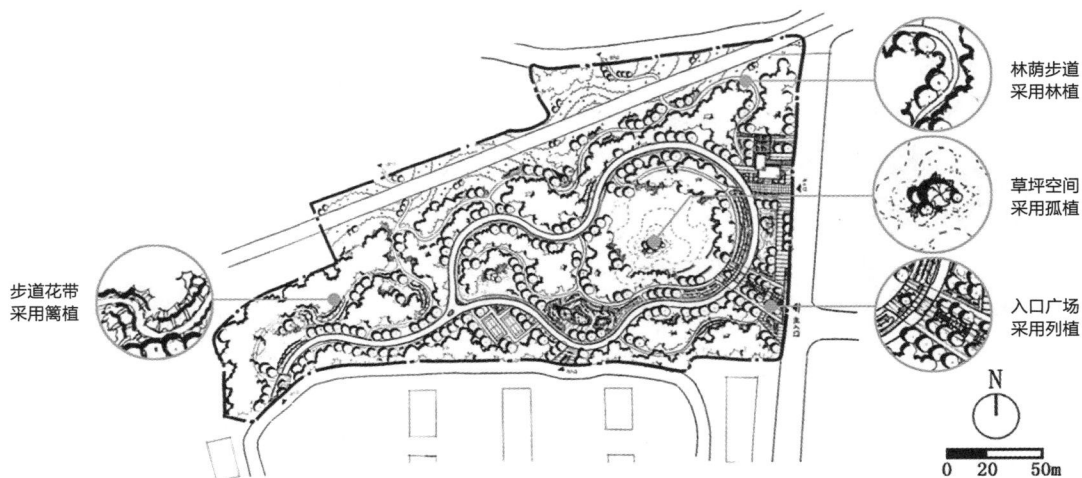

图2-85 公园设计手绘平面图（二）

凸显春季生机盎然的植物景观；又如杭州西湖乌龟潭（图2-87），主要以白粉色的日本晚樱为主景，营造春季樱花特色植物景观。

　　在公园设计中，植物景观色彩规划往往也是方案阶段需要综合考虑的因素，一般应与植物的季节性变化相结合。植物景观色彩布局和规划需与公园的整体定位、功能及其周边环境相匹配。如开阔的半开敞空间可以配置纯色植物，或者多色植物组合搭配。如杭州太子湾公园逍遥坡主要采用无患子—樱花＋郁金香—草坪的色彩搭配模式。将粉白的东京樱花和多色系郁金香进行搭配，重点体现春季的植物景观特色；无患子则突出了秋季金黄色的季相特色。公园植物景观色彩是采用单色系还是多色系布局，可根据公园规模的不同来确定。规模较小的社区绿地和口袋公园，色彩不宜过多，以免纷繁杂乱，重点不突出；规模较大的综合公园和专类公园的不同功能区域可布置一种或多种色彩，有利于丰富和突出公园的季相变化和区域色彩特色。

　　2. 节点或区域植物景观设计

　　在公园的总体定位和植物景观总体规划布局下，对公园的每个区域、节点和场地进行细部设计，可以有效避免公园内部节点植物景观风貌的雷同。低水平重复建设会造成植物景观的单调、乏味。因此，从上述植物景观主题特色、空间类型、季相和色彩风貌规划等方面，推敲总体布局，对下一步深化设计和施工图设计具有承上启下的指导意义，从而避免出现施工图设计阶段因植物景观特色不明确而无从下手的情况。

　　1）特色植物景观群落设计

　　根据植物特色、空间布局、色彩搭配来确定植物群落的配置模式，是公园设计过程中落实植物景观总体规划的关键一环，也是风景园林学科将科学性与艺术性相结合的重要体现。

　　公园植物群落构建一般以师法自然为基本理念和目标，植物配置应符合植物的生态习性，如生态位的

错位搭配是模拟自然界群落的关键。一般采用乔木、灌木和低矮草本的组合，结合植物的生物学特性和生态习性进行科学搭配的同时，兼顾美学价值，这是自然植物群落的基本关系，可以用于指导城市公园的植物配置。换言之，可以根据场地的植物主题特色进行构建，亦可参考当地的植物群落特征进行设计。以杭州太子湾公园为例，望山坪大草坪和公园北入口之间的植物群落设计模式为：

　　上层大乔木：乐昌含笑；

　　中层小乔木：东京樱花＋桂花；

图2-86　杭州西湖白堤

图2-87　杭州西湖乌龟潭

亚中层灌木：无刺枸骨；

下层地被：麦冬＋郁金香的复层群落设计。

该群落设计起到了障景的作用，为在空间内停留的游人提供视线屏障（图2-88）。整个望山坪空间面积约为11000m²，由三个不同形态和大小的植物群落加以组织和划分，使整个空间富于层次，游人可感受到丰富的景观变化。

2）植物景观空间设计

植物景观空间布局是公园空间设计的重要任务之一，应根据公园整体空间布局，结合植物主题特色进行设计。整体上采用"金角带银边、草坪占中间"的空间组织手法。园路之间形成的夹角最关键，可通过地形和植物群落加以控制；园路的边其次，一般作留白处理，亦可点缀几棵或几组植物群落；中间区域留白，一般设置供游人观赏或活动的草坪即可。如花港观鱼公园的雪松大草坪，在道路转角处作地形微抬高处理，地形从高到低种植大小、规格不一的雪松，常绿雪松前布置落叶观花树种——东京樱花；沿路边打开视线，中间留白，布置草坪，与西湖湖面之间形成良好的视线组织，丰富了公园的空间层次（图2-89）。

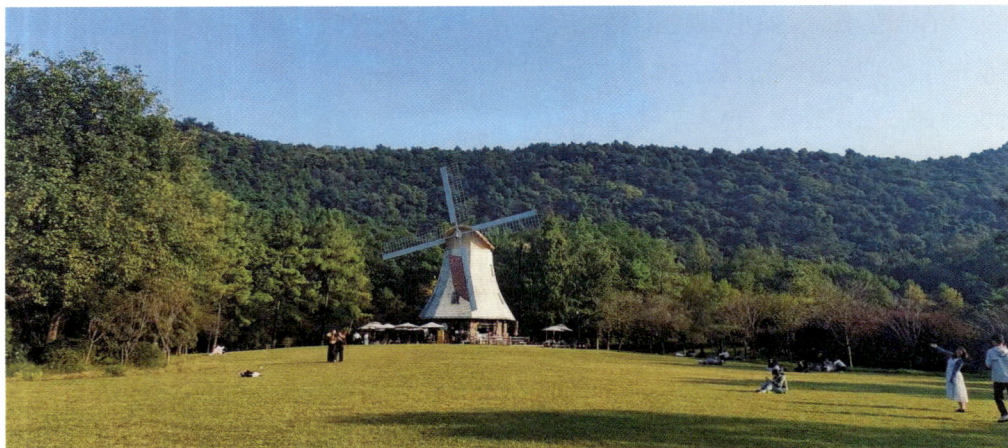

图2-88 太子湾公园望山坪

图2-89 花港观鱼公园雪松大草坪

【示例 48】（绍兴）大小坂湖公园

浙江省绍兴市柯桥区大小坂湖公园位于柯桥区西部。用地东接柯华路，南抵泽国路和山阴路，西至太平路，北临钱陶公路，群贤路将水域分隔为大坂湖（南部）和小坂湖（北部）。用地面积为 38.76hm²，主要沿湖分布。

①植物主题特色规划

公园设多处特色植物景观，每处景观按植物观赏特性和习性，采用不同的植物种植搭配方式。如"坂湖花海"分别采用了自然式和规则式的种植方式，结合疏林草地空间，营造出林间花海的植物景观效果。"木兰山茶园"结合地形，上层种植木兰科植物，配以常绿植物背景；下层种植山茶科植物。二者花期集中、生态位错开，形成春季次第争艳盛开之景（图 2-90）。

②植物景观空间规划

大小坂湖公园植物景观空间布局包括开敞空间、半开敞空间、覆盖空间三类；通过不同空间的变化，给人以不同的视觉和活动空间体验（图 2-91）。

③植物景观季相和色彩规划

大小坂湖公园专类植物景观季相设计主要包括以春夏景为主、以冬春景为主、以春秋景为主、以春景为主、以秋景为主、以夏景为主六类（图 2-92）。

【示例 49】（杭州）花港观鱼公园

花港观鱼公园植物景观空间主要用植物群落组团结合地形来分隔和组织。在宏观的全园尺度上，利用不同疏密、高矮、厚薄、形状和尺度的植物群落，构成一系列既有联系，又相互独立的空间，形成公园主体或骨架。在中观和微观尺度上，植物空间的尺度、朝向、各类植物的色彩、种植位置等都经过

图 2-90　大小坂湖公园植物主题特色分布图

（图片来源：刘宓 . 专类植物景观规划设计研究：以绍兴大小坂湖公园为例 [D]. 杭州：浙江农林大学，2014.）

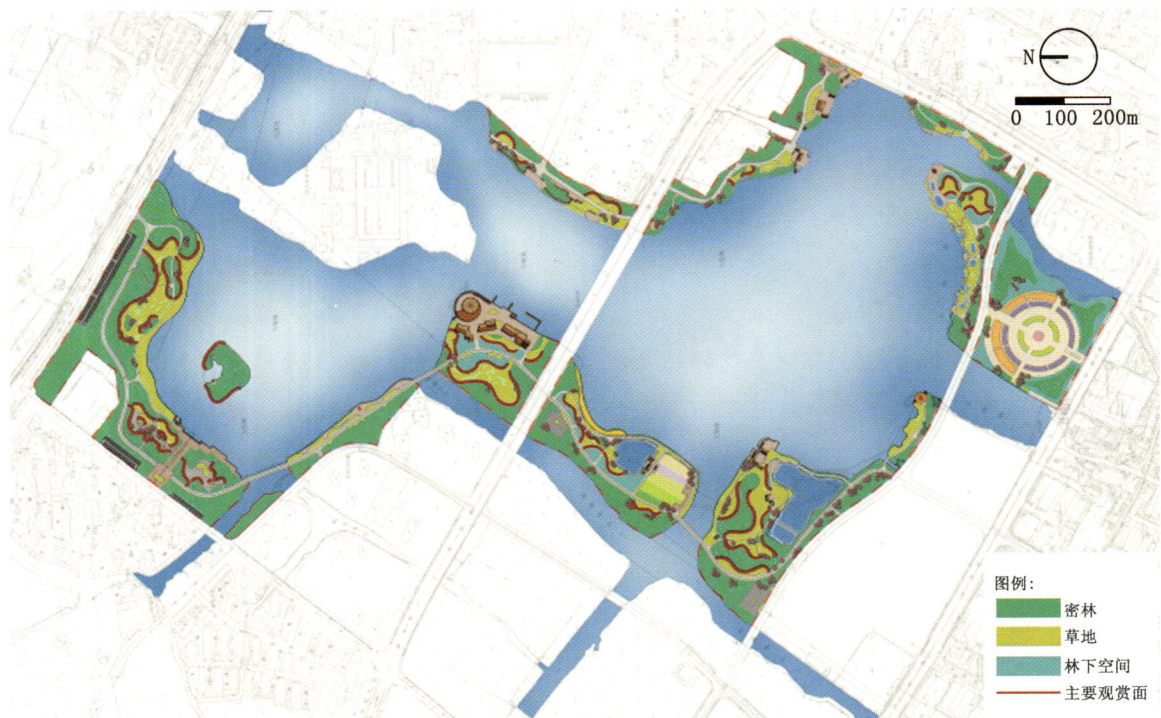

图例：
- 密林
- 草地
- 林下空间
- 主要观赏面

图 2-91 大小坂湖公园空间规划平面图
（图片来源：刘宬．专类植物景观规划设计研究：以绍兴大小坂湖公园为例 [D]．杭州：浙江农林大学，2014．）

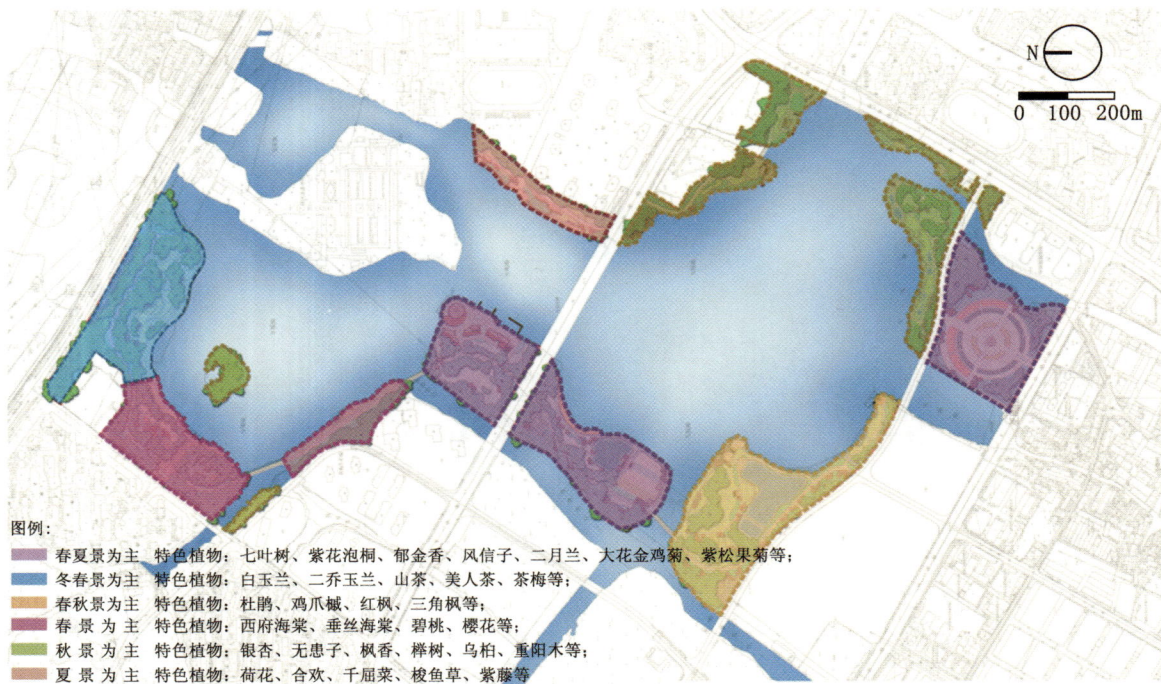

图例：
- 春夏景为主 特色植物：七叶树、紫花泡桐、郁金香、风信子、二月兰、大花金鸡菊、紫松果菊等；
- 冬春景为主 特色植物：白玉兰、二乔玉兰、山茶、美人茶、茶梅等；
- 春秋景为主 特色植物：杜鹃、鸡爪槭、红枫、三角枫等；
- 春 景为主 特色植物：西府海棠、垂丝海棠、碧桃、樱花等；
- 秋 景为主 特色植物：银杏、无患子、枫香、榉树、乌桕、重阳木等；
- 夏 景为主 特色植物：荷花、合欢、千屈菜、梭鱼草、紫藤等

图 2-92 大小坂湖公园植物景观季相和色彩规划平面图
（图片来源：刘宬．专类植物景观规划设计研究：以绍兴大小坂湖公园为例 [D]．杭州：浙江农林大学，2014．）

精心设计，既形成了空间的丰富变化，又提供了人性化的赏景条件。花港观鱼公园特别设置了开敞空间、半开敞空间、覆盖空间、垂直空间四种空间形式。朝向西湖的一面约有 95% 的开敞空间，而朝向西山路的一面约有 95% 的封闭空间。正如《园冶》所载"俗则屏之，佳则收之"。通过对内部空间的组织和外部景物的取舍，为使用者营造了良好的游览和休憩环境。

雪松大草坪是以体现雪松群体美为主要立意的草坪空间，面积约为 15000m^2，面向西湖，背靠广玉兰、山茶林带，是花港观鱼公园内最大的草坪活动空间。借助林缘线的处理，大空间中创造小空间，呈现幽深静谧的空间意境，既安静又可透视西里湖湖面，供人驻足。内外结合的空间布局与最初的立意一致，只是随着植物景观的演变，向外空间更开阔，向内围合感更强（图 2-93）。

藏山阁草坪面积约为 6000m^2 位于花港观鱼公园苏堤入口处，南与红鱼观赏区相连，西接雪松大草坪，北临西里湖。空间的围合感强，主景突出，空间层次丰富（图 2-94）。

【示例 50】（杭州）太子湾公园

杭州太子湾公园在传承西湖风景园林艺术特质的同时，延续花港观鱼公园所开创的中西合璧、以中为主的艺术风格（图 2-95）。公园空间序列抑扬顿挫、有起有伏、变化丰富，有利于突出专类植物的景观特色。植物配置去细碎、重整体、轻雕琢、求气势。材料的选择主要强化春季景观，以展示樱花和郁金香为主题，同时兼顾四季景观。历经三十多年的发展演变，公园内已形成特色鲜明、结构稳定、变化丰富的植物空间。其中，望山坪空间面积约为 11000m^2，由三个不同形态和大小的植物群落进行划分，使空间形态更加丰富，游人的视觉感受丰富多样（图 2-96）。琵琶洲空间面积约为 8870m^2；逍遥坡空间面积约为 9300m^2；通过背景山体的衬托，更凸显出前景的东京樱花和郁金香（图 2-97、图 2-98）。

图 2-93 花港观鱼公园雪松大草坪实测图

（图片来源：李伟强.园林植物空间营造研究：以杭州西湖园林绿地为例 [D].杭州：浙江大学，2007.）

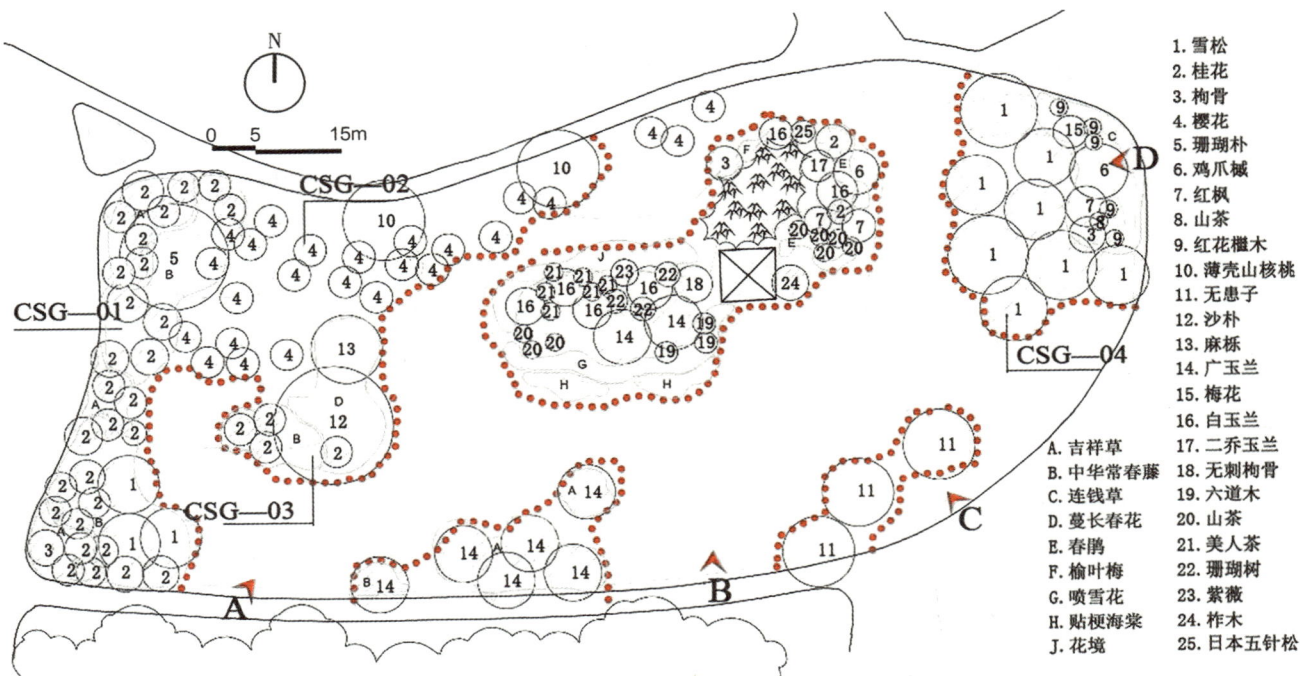

图 2-94　花港观鱼公园藏山阁草坪实测图

（图片来源：李伟强. 园林植物空间营造研究：以杭州西湖园林绿地为例 [D]. 杭州：浙江大学，2007.）

右侧图例：

1. 雪松
2. 桂花
3. 枸骨
4. 樱花
5. 珊瑚朴
6. 鸡爪槭
7. 红枫
8. 山茶
9. 红花檵木
10. 薄壳山核桃
11. 无患子
12. 沙朴
13. 麻栎
14. 广玉兰
15. 梅花
16. 白玉兰
17. 二乔玉兰
18. 无刺枸骨
19. 六道木
20. 山茶
21. 美人茶
22. 珊瑚树
23. 紫薇
24. 柞木
25. 日本五针松

A. 吉祥草
B. 中华常春藤
C. 连钱草
D. 蔓长春花
E. 春鹃
F. 榆叶梅
G. 喷雪花
H. 贴梗海棠
J. 花境

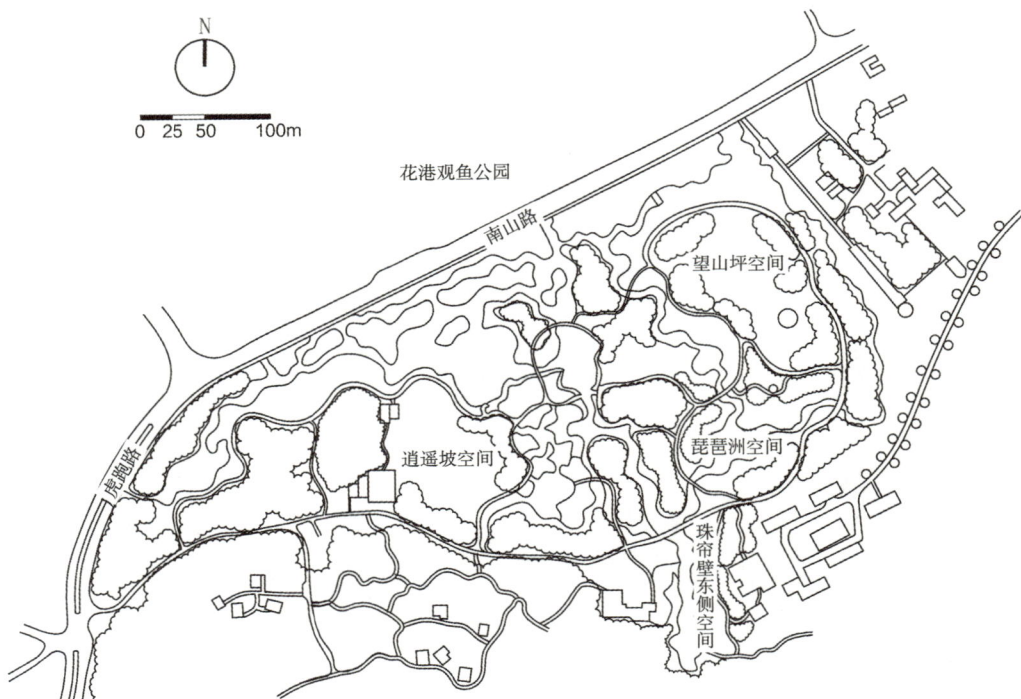

图 2-95　太子湾公园平面图

图 2-96　太子湾公园琵琶洲空间

图 2-97　太子湾公园逍遥坡空间

1. 无患子
2. 东京樱花
3. 日本晚樱
4. 香樟
5. 沙朴
6. 水杉
7. 桂花
8. 枫杨

水体

水杉、麻栎、香
樟、桂花、鸡爪
槭杂木林

图 2-98　太子湾公园逍遥坡草坪实测图

（图片来源：李伟强 . 园林植物空间营造研究：以杭州西湖园林绿地为例 [D]. 杭州：浙江大学，2007.）

2.3.7　建筑布局

1. 公园建筑设施的相关规定

《公园规范》第 3.3.2 条对不同类型的建筑物在各类公园中的用地比例作了详细规定。该规范第 8.1 节对公园中的建筑物有较为详细的规定：建筑物的位置、规模、造型、材料、色彩及其使用功能应符合公园总体设计的要求。建筑物应与地形、地貌、山石、水体、植物等其他造园要素统一协调，有机融合。建筑设计应优化建筑形体和空间布局，促进天然采光、自然通风，合理优化围护结构的保温、隔热等性能，降低建筑的供暖、空调和照明系统的负荷。在建筑设计的同时，应考虑对建筑物使用过程中产生的垃圾、废气、废水等废弃物的处理，防止污染和破坏环境。尤其是对建筑物的层数和高度，以及建筑室外台阶的设置有以下明确规定：

（1）游憩和服务建筑层数以1层或2层为宜，起主题或点景作用的建筑物或构筑物的高度和层数应服从功能和景观的需要。

（2）管理建筑层数不宜超过3层，其体量应按不破坏景观和环境的原则严格控制。

（3）室内净高不应小于2.4m，亭、廊、敞厅等的楣子高度应满足游人通过或赏景的要求。

（4）游人通行量较多的建筑室外台阶宽度不宜小于1.5m；踏步宽度不宜小于30cm，踏步高度不宜大于15cm且不宜小于10cm；台阶踏步数不应少于2级。

2. 公园建筑设施分类

《公园规范》第3.5.1条将公园设施项目分为游憩设施、服务设施、管理设施三大类，每一类又细分为建筑类和非建筑类。是否应该设置相应的建筑类设施，与公园的陆地面积有关。

（1）游憩类建筑设施：这类建筑给游人提供了游览、休息、赏景的场所，如亭、廊、厅、榭、活动馆、展馆等。

（2）服务类建筑设施：这类建筑在公园的人流集散、服务游客等方面发挥了较大的作用，主要包括游客服务中心、厕所、售票房、餐厅、茶室、咖啡厅、小卖部等。

（3）管理类建筑设施：这类建筑主要供内部工作人员使用，包括管理办公用房、广播室、安保监控室等。

3. 公园建筑设施选址

公园建筑设施的属性分为偏安静和偏喧闹两类：像茶室、咖啡厅、图书馆、会所这类建筑，一般需要静谧的空间氛围，其外部环境需要有较高的围合度，周边绿化及水景较多；而像音乐厅、电影院、歌剧院这类建筑，人流量较大且要求比较开放，其周边环境则以硬质铺装场地和交流休息空间居多。

（1）建筑物一般不放在场地的正中心，以设置在入口区集散广场边上为佳。

（2）地形、树丛这些元素一般放在建筑后方；水域、阳光草坪、观景平台一般放在建筑前方。

（3）建筑前方也就是主立面一侧，必然要有集散广场，忌道路直接连接建筑大门。大型建筑的正门和侧门前都应有用于集散的硬质铺装场地。

（4）园林建筑必须要有直达的消防车道以及消防车登高操作场地；重点消防单位（如建筑面积大于3000m²的剧院、博物馆、电影院、图书馆等单、多层公共建筑）应至少沿建筑的两条长边设置消防车道。

（5）现状乔木树干基部外缘与建筑间净距离不得小于5m；新植乔木树干基部外缘与楼房间净距离不得小于5m，与平房间净距离不得小于2m；灌木或绿篱外缘与楼房间净距离不得小于1.5m。

4. 建筑与景观的结合

（1）消隐：应将建筑尽量消隐于风景之中，在主要景观视野中不看到或少看到建筑的体量，尽量减小建筑对风景的干扰。在苕花公园滨水空间改造项目中，利用地形高差，将建筑体量置于土坡下，屋顶为平台和绿植空间，加之林木的遮挡和立面的弱化，在有限的空间中创造了多种用途的设施，并且保证了风景的连续性和完整性（图2-99、图2-100）。

（2）拆分：化整为零，减小建筑的体量感，在空间尺度上使其与公园风景相协调。通过若干个小体量建筑，满足建筑应具备的服务功能。在双源云谷郊野公园和兰溪市金角滩公园中，将管理设施、服务设施等拆分设计成一系列小体量的景观构筑物，以削弱建筑在公园中的存在感（图2-101、图2-102）。

（3）顺形：顺应地形特点，让建筑与场地一体化，从而使建筑成为风景的一部分。布鲁克林植物园游客中心位于城市和植物园的衔接处，该建筑的核心特征就是其 1000m² 的绿色屋顶设计，其蜿蜒的形体与山坡自然衔接，将建筑巧妙地融入自然之中（图 2-103、图 2-104）。

（4）透空：让建筑室外留出灰空间，以此作为建筑与环境的过渡。室内空间开放通透，将风景引入建筑，营造观景和借景的场所。天目山珍稀植物园的游憩建筑，通过大面积透空，突出了建筑观景、游览这一属性（图 2-105）。

（5）观望：让建筑成为近观和远望风景的平台，

图 2-99　茗花公园

图 2-100　茗花公园

图 2-101　双源云谷郊野公园森林小屋

图 2-102　金角滩公园（沈实现　提供）

图 2-103　布鲁克林植物园游客中心（一）

图 2-104　布鲁克林植物园游客中心（二）

自然形成二者之间的对话关系，使建筑因为风景而存在。在茗花公园滨水空间改造项目中，利用地形高差设计了一系列景观建筑，游客可以在此驻足休息，也可以眺望水景（图 2-106、图 2-107）。

图 2-105 天目山珍稀植物园游憩建筑

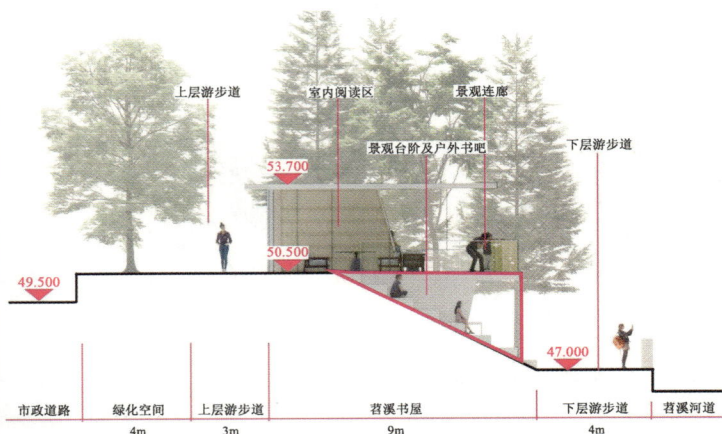

图 2-106 茗花公园滨水观景节点（一）

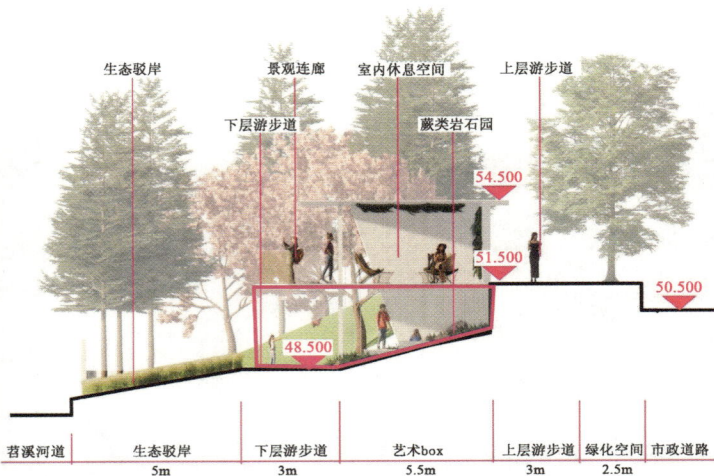

图 2-107 茗花公园滨水观景节点（二）

2.4　情景的营造：节点与配套

2.4.1　节点的细化步骤

在本教材 2.3.2 功能分区和 2.3.3 景观结构两节，已经分别讲解了公园分区和节点布置的要点。可以根据场地属性和使用人群来确定节点功能，根据其功能主次来区分节点主次，并确定其尺度和位置。

在总体设计阶段，景观节点只是以一个示意性的圆形、方形或不规则形来表示其位置和范围；在详细设计阶段，则需要进行空间形态的细化。因公园设计定位的不同，节点可能会呈现不同的形态、风格，但节点细化的本质仍是空间功能的营造。不能因注重平面构图的美观，而忽略了空间的实用性和功能性。应从空间的性质、尺度以及组合方式的层面，进行节点细化。

1. 确定节点形式

节点的形式与公园的整体构图有关，应与整体图面的单元形吻合，使得设计严谨有序、整体统一。最行之有效的方法就是采用共同的单元形（基本形），以达成统一性，即异素同构（图 2-108、图 2-109）。整体构图可以是一种线条的重复，也可以是两种对立线条（直线与曲线、折线与曲线）的交织咬合。切忌过多形式符号的堆砌和主次不分。此外，节点还应顺应周边地形、道路、水体等的走势进行布置，从而做到因地制宜。

2. 确定空间性质

节点深化的关键步骤是空间的功能设定，应明确该节点是具有较强公共性、承担主要人流的开放性区域，还是具有较强私密性、需要安静氛围的空间环境。面积较大的节点，通常由数个不同功能的子空间组合构成。主空间与其他空间之间应形成"主、次、配"的关系：主空间居中；次空间依附于其边缘，或经过过渡空间后自成一体。如滨水休憩空间，需要设置最主要的通行空间，同时考虑到游人的驻足，还要有附属的停留休息空间。根据功能细分，进一步确定空间的开合以及视线方向，设计相应的开敞空间、闭合空间与纵深空间，从而形成旷奥对比和空间的转换（图 2-110、图 2-111）。

图 2-108　望湖公园

图 2-109　望湖公园

图 2-110　苕花公园滨水休憩节点（一）

图 2-111　苕花公园滨水休憩节点（二）

3. 确定节点要素

景观要素构成通常可以分为地形、水体、园路、植物、建筑。无论哪种景观要素，其所构成的空间组合均需以空间秩序营造为目的。如在热闹的广场区域采用喷泉、跌水等形式；而在安静的休息区域则考虑镜面水池的水景形式。集散广场的植物配置宜采用树阵的形式，既可以遮阴，又不会影响行进方向的视线通畅；而道路两侧的植物配置则可采用乔、灌、草搭配绿篱等形式，来阻挡视线，从而将行人视线引导至前进方向。

4. 调整节点尺度

应基于空间视觉原理，调整各种景观要素的面积比例及其相互之间的距离关系，形成最理想的景观视域。日本著名建筑师芦原义信在《外部空间设计》一书中提出 D/H 的理论，认为建筑空间由地面、墙面、顶棚三要素限定，而外部空间则是由墙面和地面两个要素所限定。垂直界面对空间的划分与控制作用，与其高度及相对距离有很大关系。因而，在处理外部空间时，还要考虑构筑物或植物的高度（H）与围合空间的距离（D）之间的比例关系。

以人站在构筑物或植物围合空间的正中央为例：

当 D/H 为 1~2 时，空间最为紧凑，在苏州园林中常能见到此类空间。

当 $D/H=2$ 时，中心垂直视角为 45°，可观察到界面全貌，视线仍集中于界面细部，具有较好的封闭感。

当 $D/H=4$ 时，中心垂直视角为 27°，是观察完整界面的最佳位置，为空间封闭感的上限；故欲在广场和庭院中营造围合感，其空间 D/H 不宜大于 4，此空间比例是界定围合与开敞的分界点。

当 D/H 大于 4 时，两界面之间的影响较为薄弱，空间缺乏围合感。

此外，在实际应用中，还有不少有价值的尺度比例概念可供借鉴（表 2-13）。

不同高度的墙、绿篱在空间分隔上也有不同的效果（图 2-112）。当高度不足 0.3m 时，有图案感，但无空间隔离感，多用于模纹花坛及草坪的边缘处理；当高度接近 0.6m 时，稍有边界划分感，多用于台边或建筑边缘的处理；当高度为 0.9~1.2m 时，具有较强的阻断感，多用于安静休息区的高篱处理；当高度 > 1.8m，即超过一般人的视点时，则产生空间封闭感，多用于障景、隔景或特殊活动封闭空间的绿墙处理。

空间尺度与人的感受　　　　　　　　　　　　　　　　　表 2-13

空间尺度	空间类型	空间体验
1~3m	亲近的私密空间	是人与人亲密交谈的尺度范围，人对领域的控制感较强，并满足人对私密性的心理需求
20~25m	近景空间	人可以相互看清对方的面部表情，或景观空间的细部，属于舒适、亲密的外部空间；通常用于组织近景
70~100m	中景空间	可以确认一个物体的结构和形象，是满足正常的人与人之间交流的尺度极限；这一范围通常用于组织中景，也是户外开放空间组织景观节点的最佳尺度

图 2-112　绿篱、墙体不同高度的空间感

2.4.2　公园常见节点设计

1. 出入口节点

城市公园出入口是公园与街道之间的过渡空间，具有双重属性，既参与构成街道空间，形成城市空间的特色景观；同时，又具有一定的交通引导功能，是公园空间序列的起始。在本教材第 2.3.1 节"内外衔接"中，已经讲解了总体布局阶段应如何确定公园出入口的位置、主次、集散广场的面积；而在详细设计阶段，往往更侧重于确定出入口的功能与形式。

1）公园出入口的形式

根据公园的风格特色，出入口空间形态可分为直线形、曲线形或折线形。根据布局形态，可分为对称式入口和非对称式入口。根据其与道路的关系，可分为垂直于道路、不垂直于道路或设于道路转角处；转角处的出入口可以后退一段距离，远离道路，以满足行车的安全视距。出入口的形状可以是点状、线状或面状。主入口通常面积较大，构成面状空间；次入口通常面积较小，构成点状空间。如果出入口对面有商业区、办公区等人流量较大的场所，可以采用开放式入口，形成更宽的公园开放界面。

2）公园出入口的设计要点

（1）主、次入口空间的区分

根据公园出入口承载的游人数量和所在位置，可以分为主入口和次入口，在具体设计时，二者应有所区别。主入口因其人、车使用量较大，功能更为多元，包含大面积集散空间及功能空间，因此体量更大，空间构成更复杂，形象展示功能更强，景观要素构成更丰富（图 2-113）。可以在主入口设置轴线，借助入口两侧的植物、纵向的铺装等强调轴线，以增强对游人视线的引导性。在轴线上可依次布置雕塑、水景、花带、树阵等景观要素，形成景观空间序列。次入口的尺度更小，形象展示功能较弱；与主入口相比，可以在功能上进行一定程度的删减（图 2-114）。

（2）具有引导功能的通行空间

在组织入口的各类景观要素时，要考虑其交通引导功能，可以利用植物种植、水池、构筑物、铺装等要素，强化入口的方向性。为体现入口的引导性，通常采用带状硬质铺装，路径通直，以指引游人在场地中的穿行路线，减少人流交织（图 2-115）。

（3）充足的集散空间

入口空间是承接园内与园外道路的过渡空间，人

图 2-113　临安人民广场南入口

图 2-114　临安人民广场西入口

流需要在入口空间集散，为防止交通拥挤，需要设置一定面积的硬质铺装场地。硬质铺装场地多位于交通流线的交会处，可结合通行空间和仪式空间布置（图2-116）。

（4）设置停留休憩空间

对于有游憩停留需求的出入口，需要设计一系列具有休憩、游玩功能的小空间，并配置适量的休息座椅，以满足入口空间短暂停留、休憩以及驻足观赏的需求。休憩空间多位于场地边缘，与通行空间应有所隔离，营造尺度适宜的小尺度空间，同时附加一定的遮阳设施和植物，营造出舒适的小环境（图2-117）。

（5）有标识性和仪式感的空间

对称式入口的空间层次和序列沿轴线展开，秩序感较强，仪式感更强。非对称式入口造型灵活，呈现出活泼自由的状态。可以布置一些特色景观，作为公园的形象展示，构成入口处的视觉焦点，如利用雕塑、水景（喷泉、跌水等）、景墙、构筑物、特色种植等，强化入口的标识性（图2-118）。

（6）利用高差划分空间

广场较大或位于有高差的场地上，可作内、外广场的划分。外广场一般具有集散、展示功能，可以结合景墙、花境布置；内广场偏娱乐休闲，可以设计旱喷泉、雕塑、树阵等；内外广场通过空间转换，形成较强的序列感。可以结合竖向高差，形成曲折多变的空间体验。可适当加宽广场台阶的踏面，进行功能补充，不仅用于通行，还可用作休息座椅；同时还可放置艺

图2-115　临安人民广场东北入口

图2-116　天目山珍稀植物园入口广场

图2-117　金角滩公园台阶广场入口（沈实现　提供）

图2-118　茗花公园入口景观

术装置小品等，以增强互动性（图 2-119）。

（7）植物的种植形式对应空间功能

植物的种植形式依据入口广场的不同功能需求而作变化。轴线式、以通行功能为主的入口广场，可以采用树阵式种植；以停留休憩为主的入口空间，可以采用自然式种植或树阵式种植形式。

（8）与园内空间充分衔接

出入口应与公园内空间形成自然流畅的衔接、过渡。主入口作为公园景观空间序列的开端，将游人迎接入园。主园路与主入口衔接，构成公园的主轴线；将游人快速引导向园内的各个景观区域，并串联起大草坪、水域、广场、主建筑等核心景点，形成起、承、转、合的空间序列（图 2-120）。

（9）考虑无障碍设计

公园内地形高差较大时，应进行无障碍设计，并应满足《公园规范》和《无障碍设计规范》GB 50763—2012 的相关规定：

公园主要出入口应设置为无障碍出入口；公园单个游人出入口的宽度不应小于 1.80m，以满足两辆轮椅正面相对通行。出入口检票口的无障碍通道宽度不应小于 1.20m（以满足一辆轮椅和一个人侧身通过）；条件允许的情况下，建议设为 1.80m。

无障碍游览路线纵坡宜小于 5%，山地公园绿地的无障碍游览路线纵坡应小于 8%；无障碍游览主园路不宜设置台阶、梯道；必须设置时，应设置轮椅坡道。园路坡度大于 8% 时，宜每隔 10~20m 在路旁设置休息平台。

轮椅坡道在起点、终点和中间转弯处应设置轮椅休息平台，其水平长度不应小于 1.50m，以满足轮椅安全行驶的需求；轮椅坡道的设计可以结合植物种植进行景观化处理（图 2-121、图 2-122）。

2. 广场节点

从某种意义上说，公园中的广场其实就是道路的

图 2-119　天目山风景区入口广场

图 2-120　望湖公园主入口空间鸟瞰

图 2-121　曼谷湄南河御江一号苑公寓景观

图 2-122　海洋之森购物公园

延伸或膨大部分；但在功能和人群的活动形式上，又与园路有所区别。应根据公园总体设计的布局要求，确定各种铺装场地的面积，并根据集散、活动、演出、赏景、休憩等使用功能要求，作出不同的设计。

1) 广场空间的布局

公园中的广场除了入口集散广场之外，还有露天剧场、展览馆等重要建筑前的铺装广场，以及活动休闲广场。大面积的休闲广场节点通常布置在娱乐活动区，主要供游人休息、散步、打球、游戏、节日游园等活动使用。可以采用草坪、稀树草坪，也可用各种硬质材料铺装地面。场地四周常设置花池、水体、亭廊、花架、雕塑等景观元素。演出场地应有方便观赏的适宜坡度和观众席位。小面积的休闲广场以供游人休息停留为主，通常沿着园路分散布置在园中各处。安静的休息场地，应利用地形、植物等与闹区隔离（图 2-123）。

相对于街区广场，公园中的广场节点更为独立，构图更完整，围合感和内聚性更强。大面积的广场节点常常是公园构图的重心，或位于公园的主轴线上，成为整个空间序列的高潮部分。因为有较多的游人停留集散，也应注意广场和周围景观的视线联系，为游人打造优美的景观视域。如果广场毗邻河湖水系，应充分利用滨水的地形优势，以草阶、台地、缓坡等形式，构建供游人驻足赏景的公共开放空间。

图 2-123 日本立川市 Green Springs 草坪广场

2）广场空间设计要点

（1）广场的空间组织

当广场面积较大且具有多种功能时，为避免冲突或相互干扰，内部应划分为多个空间。如停留空间应以大面积的硬质铺装为主；穿行空间设计应当预测人们进出场地的路径，预留出游人不受干扰的路线，将广场视为可穿越的近路，使其具有引导性与通达性；观赏空间宜布置丰富的视觉要素（图 2-124）。

（2）平面构图与铺装

铺装的肌理可以细化或强化空间效果：大面积的广场地面常常被图案造型分割，通过采用不同材料和色彩的地面铺装来营造良好的尺度感；而连续的地面图案则可以突显空间的整体性。

（3）利用水景增添活力

水景是增强广场人气的有效方法，尤其是间歇喷泉、浅水池等互动式水景，会吸引来大量人流，成为非常受欢迎的游乐活动场所。也可以通过设计跌水、水景墙等，打造广场中的焦点空间（图 2-125）。

（4）设立主题标志

在开阔的广场空间，可以通过设置与公园主题有关的雕塑，或种植极具观赏价值的大树，抑或是对场地原有遗存的改造利用，延续场地记忆，创造标志性的景观空间（图 2-126）。

（5）融入文化元素

作为公园的主要节点，广场是承载大量游人活动的空间，同时也是地域、城市文化和市民精神面貌的

图 2-124　凤凰公园梧桐广场节点

图 2-125　杭州少年儿童公园水剧场（沈实现　提供）

图 2-126　望湖公园景墙雕塑

重要展示场所。可以通过设置雕塑、景墙、特色铺装等景观形式，展现其特色文化（图2-127）。

（6）广场空间的互动性

可以通过景观空间增强人与人的互动性。广场需要更多舒适的休憩、交流空间，如座椅、台阶等，让人们有更多驻足和交流的机会（图2-128、图2-129）。

（7）植物空间营造

广场绿化在形成良好景致的同时，又不能影响交通和视线。如休息广场四周可配置乔木，以供遮阳，并用绿篱作必要的分区、隔离。广场中央可布置花坛、草坪、花灌木，形成宁静且区域感较强的休息空间。如与地形相结合种植花草、灌木、草坪，还可设计成山地、林间、临水之类的活动草坪广场。

3. 草坪空间

草坪一般分为规则式草坪和自然式草坪，与草坪搭配的道路、水体、树木种植等的形式通常也是与其统一的。与广场空间、开阔的水体空间相似，草坪也是创造开敞空间的一种途径，可供开展散步、休息、运动、露营、展览、野餐、观演等活动，是人们休闲活动、交往互动的重要场所。在实际应用中，草坪往往是多功能的，具体表现为一地多用或者一块草坪多个功能区。

1）草坪空间的布局

无论何种类型的场地，总体布局都要做到主次分明、疏密有致，需要表现出疏朗且留白的区域。作为承载景观轴线的主空间，草坪空间往往被当作视觉中心或构图中心，起到控制图面、把握虚实、疏密的作用。在稍大尺度的场地上，景观轴线往往以虚轴的形式出现，阳光草坪就是虚轴上常见的元素。

在公园的整体布局中，草坪可以位于公园的中心，游客需要经过一系列过渡节点空间来到中心草坪。也可以开门见山，草坪和主入口空间结合成门户景观（图2-130）。通过导向明确的入口区域，来到开阔的

图2-127 青山湖绿道钱王索秀

图2-128 临安人民广场新中心廊架（一）

图2-129 临安人民广场新中心廊架（二）

草坪空间，空间转换明显，虚实对比强烈，在景观轴线上形成节点间自然的衔接和过渡。为体现草坪空间的开放性，入口空间的处理往往相对收束，其目的也是与开阔的草坪空间形成对比。一个公园中可布置多个草坪空间，但要区分主次，形成明显的大小空间对比关系。大草坪作为人群活动的承载，而小块的路边草坪可以作为空间之间的过渡。

2）草坪空间构成模式

（1）草坪 + 地形

地形与草坪相结合，可以增加游览的多样性与趣味性。顺应地形合理规划交通，利用大弧线形式的道路对草坪空间进行切割，形式优美且统一。借助于艺术地形，可以形成极具设计感的草坪空间。从人的使用角度讲，草坪空间最宜坐北朝南。凸出地形的草坪视野开阔，属于外向型空间，应注意视线方向上的景观布置；下凹地形的草坪视线内聚，可以设计为下沉剧场或停留休憩空间（图 2-131、图 2-132）。

（2）草坪 + 水体

舒缓的草坪和灵动的水体是十分宜人的组合，在设计时可以着重建立两者之间的空间联系。滨水空间

图 2-131　双源云谷郊野公园草坪与地形的结合

图 2-130　凤凰公园长寿园草坪节点

图 2-132　苕花公园草坪与地形的结合

具有明确的视线方向且视野深远，与缓坡草坪、台阶等相结合，可以增强景深，形成良好的观景视线，故往往成为人气旺盛的游憩集散地。如果草坪毗邻水体，水路交界处应布置休憩赏景的空间，以方便游人停留，并注意对景的设置。周边的植物种植宜相对疏朗，以利于景观视线的渗透。如果草坪远离水体，则可在其内部设计水景，打造景观焦点（图2-133、图2-134）。

（3）草坪＋园路

可以利用道路界定、分割草坪空间，形成不同区域之间的过渡和大小空间对比。在道路绿化中，可采用石缝中嵌草或草皮上嵌石。浅色石块与绿色草坪的对比，形成了鲜明的视觉效果（图2-135、图2-136）。

（4）草坪＋观赏焦点

观赏点作为草坪设计中的主景，通常会在草坪边界与主景相对的方向设置活动场地，以形成对景，突出视线通廊并构建景观轴线。周边要有剧场或观景平台等停留休憩空间，且平台上游人的视线最好对着阳光草坪。观赏点可以是孤植或丛植的植物、雕塑等构筑物，以及地形、水体等元素，从而形成草坪的视觉焦点（图2-137）。

（5）草坪＋植物

草坪的尺度不宜过大，一般控制在边长200m以内，即满足草坪宽度和周边乔木高度之比不超过10。这种情况下游人的垂直观景视角最为舒适，美学效果最佳。植物配置可以多样化。空旷草地上优美的孤植树常常作为主景，能够营造出宁静祥和的氛围。而采用群植方式，则可在有限的草坪空间中打造出林的氛围，与空旷的草坪构成强烈的虚实对比，高低起伏的林冠线也让构图更显丰富（图2-138）。

图2-133　茗花公园草坪与水体的结合

图2-134　中铁·长春博览城草坪与水体的结合（赛肯思景观）

图2-135　玲珑山公园草坪与园路的结合

图2-136　茗花公园

4. 滨水空间

1）滨水空间布局

滨水空间作为重要的游憩停留空间，设计时应首先做好总体空间布局和序列设计，以保障滨水空间设计的可控性。进行节点布置时，应大小适宜、动静结合；大小关系决定主次，距离关系影响节奏。主节点一般依据轴线，布置在主水畔，这类节点多以广场、建筑等为主（图2-139）；次节点一般依次水面或者溪流布置，以亭廊等为主。

大面积的水域常常成为构图和视觉中心，而滨水广场则成为景观轴线的收尾，或者视觉轴线的终端。设计时应充分考虑对景，营造良好的景观焦点，延长透景线与景观的纵深感。

在进行滨水道路设计时，应合理组织交通路网，确保人流活动的连续性，增强水域景观的可达性。注意道路走向与水域的关系，切忌道路一直远离水域，或一直靠近水域，时远时近、"暧昧相依"是道路与水域的最佳关系。同时，应结合植物景观创造不同的亲水感受与视线变化，打造步移景异的空间体验。

2）滨水空间设计要点

（1）开放性与可接近性

人具有近水、亲水的天性，因此滨水空间设计应考虑空间属性与人的关系。可修建亲水设施，如建在水边的休闲建筑、跨水栈桥、悬挑平台、面向水面的广场、伸向水面的台阶等，以满足游人的亲水需求（图2-140、图2-141）。

（2）生态可持续性

滨水空间兼具丰富的陆生和水生动植物资源，生物多样性特征鲜明，但同时也是生态敏感区。在设计时，应以生态学为基础，寻求生态与景观相结合的设计手法。可考虑引入本土湿地植物，修复生态系统；设置防护石、鱼类产卵地、鸟类休息站，或在驳岸立面设置植物种植池，以提高滨水空间的生态性能

图 2-137　青山湖绿道滨水草坡

图 2-138　美国纽约中央公园

图 2-139　苏州狮山文化广场

（图 2-142、图 2-143）。

（3）充分利用高差

滨水空间常存在高差，或因水位季节性涨落形成消落带。可进行梯度化景观营造，布置亲水平台、游步道、自然植被等，构建纵向景观序列。常年不被淹没的区域，可重点开发；一年中淹没时间为 5 个月的区域，可进行临时性基础设施建设；一年中淹没时间为 7 个月的区域，可进行季节性植物景观营造；常年处于淹没状态的区域，可进行水生植物景观营造。还可融入海绵设施，在尊重场地原有地形和雨水径流走向的前提下，优化微地形，通过海绵设施滞蓄雨水（图 2-144、图 2-145）。

（4）驳岸设计多样化

应注重多样化、立体化驳岸设计。驳岸的立体化设计主要是在充分考虑防洪、灌溉等问题的基础上，进行丰富多样的驳岸形式的组合，包括自然缓坡式、

图 2-142 双源云谷郊野公园雨水花园

图 2-143 金华燕尾洲公园防洪堤（土人设计）

图 2-140 青山湖绿道三期公山观景台

图 2-141 苕花公园

图 2-144 苕花公园苕花湾丰水期效果图

图 2-145 苕花公园苕花湾枯水期效果图

挑台式、台地式等（图 2-146）。

（5）丰富的景观类型

滨水景观设计很重要的一点是处理人与水的关系，即水中、近水、临水的活动与景观，主要解决生态、活动、高差这三个问题。滨水景观设计是在设计水陆之间的景观界面，而这种景观界面可以归纳为一系列空间类型。在具体设计时，可以将多种形式加以组合，产生更具创意的设计方案。如：滨水绿岛 + 滨水廊道 + 波动曲线路径 + 眺台；规则岸线 + 滨水眺台 + 步道；

路径与水岸线重叠 + 路径局部放大；滨水广场 + 眺台；水中眺台 + 空中眺台 + 滨水步道（图 2-147）。

5. 儿童活动区

儿童活动区是指具有完善的安全设施，供少年儿童开展游戏娱乐、体育教育以及科普文化活动的专类场所和空间。儿童活动区的设计和建造除应满足基本的功能和安全需要，还必须从造型、色彩、主题上符合儿童心理的发展特点，能够引起儿童的兴趣，满足儿童对事物的想象，培养儿童勇于探索的精神。

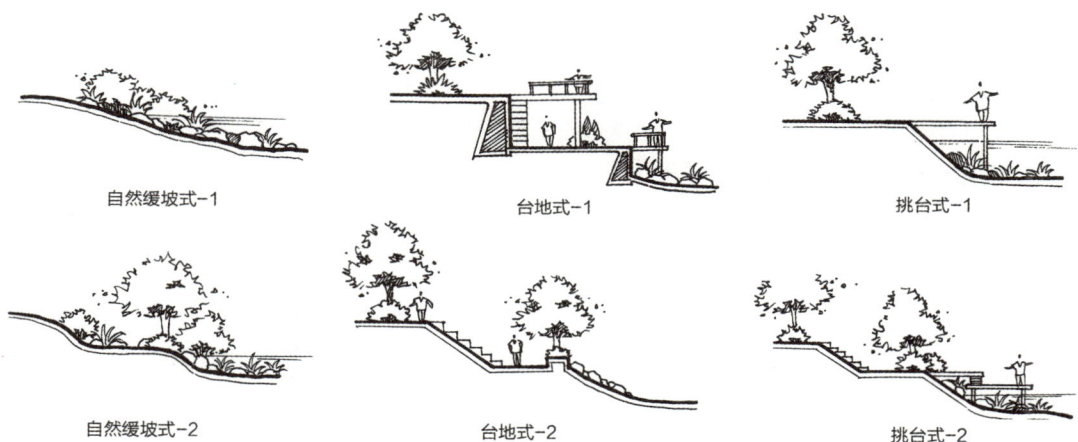

自然缓坡式-1　　　台地式-1　　　挑台式-1

自然缓坡式-2　　　台地式-2　　　挑台式-2

图 2-146　立体化驳岸设计

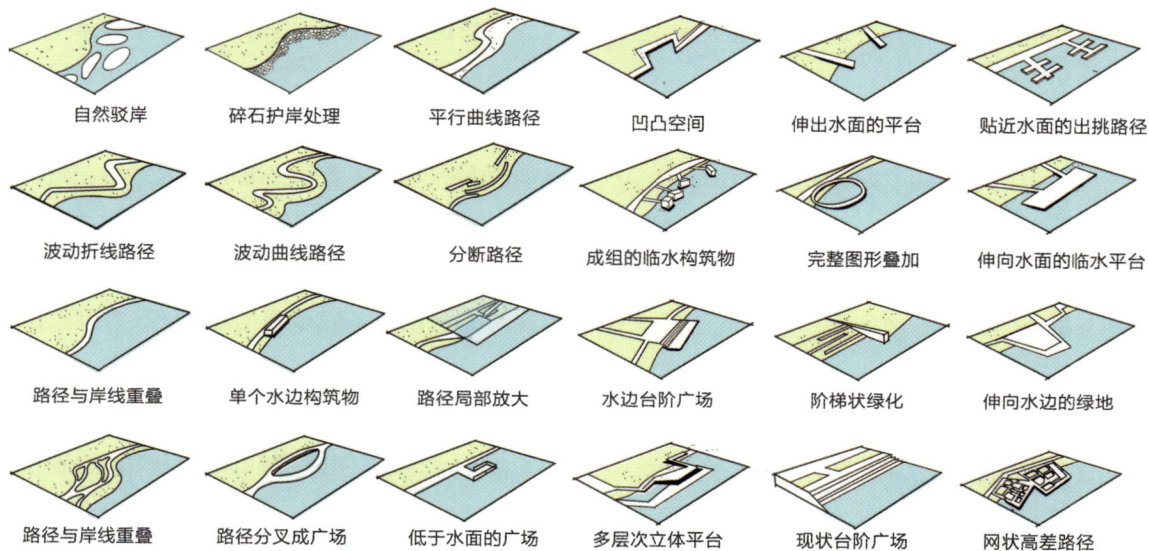

自然驳岸　碎石护岸处理　平行曲线路径　凹凸空间　伸出水面的平台　贴近水面的出挑路径

波动折线路径　波动曲线路径　分断路径　成组的临水构筑物　完整图形叠加　伸向水面的临水平台

路径与岸线重叠　单个水边构筑物　路径局部放大　水边台阶广场　阶梯状绿化　伸向水边的绿地

路径与岸线重叠　路径分叉成广场　低于水面的广场　多层次立体平台　现状台阶广场　网状高差路径

图 2-147　丰富的滨水空间景观类型

1）儿童活动区的设计步骤

（1）首先应根据基地的大小、位置明确场地活动区的位置和大小。

（2）合理分布静态空间和动态空间，使动态场地空间与外部空间的衔接较为密切。

（3）按照儿童的年龄段进行布局，同时充分考虑看护者的需求，将不同年龄段儿童的活动区及功能区落位在相应的场地内。

（4）将游戏设施设置于相应的功能区域内，进行整体布局。在进行设计时还应考虑场地的主题特色。

2）儿童活动区的设计要点

（1）安全第一

儿童活动区场地内的设施要本着安全第一的原则，以锻炼儿童健全的体魄、培养勇于探索的精神为目的。游乐器械应端部圆润、棱角光滑、结构稳定、尺度适宜，并应提供多种游戏器械供儿童选择，以实现游戏难易程度的分级。

（2）适龄设计

不同年龄段的儿童在体型、行为与认知能力等方面都有较大差异，对活动区的需求不尽相同，因此通常按照年龄段对活动区域进行划分。常分为幼儿活动区、学龄前儿童活动区和学龄儿童活动区等（图2-148）。

幼儿活动区：满足3周岁以下儿童使用需求的场所，场地内应平坦，不需要设置过多的游戏器械，设置的器械也应平滑、简单，尽可能做成圆角，避免儿童碰伤。

学龄前儿童活动区：满足3~7岁儿童活动需求的场地，场地内应以活动器械为主，可以布置滑梯、木马、摇车、秋千、攀登架、沙坑、迷宫等。游戏器械可以利用废旧物堆砌而成。

学龄儿童活动区：满足7周岁以上儿童使用需求的场所，应具有一定的规模，主要为体育运动场地，

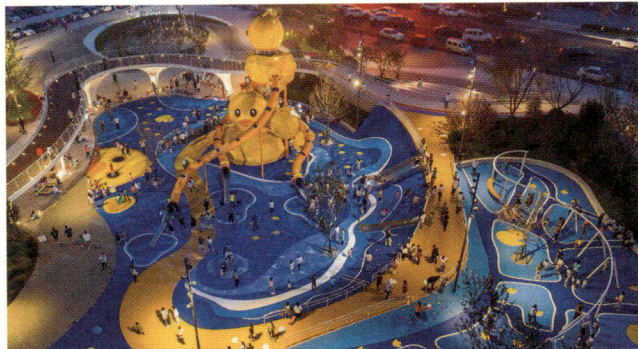

图2-148　青岛海岸万科城·拾光公园儿童活动区

可分为运动区、科学区、游戏区。运动区应布置各类球场和健身器械；科学区可以布置一些座椅，以供学习用。

（3）道路铺装

儿童活动区的铺装设计可根据场地、道路性质和功能的不同，采用不同的设计方式，应创造出丰富多彩的空间环境（表2-14）。外部道路应设计得简短直捷，方便儿童快速进入活动区域。道路网应简单明确，便于儿童辨别方向和寻找活动场地。通向儿童活动场地的道路和儿童活动场地内的道路表面要平整防滑，通向幼儿活动场地的道路还要方便婴儿车通行。

（4）植物种植

植物是儿童活动区中重要的景观要素，同时还具有一定的观赏、学习功能，因此儿童活动场地在植物的选择上具有一定的特殊性。对于儿童活动区的植物景观空间构建，儿童的坐高、步幅大小、臂长都是影响因素。种植区宽度超过儿童的步幅，才能有效规避儿童践踏种植区，破坏植物生长。乔木应选高大荫浓的树种，分枝点不宜低于1.8m。灌木可选用萌发力强、直立生长、不影响儿童活动的树种。

种植设计应注意阳光与遮阴，上午9：00~12：00和下午4：00~6：00，游戏场地应能得到充足的阳光。建议在游戏场地南侧及游戏场地内的合适位置种植落叶乔木，夏日遮阴避暑，而冬季落叶后依然能够保证

儿童活动区常见铺装类型　　　　表 2-14

铺装材料	优点	缺点	适用的区域、游戏类型
塑胶地垫	色彩艳丽、图案丰富，具有缓冲和保护功能	劣质产品会散发有害气体	滑梯等游戏器械类场地
沙地	使用灵活、功能多样，可被儿童当作游戏道具，也可作为保护性地面材料使用	长期使用损耗较大，易隐藏杂物、滋生细菌，需要定期消毒、清洁、补充和更换	玩沙区、游戏器械类场地
松散材料	优点同沙地，较大的模块不易被儿童误食，同时作为游戏道具，支持更广泛的创造类游戏	长期使用损耗较大，易隐藏杂物，需要定期清洁和补充	堆塑类游戏
木质地坪	比石材更具安全性、恒温性和亲和力	会随着外界温、湿度的变化而膨胀和收缩，使用寿命不长	家长休息、看护区
草坪	最具自然元素的软质界面多功能场地	需要按其生长周期和习性，进行定期养护管理	亲子类、运动类、球类游戏
天然石材、砖	色彩丰富，表面可加工成不同粗糙程度，可铺砌出非常平整的地面，使用寿命长	质地坚硬，无保护作用	车类游戏、轮滑运动、绘画场地、球类运动等
彩色透水混凝土	图案及色彩丰富、不褪色、不变色、耐冲击、耐腐蚀、无毒无害、防滑	造价比普通混凝土要高很多，透水混凝土表面呈颗粒状，不够平滑，容易藏污纳垢	车类游戏、轮滑运动、球类游戏

阳光的照射；注意避免种植有毒、有刺及有过多飞絮的植物；草坪要选择耐践踏品种。

（5）地形水体

变化的地形能让孩子们在上面打滚、俯冲、滑行、躲藏。在设计中可利用场地已有的高程变化，尽可能少做大的土方填挖，或是人为打造起伏变化的地形。如果场地本身具有一定的坡度，可考虑利用地形设计滑梯；平整的地面则可作为体育运动场（图 2-149）。

儿童也有较强的亲水性，若有条件，可设置水景，如增设涉水池、戏水池、喷泉、人工瀑布等，为不同年龄段的儿童提供戏水的空间。水体设计最重要的是安全性：水质最好是可以食用；水面不宜过宽；水亦不能过深，要按年龄或身高，设不同深浅（20~50cm）的水池；还要特别注意水体边缘以及底部应作防滑处理，防止儿童滑倒（图 2-150）。

（6）父母监护

儿童活动区的设计者、建造者乃至经营者，都对在此玩耍的孩子负有一定责任，不过父母始终是孩子的第一监护人。儿童活动区不应忽略对家长等使用人群的考虑。在设置丰富的儿童活动功能的同时，还应考虑到家长休息与看护的需求，设置相应的休息等候

区，并应充分考虑看护视线（图 2-151、图 2-152）。

（7）主题鲜明

游乐场是让孩子们放飞想象力的地方，是刺激、兴奋、欢乐和充满惊奇的地方。出色的儿童游乐空间，既要安全、有趣，又要寓教于乐，能够启发孩子们的学习意识。因此，儿童游乐场地可以以孩子喜爱的故事为主题，激发他们的想象力，促进社交互动和创造性游戏。活动区内的雕塑应形象生动、造型新颖，可加入童话、寓言、科学的内容，以增强场地的趣味性，发挥寓教于乐的作用（图 2-153）。

（8）色彩搭配

色彩是儿童在玩耍时的直观感受，是儿童心理变化的首要原因。色彩对儿童的影响十分显著，明亮的色彩会带给儿童愉快的心情；但过于鲜艳、明亮的色彩，又会导致儿童心理紧张、注意力分散、产生烦躁情绪。因此，最好不使用相同比例的三原色（图 2-154）。

6. 运动场地

为满足现代城市居民的休闲运动需求，以及响应全民健身的号召，提高居民身体健身素质，在设计城市公园、街旁绿地等公共绿地空间时，往往会涉及室外运动场地（体育活动区）的设计。运动场地通常布

置在公园入口附近，以方便人群快速到达。

1）体育运动区设计要点

（1）运动区场地布局

我国大部分地区的户外运动场地都采用南北向布局，以最大限度地避免太阳光直射和漫反射所引起的眩光等不利因素。在城市存量更新的大背景下，可以充分改造、利用场地内已有的设施或建筑，建造体育运动空间，如高架桥下空间、建筑屋顶空间等（图2-155）。

（2）运动区景观设计

所有的活动场地应沿主园路呈序列性展开，彼此之间既能够相互联系，又能保持安全性隔离、彼此独立。老年人和青少年的活动场地应严格区分，应为老年人营造静谧、舒适的运动环境。一般将青少年活动场地布置在公园外围（如篮球场等）。为尊重公园场地原貌，可利用原有的坡地或凹地，设置看台或下沉式运动场地。

（3）运动设施设计

公园设计中涉及的室外运动场地有网球场、篮

图2-149　茗花公园儿童活动区地形设计

图2-150　茗花公园儿童活动区水景设计

图2-151　双源云谷郊野公园儿童活动区

图2-152　双源云谷郊野公园森林剧场

图2-153　茗花公园儿童主题乐园

图2-154　茗花公园儿童活动区

球场、羽毛球场、排球场、足球场、乒乓球场等。此外，还可以考虑引入一些新型体育项目，如滑板、飞盘、跑酷、水上浆板、射箭等。在场地设计上，可以在传统体育设施形制的基础上进行富有想象力的创新，如田径跑道与地形、建筑相结合，形成 3D 运动跑道（图 2-156）。

2）常用运动场地的尺寸规范

一般球类运动场地在平面上由球场区和缓冲区（又称安全区、无障碍区）两部分组成。本节列出了一些常见运动场地的标准尺寸，以方便读者快速查阅（图 2-157）。

（1）篮球场

球场区：篮球比赛、教学、训练的比赛场地长 28.00m，宽 15.00m，边线和端线的宽度不应包含在场地尺寸范围内。

缓冲区：教学、训练场地宽度应为线外不小于 2.00m。

在场地面积受限时，也可以设置三对三篮球比赛场（半个标准篮球场），尺寸为 14.00m×15.00m，注意留出缓冲区。

（2）排球场

球场区：排球比赛、教学、训练场地长 18.00m，宽 9.00m。

缓冲区：四周安全区尺寸不应小于 3.00m。

（3）羽毛球场

球场区：双打比赛、教学、训练场地长 13.40m，宽 6.10m。

缓冲区：边线及端线外不应小于 2.00m，两块并列的训练场地边线间距离不宜小于 2.00m 的距离。

（4）网球场

球场区：网球双打比赛、教学、训练场地长 23.77m，宽 10.97m。

缓冲区：端线外不应小于 6.40m，边线外不应小于 3.66m。

（5）足球场

5 人制：

球场区：长 25.00~42.00m，宽 15.00~25.00m。

缓冲区：边线及端线外不应小于 1.50m。

7 人制：

球场区：长 60.00~70.00m，宽 40.00~50.00m。

缓冲区：边线外不应小于 1.50m，端线外不应小于 2.00m。

11 人制：

球场区：长 90.00~105.00m，宽 45.00~90.00m。

缓冲区：边线外不应小于 1.50m，端线外不应小于 3.00m。

图 2-155 上海中环线北虹立交桥下运动场

图 2-156 西班牙埃尔达的 3D 田径场跑道

（6）乒乓球场

球场区：乒乓球训练场地长 12.00m，宽 6.00m；可成组布置多张乒乓球台。

缓冲区：训练场地长、短边之间的缓冲距离分别为 2.24m、4.63m。

（7）田径场

场地尺寸：400m 标准跑道的面积约为 8515m²，一般设 8 条分跑道，每条分跑道宽 1.22m。

7. 停车场

停车场一般由出入口、行车通道、停车位、隔离带等主要要素组成。公园机动车停车场停车位数量需根据游人数量计算。根据场地考虑是否需要设置大型车停车位和自行车存车处，再根据数量和设计内容进行选址，确定其出入口位置、通道、停车数；并根据场地条件，进一步确定停车场内部交通流线和通道布置。

1）停车位设置

（1）机动车

①小型车垂直车位的尺寸 2.5m×5.5m。

②中型车 3.5m×8m；

③大型车 3.5m×12m；

④一般地面停车场用地面积，每个标准当量停车位宜为 25~30m²；

⑤无障碍车位：应有停车线、轮椅通道线和无障碍标志；残疾人停车位需要考虑轮椅放置的位置，最小尺寸为（2.5+1.2）m×5.5m；残疾人停车位应尽量靠近建筑入口，以方便出入。

⑥车道宽度：单向行驶的机动车车道宽度不应小于 4m；双向行驶的小型车车道不应小于 6m，双向行驶的中型车以上车道不应小于 7m。

（2）非机动车

①自行车公共停车场用地面积，每个车位宜为 1.5~1.8m²。

②摩托车停车场用地面积，每个停车位宜为 2.5~2.7m²。

2）停车方式

路内停车场的停车位排列形式，根据道路的宽度和形式，可分为平行式、斜列式、垂直式。大型车辆不应采用斜列式和垂直式的停车方式。

（1）平行式：平行于通道，适宜停放不同类型、不同车身长度的车辆；但前后两车要求净距大，单位停车面积大（图 2-158）。

（2）垂直式：垂直于通道，车辆出入便利，但

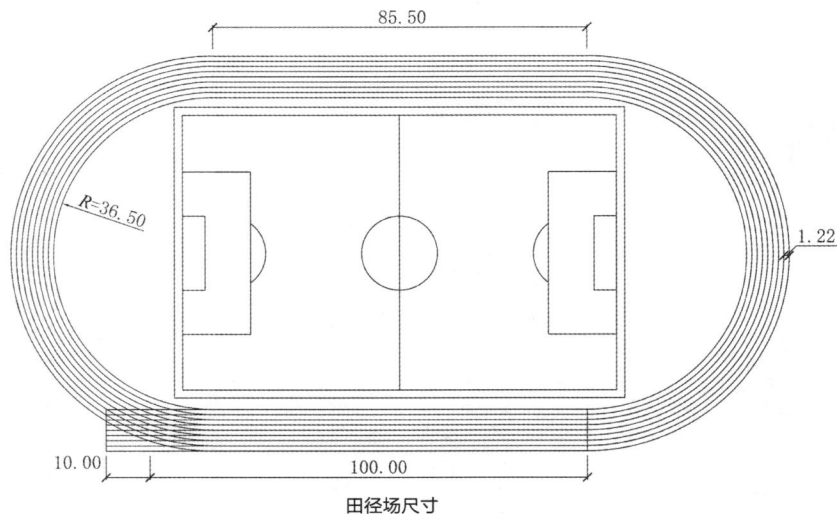

图 2-157　常用运动场地的尺寸规范（一）（单位：m）

篮球场尺寸

排球场尺寸

羽毛球场尺寸

网球场尺寸

5 人制足球场尺寸

7 人制足球场尺寸

11 人制足球场尺寸

乒乓球场尺寸

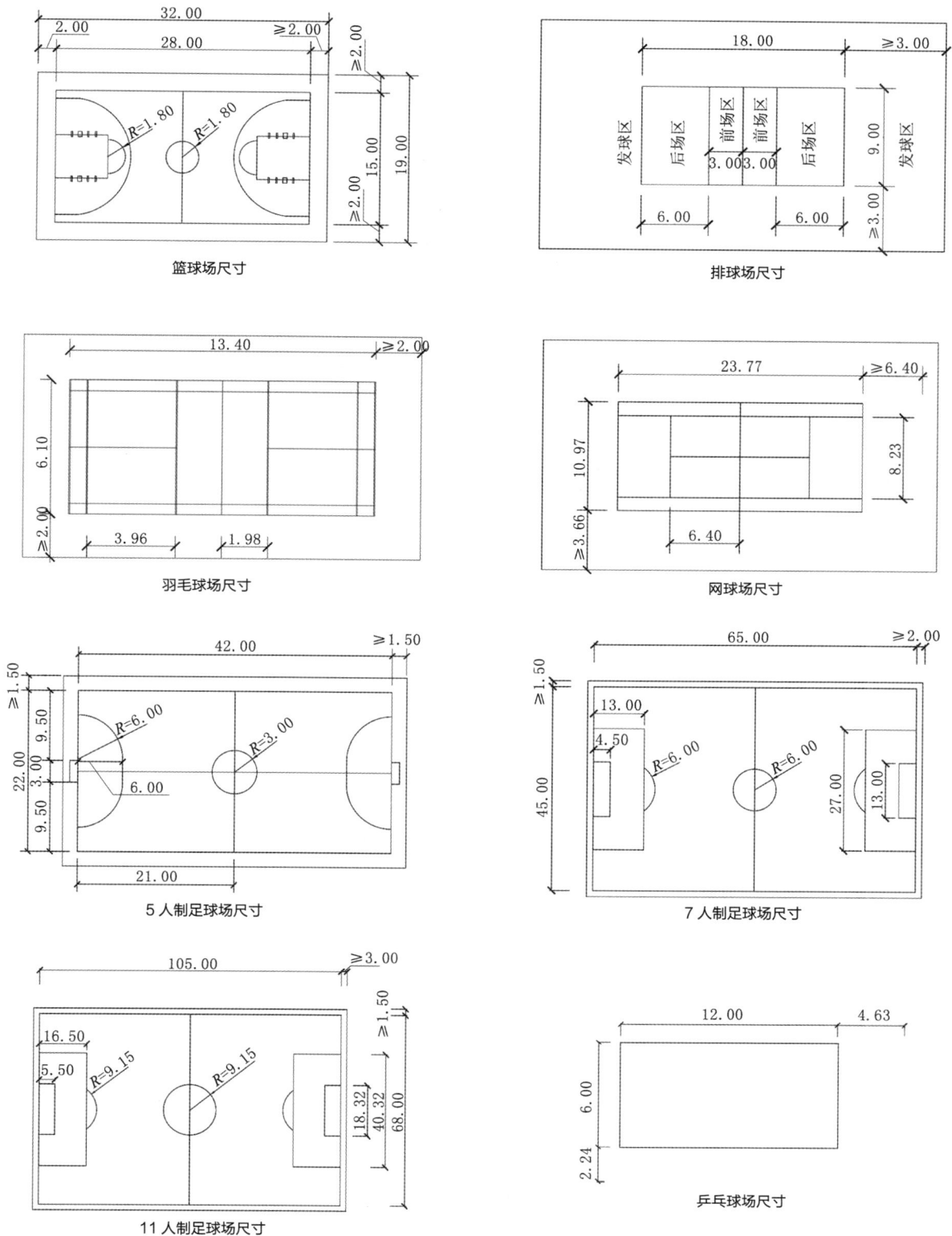

图 2-157　常用运动场地的尺寸规范（二）（单位：m）

占用停车道较宽，车辆出入需要的通道宽度也较大（图2-159）。

（3）斜列式：与通道斜交成一定角度的停车排列形式，其倾角通常为30°、45°、60°，适用于场地的宽度形状受到限制的情况（图2-160）。

3）回车场设置

当尽端式道路长度大于120m时，应在尽端设置不小于12m×12m的回车场地。尽端式消防车道应设有回车道或回车场，回车场应不小于15m×15m，大型消防车的回车场应不小于18m×18m（图2-161）。

4）无障碍停车

机动车停车场应按比例设计无障碍专用车位。

《无障碍设计规范》GB 50763—2012中，关于停车位有详细要求：应将通行方便、行走距离路线最短的停车位设为无障碍机动车停车位；地面应平整、防滑、不积水，地面坡度不应大于1：50；无障碍机动车停车位一侧，应设宽度不小于1.20m的通道，供乘轮椅者从轮椅通道直接进入人行道和到达无障碍出入口；地面应涂有停车线、轮椅通道线和无障碍标志（图2-162、图2-163）。

《公园规范》对公园绿地停车场的无障碍机动车停车位数量作了下列规定：

公园绿地停车场的总停车数在50辆以下时，应设置不少于1个无障碍机动车停车位；

100辆以下时，应设置不少于2个无障碍机动车停车位；

100辆以上时，应设置不少于总停车数2%的无障碍机动车停车位。

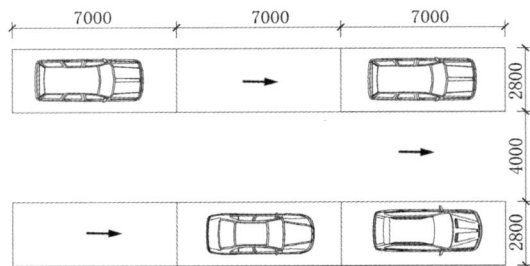

图2-158 平行式停车位（单位：mm）

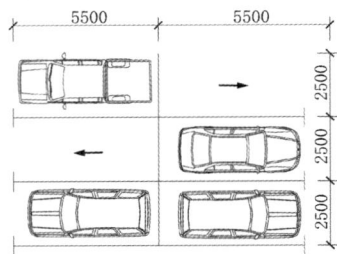

图2-159 垂直式停车位（单位：mm）

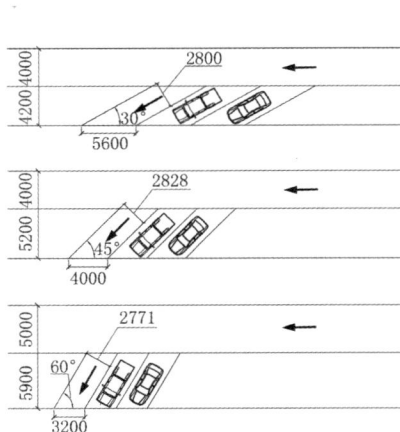

图2-160 斜列式停车位（单位：mm）

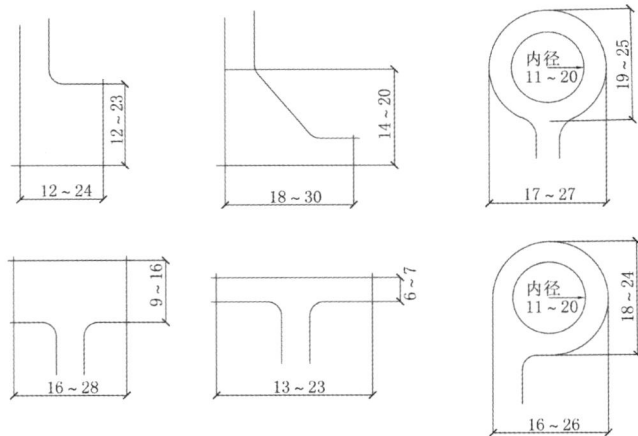

图2-161 回车场常见尺寸（单位：m）

5）停车场绿化

停车场周围一定要用绿化隔离，通常采用狭长的线性隔离绿带分隔停车带。

在《公园规范》第 4.2.9 条第 5 款对停车场遮阴提出了要求：停车场在满足停车要求的条件下，应种植乔木或采取立体绿化的方式，遮阴面积不宜小于停车场面积的 30%。因此，在空间允许的情况下，可以选择在车位之间预留 1.5~3m 的绿地，种植乔木；既可以分隔车位，又可以提高公园的绿化覆盖面积，增强生态性，为车辆遮阴降噪。

停车场周边及内部应种植高大庇荫乔木，并宜设置防护隔离绿带。在《公园规范》第 7.1.18 条对停车场的种植有以下规定：

树木间距应满足车位、通道、转弯、回车半径的要求。

场内种植池宽度应大于 1.5m。

庇荫乔木的枝下净空与车型有关：大、中型客车停车场应大于 4.0m，小汽车停车场应大于 2.5m，自行车停车场应大于 2.2m。

除此之外，还可以做进一步的生态化设计，结合内部分隔绿带或者周边防护隔离绿带建设海绵设施。地面铺设透气、透水性铺装材料；设计雨水花园、旱溪；种植乔、灌木，进行垂直分层；将停车空间与园林绿化空间有机结合（图 2-164）。

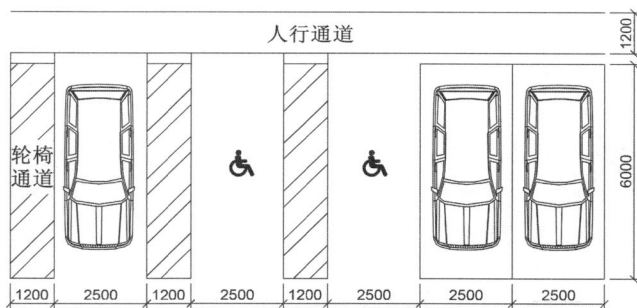

图 2-162 无障碍机动车停车位的尺寸（单位：mm）

图 2-163 无障碍机动车停车位

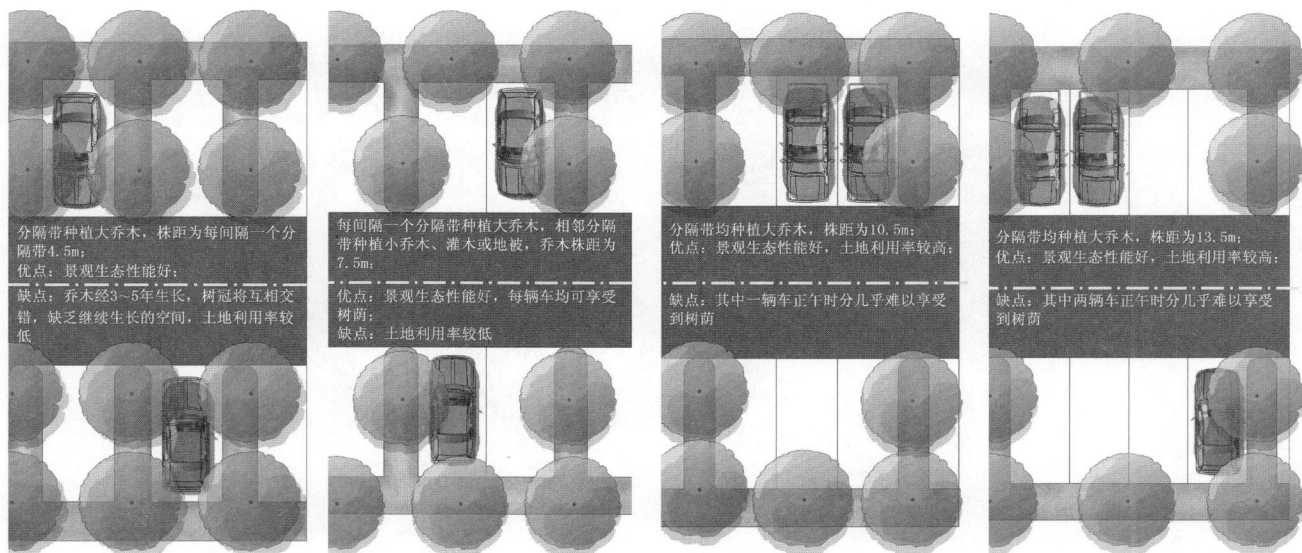

图 2-164 不同间隔的停车场车位间分隔带

2.4.3 配套设施

《公园规范》第3.5节对公园内的各类设施项目在不同规模的公园中有不同的规定，尤其对游人使用的厕所的厕位比例及服务半径、休息座椅的数量、垃圾箱的间隔距离和位置等进行了明确规定（见本教材第1.3节）。

配套设施的设计应该与公园的自然环境和文化环境相协调。如果公园以森林景观为主，那么设施的材质和颜色要尽量选择自然色系，如建造木结构的亭、台、楼、阁；在湿地环境中的栈道要采用防腐木等材料；在具有历史文化底蕴的公园中，路灯、垃圾桶的造型可以融入古代的图案或样式。一些设施还可以具备多功能性，如公园中的休息亭，除了提供休息的功能外，还可以作为小型文化展示空间，在柱子或者墙壁上展示公园的规划图、动植物介绍等信息。

随着科技的发展，公园已不仅仅是一片绿地，而是越来越智慧化。运用大数据、物联网、移动互联网、人工智能和云计算等通讯与信息技术，对公园的资源、游客、管理和服务等进行全面、全时的感知，并作出迅速高效的响应，满足了"全园可视化、资源数字化、管理智慧化、服务个性化"的需求。智慧公园不仅提升了游客的体验，更重要的是，它在节能减排、环境保护方面展现出了巨大潜力，有助于推动城市的可持续发展。智慧公园的建设不仅是对传统公园管理方式的革新，更是对"互联网+"时代城市公共空间功能的一种迭代升级。近年来，各地打造智慧公园的行动逐渐升温，可以无线充电的智慧座椅、能自动清扫垃圾的机器人、可以互动的运动系统等智能设施，在公园里越来越常见。娱乐设施更加多元，无障碍改造也更为完善（图2-165）。

图2-165 智慧化的公园设施

2.5　艺术的呈现：表达与表现

2.5.1　整体安排

1. 风格确立

在正式制图前，必须构思所需图纸的主次关系、逻辑顺序、确定大体风格、主题色卡、阅读顺序。同时，还需要确定展板的主题、风格与配色。

设计风格可根据设计主题和设计内容进行选择。

（1）现代简约。采用简洁的线条和几何形状，注重空间感和整体布局的简洁性；以黑、白、灰为主色调，突出设计的现代感。

（2）自然主义。强调自然、柔和的设计元素，采用自然色调和有机形状，使观众感受到和谐的自然氛围。

（3）抽象艺术。运用抽象的艺术元素，如抽象的图形、色块等，使图纸更富有艺术感，适用于强调设计创意和独特的场景。

（4）传统元素。以中国的传统设计元素为基础，如山水画、书法等；采用国画和书法的字体，传达出历史的厚重感和传统的氛围。

版面配色也可以根据设计主题进行选择，从而起到强调和烘托主题的作用。

（1）大地色调。选择深褐、橄榄绿、沙色等大地色调，使整体色彩温暖而舒适，适用于强调自然和可持续性的设计。

（2）清新明快。使用明亮的蓝、绿、黄等色彩，给人清新、富有活力之感，适用于强调活力、创新的设计。

（3）单一色调。选择同一色系的不同深浅，创造单一色调效果，适用于强调简约和整体统一感的设计。

（4）对比鲜明。采用对比强烈的颜色，如黑白搭配或鲜明的互补色，以突出关键信息和图形（图 2-166）。

2. 阅读逻辑

1）排版原则

（1）亲密原则。彼此相关的项应该靠近，归组在一起。如果多个项存在接近的内容、结构和形式，就可以将其作为一个视觉单元，而不是多个孤立的元素。这样有利于组织信息，避免阅读逻辑的混乱，为读者呈现清晰的结构。

（2）对齐原则。在排版过程中，任何图纸都不应在页面上随意摆放，切忌为了彰显个性，营造所谓的设计感。每个元素都应该与页面上的其他元素具有某种视觉联系，而视觉联系往往是看不到的，却可以感受到的对齐关系。

（3）重复原则。同样的顶线与底线、同样是两端对齐的方式、同样的字体与字号。在重复的原则下很容易从视觉上快速判断是出于同一个人、同一个作品的内容。一般来说，同一套图纸可以设计一个富有个性的页码、字体、字号，将其贯穿始终，增强画面的协调统一性，体现画面的特有风格。

（4）对比原则。对比的目的是创造出视觉上的冲击感，引人注目，以达到增强页面醒目度的效果。此外，对比还有助于信息的组织，使读者能立即了解到信息是以何种方式被组织起来，并快速梳理出各项之间的逻辑流程。

2）排版构图

（1）展板排版

展板的排版模式通常为竖版（图 2-167）或横版（图 2-168）。

（2）文本排版

画面的排版形式十分重要，大大影响了画面给人的第一印象与视觉冲击感。排版的常用构图形式有倒三角构图和对角线构图等。

倒三角构图是指在版面的上半部分放置视觉冲击力较强的大图，并自上而下沿着装订方向逐渐减少图

图 2-166 景观设计作品展示排版参考

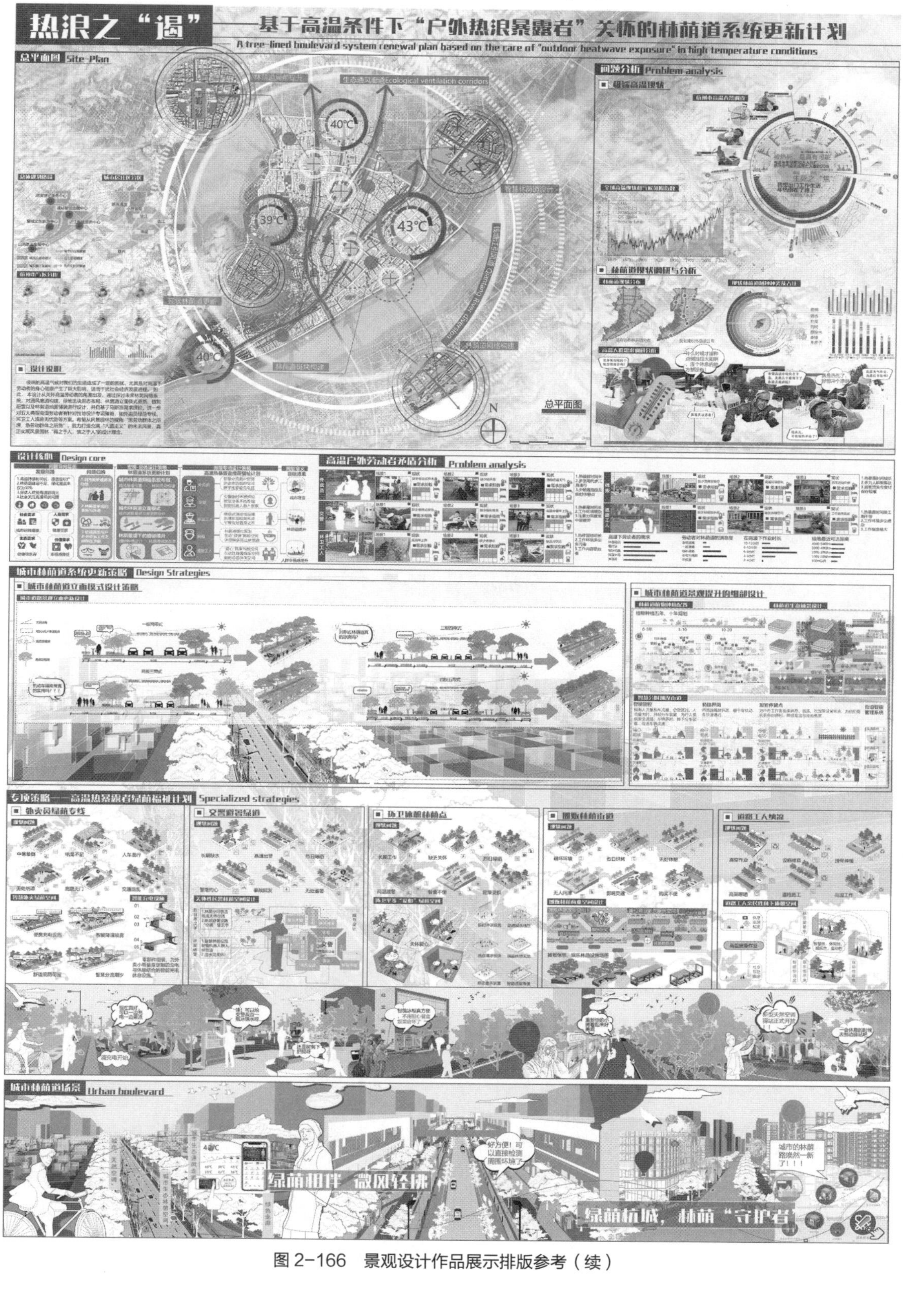

图 2-166 景观设计作品展示排版参考（续）

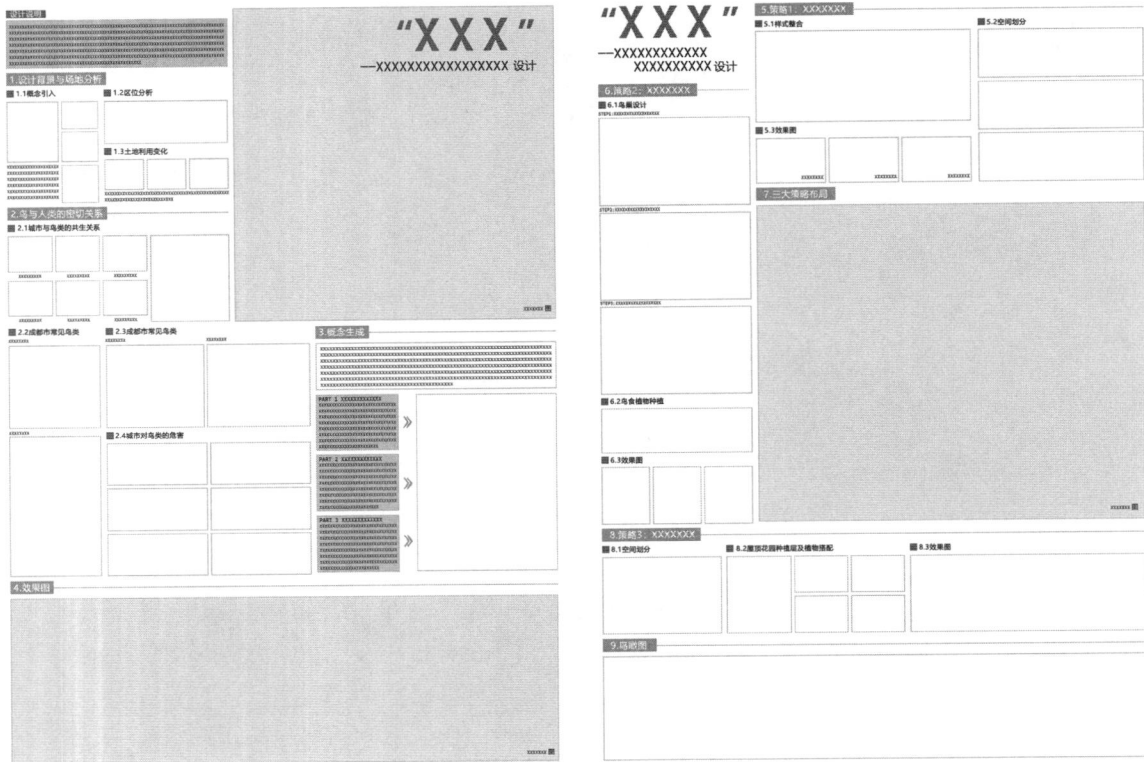

图 2-167　展板竖版构图

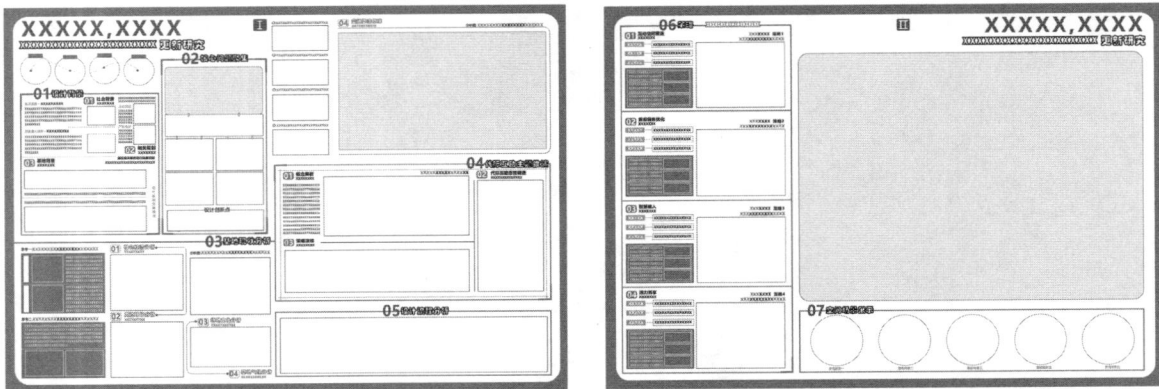

图 2-168　展板横版构图

片数量和尺寸，从而呈现出倒三角形的构图形式。此构图符合读者自上而下阅读的习惯，在增强图像表现力的同时，为读者创造出冷静的阅读氛围，提升了文字的可读性（图 2-169）。

　　对角线构图是指在版面对角线的两端放置大小统一的图片，使画面对仗工整、均衡稳重，具有安定感，不会由于图片较多而令画面纷杂混乱（图 2-170）。

　　综上所述，无论版面采用何种色彩与形式，都必须突出画面的节奏感、信息的图示化表达、画面的趣味性、版面的稳定感，以及内容的逻辑性等基本原则。

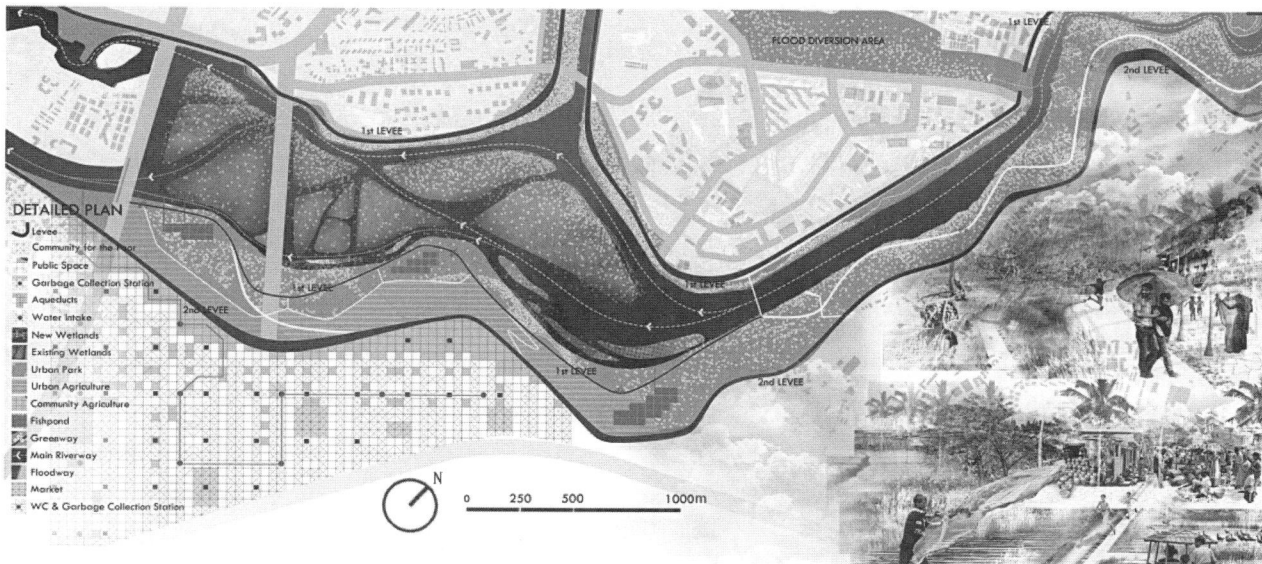

图 2-169 倒三角构图

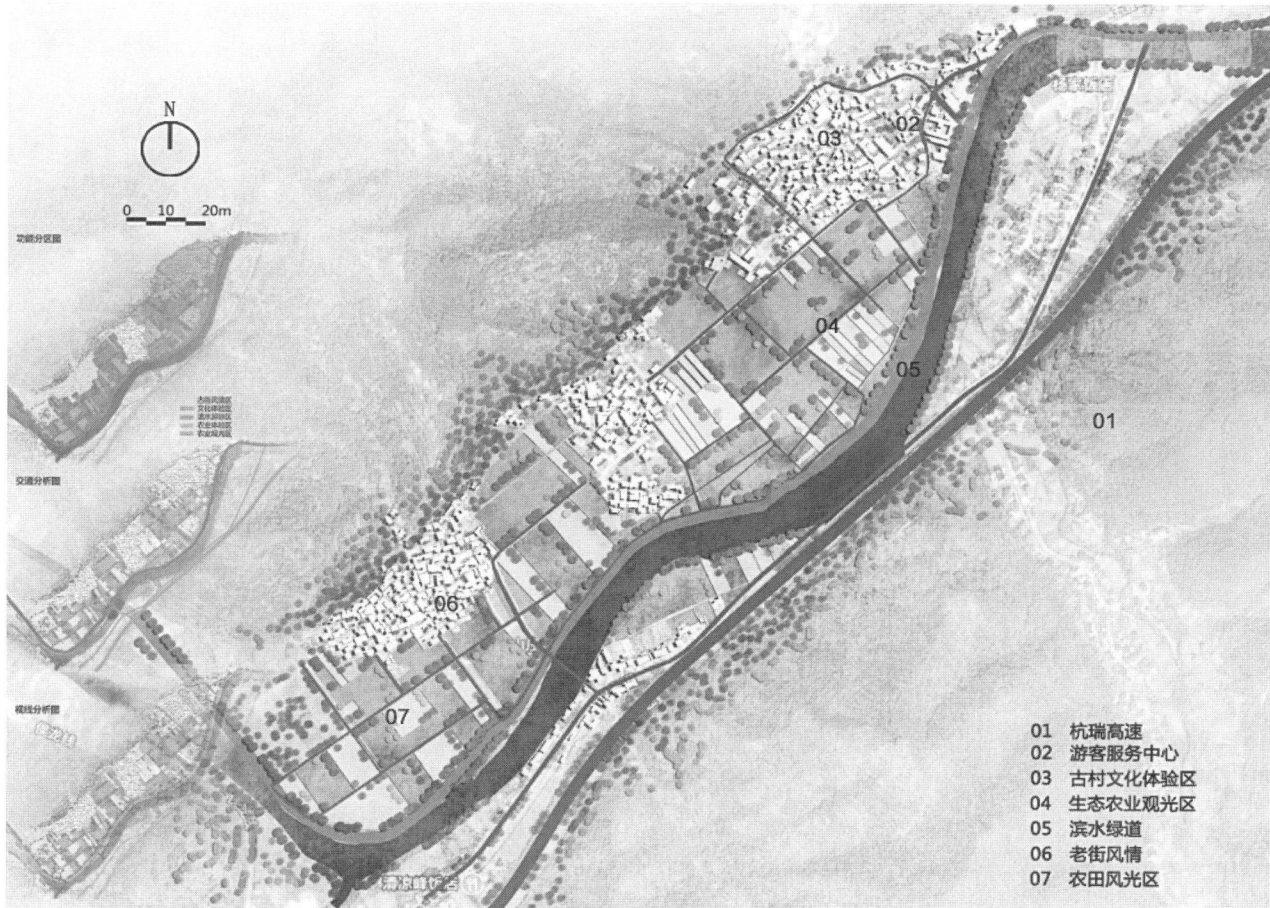

01 杭瑞高速
02 游客服务中心
03 古村文化体验区
04 生态农业观光区
05 滨水绿道
06 老街风情
07 农田风光区

图 2-170 对角线构图

2.5.2 内容框架

排版设计方案固然重要，但方案汇报文本也不可轻视。一套完整的景观方案文本包括前期分析、设计构思及策略、总体设计、详细设计、专项设计、经济技术指标等内容（表2-15）。

2.5.3 文案撰写

在设计中，一段亮眼的设计说明可以为整个方案领航。设计说明应做到条理清晰、分析到位、篇幅合理。

1. 基地概况及场地现状条件

主要是从设计任务书中提取基地信息。

本设计方案位于（设计区位、范围、地理位置信息），周边环境丰富多样，特征表现为（地形高差、水文特征、建筑分布、植被情况）。

通过分析人流方向与周边活动服务设施的类型，发现该场地内部存在的问题有（分点列举3~5个问题），并提出具体的解决策略。

2. 方案设计解析

本设计方案围绕……（主题概念）进行，强调……（主题概念），坚持……（设计原则）。

（1）在功能分区上，该设计结合场地服务人群的需求，共划分为……个功能区，各具特色。

（2）在流线组织上，为了与场地所处环境相融合并组织车行与人行流线，采用了（曲线、直线、曲线+直线）的设计形式，共设置了……个出入口。

（3）在植物配置上，充分考虑地域性选择，使用本土植物，结合多层次、丰富的色彩搭配。

（4）在特色景点上，设计……（具体节点）。

3. 设计目标及未来愿景

通过设计充分满足了场地周边人群的使用需求，将日常室外活动、观赏、运动、休闲等需求完美地结合在一起，使其成为市民新的集结点，为城市增添了一处充满活力、绿意与人文情怀的休憩景观空间。

景观设计方案文本的内容构成　　表2-15

类别	内容
前期分析	第一部分：区位分析、项目概况、上位规划、文化背景 第二部分：周边环境（周边用地、交通、同类型用地分析） 第三部分：场地现状（场地用地、交通流线、保留建筑、植物、竖向、土质、尺度、市政管网、视线关系） 第四部分：自然条件（水文、气候） 第五部分：场地现存问题分析 第六部分：SWOT分析/总结
设计构思及策略	第一部分：设计理念/主题 第二部分：设计定位 第三部分：设计思路 第四部分：设计策略（总体策略、详细策略）
总体设计	第一部分：总平面图、鸟瞰图 第二部分：设计分析（功能分区、流线分析、轴线分析、视线分析、竖向设计、景观结构、景观分析）
详细设计	第一部分：景观节点设计 第二部分：效果图展示
专项设计	植物设计，建、构筑物设计，铺装设计，标识系统设计，灯光设计等
技术指标	绿化用地比例、建筑占地比例、园路及铺装场地用地比例、水体面积比例等

2.5.4 艺术传达

1. 分析图

（1）分析图要求表达内容要正确、完整；图面简单明了、重点突出；

（2）要素间的逻辑关系清晰明确；

（3）图面要求整洁、严谨；

（4）辅以必要的文字说明；

（5）相同要素的格式应统一（底图、文字大小）。

2. 总平面图

总平面图亦称总体布置图，按一般规定比例绘制。图中应表示建、构筑物的方位、间距，道路，绿化，竖向布置，以及基地的临界情况等。通常来说，总平面图是表示建筑基地的总体布局，具体表达新建房屋的位置、朝向及其周围环境（原有建筑、道路交通、绿化、地形等）基本情况的图样（图2-171）。

（1）需要满足制图规范——常用图例。

（2）总平面线条表现要分粗细，用地红线最粗，建筑、道路、水体等轮廓线较粗，铺装、等高线和标注线最细。

（3）图片阴影表现要准确、统一，光源和阴影方向必须一致，且阴影的长短根据物体高度的不同而不同。阴影应反映出规划内容的高差关系，且表现出图面的层次感。

（4）用地周边环境，如周边道路、建筑、河流、湖泊、山体等，也需要加以表现，但可以适当弱化，以做到主次分明。

3. 剖、立面图

剖面图需要满足制图规范，主要包括标注和结构，如图名、比例尺、平面标注剖切位置、剖切线表达、分段标注、尺寸标注、标高标注等（图2-172）。

（1）除必要的标注外，还要明确不同结构的剖面

① 宝藏岛	⑥ 生态花溪	⑪ 茗花市集
② 云朵乐园	⑦ 风筝大草坪	⑫ 无敌观景台
③ 浅滩戏水	⑧ 城市露营	⑬ 活动空间
④ 无动力水乐园	⑨ 公园入口	⑭ 书屋
⑤ 茗花小筑	⑩ 入口广场	

图2-171 茗花公园总平面图

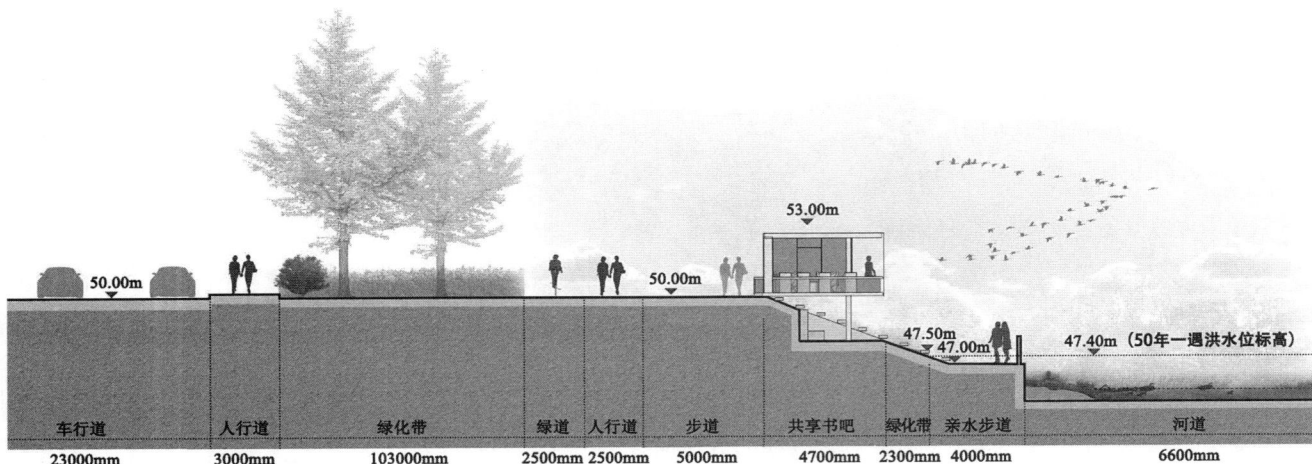

图 2-172 苕花公园滨水建筑剖面图

画法，应注意剖到的小品或景观构架的断面结构。

（2）剖面图是平面图的补充说明，平面图体现的是水平维度的空间布局，剖、立面图则能体现竖向上的空间变化。

（3）景观设计是三维的设计，因此在平面设计时就要想象立面和三维场景，要让竖向上的空间丰富起来，从高差、异质场所、植物三个方面加以展现。

4. 节点详图

由于总平面图比例过大，导致节点的设计细部无法在总平面图上加以说明，需要通过节点详图进行设计的深化表达（图 2-173）。

（1）节点详图比例一般为 1:50~1:200。

（2）山、水、植物、建筑这四类要素在现代园林设计中，可以被扩展为地形，水景，植物，建、构筑物。

（3）在绘制节点详图的时候，绿地可以设置微地形，增加草地的起伏。构筑物的设置，不仅可以增加场地的竖向变化，而且可以形成场地独特的空间印象。

（4）水景包括自然水景和人工水景，在节点设计中，常以小型规整水面丰富场地的景观效果。

5. 效果图

效果图主要是为了平面中某些重要节点的透视呈现，必须具有充分的美观性和鲜明的特色，人在读图时，可第一眼抓住场地特色、重点。

（1）效果图的呈现务必贴近场地设计，刻画细致入微，切忌浮于表面，形式大于内容。效果图的呈现效果往往是最直观的，可以依据重点设计内容，自行选择一点、两点或三点透视画法。

（2）效果图的绘制需符合规范，要有节点名称等信息标注。

6. 鸟瞰图

植物种植是鸟瞰图最为主要的表达要素，根据鸟瞰图的画面需求，通常需进行前、中、后三个层次的刻画。

（1）前景植物。观赏树木、入口花卉、外围行道树。

（2）中景植物。植物群落和树林，整体具有体块感。

（3）背景植物。介绍场地周边环境，例如自然山体。

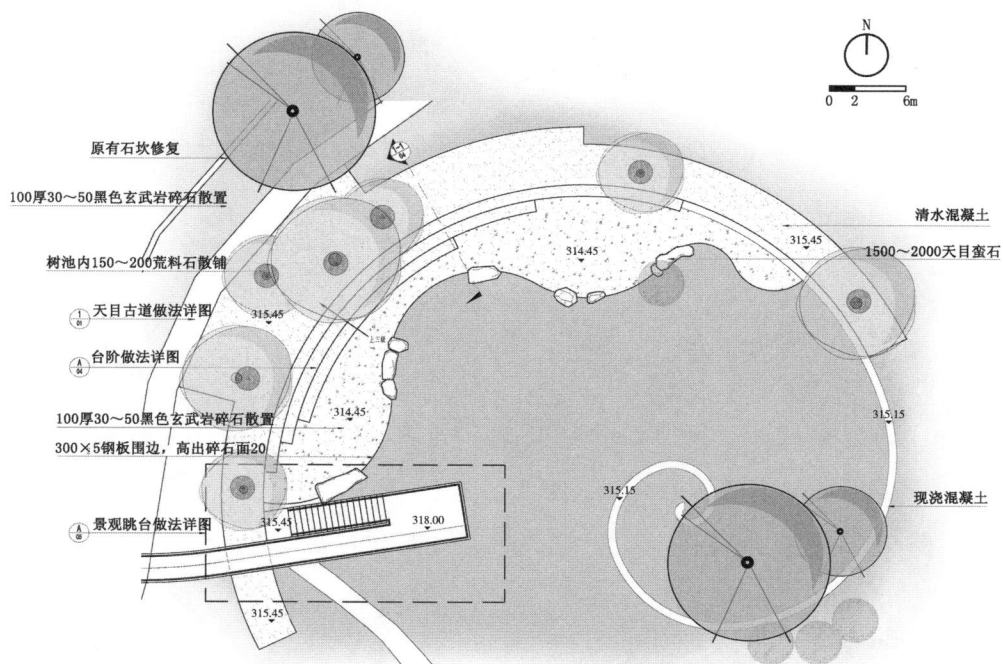

原有石坎修复

100厚30～50黑色玄武岩碎石散置

树池内150～200荒料石散铺

天目古道做法详图

台阶做法详图

100厚30～50黑色玄武岩碎石散置
300×5钢板围边，高出碎石面20

景观眺台做法详图

清水混凝土

1500～2000天目蛮石

现浇混凝土

图 2-173　南屏山公园节点详图（单位：mm）

　　任何一张鸟瞰图都有重点刻画的内容，例如入口广场、游憩和服务建筑等。建筑刻画通常是核心内容，在短时应试中，简单的轴测图也可以表现出相当不错的类似鸟瞰的效果。注意投影的绘制，可掩盖在植物表层。

　　最能体现高差类型的景观要素就是台阶和平台，因此我们在遇到高差的鸟瞰处理时，应尽可能把台阶作为刻画的重点。注意高差台阶比例，高度务必参考行道树。

　　滨水景观节点往往是考查的重点，因此适当的节点鸟瞰可以作为排版以及分析图的重要补充，尤其是可以借此突出软、硬质驳岸的差别化设计。

第 3 章

教学案例评析

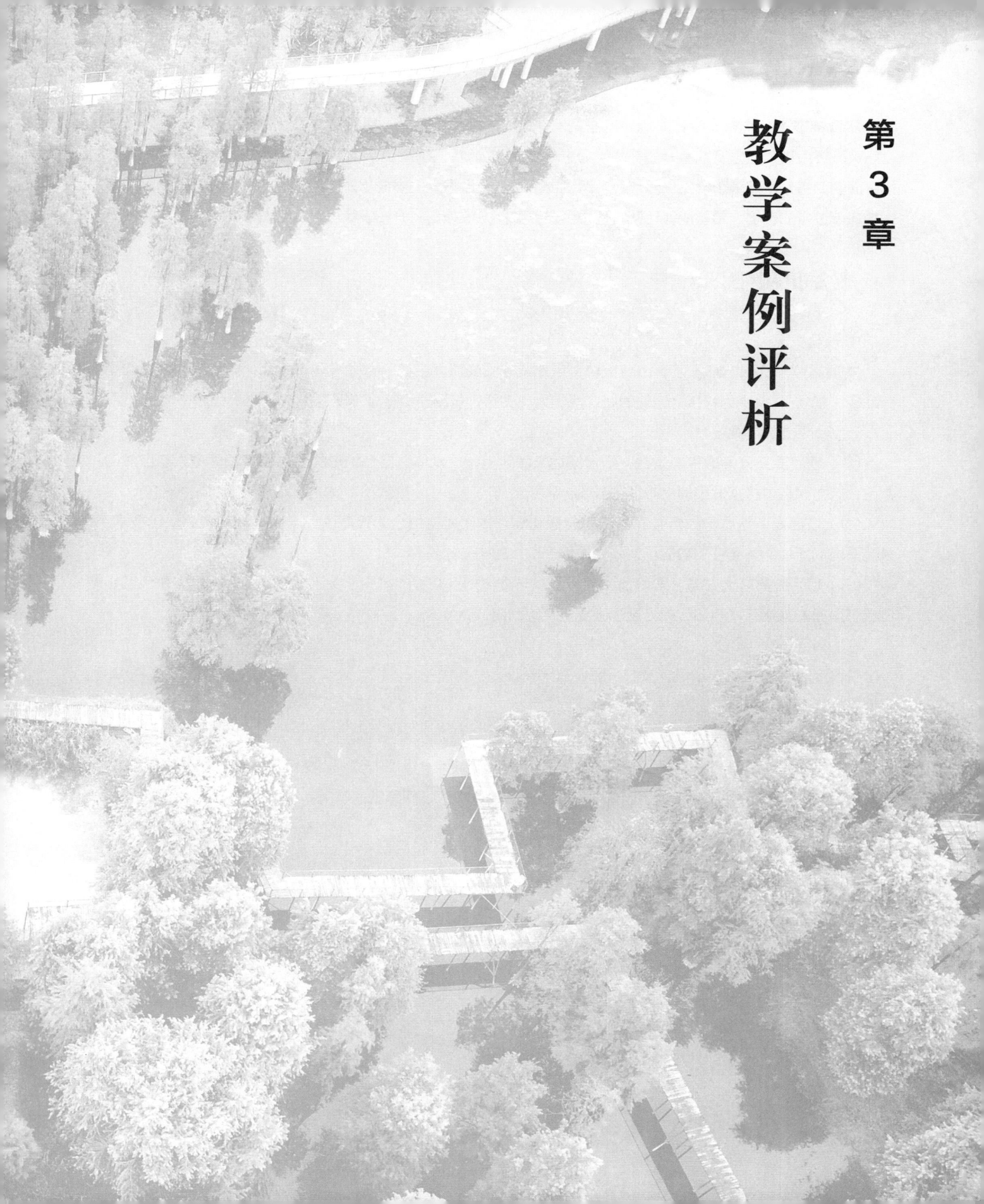

本章精选了 7 个教学设计案例，这些案例在公园的性质、功能、规模和类型上都有较大差异，以大型生态公园、城市中央公园以及滨水公园等类型为主，基本上覆盖了现阶段城市公园的主要类型。教学案例选择的图纸以平面图为主，不仅限于学生优秀作品。案例评析是从公园设计的本质出发，对作业的设计立意、布局思路、组景技巧等进行的剖析，希望能够让读者从中受益，掌握方法技巧，开拓设计思维。

3.1 临安市民中心公园设计

1. 项目概况

本项目位于杭州市临安区青山湖板块，用地紧邻临安市民中心，拟建设城市综合公园。项目地块北侧为高新北街（规划），南侧为科技大道快速路，西侧为具美路，东侧为绿谷路（规划）。项目占地面积约 9hm^2。

2. 设计要求

（1）项目要充分考虑生态效益，结合场地天然的植被、水体、自然地形等资源要素，促进人与自然的和谐共生，努力保持可持续发展的生态型景观设计思路。

（2）项目要满足城市综合公园的基本游憩功能，更应紧密结合时代需求和未来发展，融合现代技术手段，营造具有创新性、多元性的功能场景，处处体现以人为本和人性化设计。

（3）项目应具有人文与艺术价值，营造景观与文化相互交融的氛围，突出地域特色，体现文化包容，使公园具有深厚的文化艺术内涵，成为展现临安人文的窗口。

3. 成果要求

主要剖面分析图、专项设计及分析图、效果图等。

1）设计说明

2）设计图纸

（1）前期分析图（可包括项目概况、区位交通、自然条件、景观资源、人文历史、人群活动等）；

（2）设计理念图（可包括项目定位、设计主题、设计概念、问题策略等）；

（3）总体设计图、主要分区平面图；

（4）主要剖面分析图、专项设计及分析图等；

（5）总体鸟瞰效果图、重点场景效果图。

4. 附图（图 3-1）

50m

N

图 3-1 临安市民中心公园设计红线图

5. 题意解读

（1）城市综合公园是公园绿地的核心，是城市园林绿地的重要组成部分；一般面积较大、内容丰富、服务项目众多，适合全年龄段和职业的居民进行游赏活动；需同时具备公园、城市广场、社交空间、文化设施以及休闲场所的功能。

（2）场地位于杭州市临安区青山湖板块，用地紧邻临安市民中心，场地地势平坦，内部有河流穿过，西北角原有大片水塘，水景资源丰富。在设计时，利用原有竖向关系、人地关系、植被关系因势造景，考虑自然生态，设置多元功能区，例如草坪休憩区、儿童活动区、亲水平台等，具备科普教育、亲近自然、休闲游憩等功能，体现以人为本和人性化设计。

（3）城市综合公园不仅是城市生活的调节者，更是城市形象的塑造者。地方文化不仅包括建筑、自然风景等物质文化，还有传统风俗等非物质文化。在此基础上，提取地方特色文化元素和意象，借助于创新性的表现手法，将其融入公园景观小品、主题雕塑等的设计之中，突出城市特色风貌。

6. 学生作业及评语[①]

【作业一】（图 3-2）

高新北街
科技大道
01 水滴广场
02 泽润小筑
03 水泽新生
04 水翠观澜
05 狗狗乐园
06 白云跳跳
07 呼吸田地
08 服务驿站
09 覆土密地
10 喷泉广场
11 滑板乐园
12 草坪剧场
13 公共厕所
14 非机动车停车场
15 地下停车场入口
0 25 50 75m
Master Plan
总平面图

图 3-2 作业一

【评 语】

（1）方案水、陆结构合理，充分利用场地内原有的汇水和高差关系，形成动静结合、形态丰富的水景。

（2）以贯穿的水体为界，沿着河流从南至北打造“草坪剧场”“水翠观澜”等一系列景观节点，同时将青山湖美景借于园中，拓展视域空间，丰富景观层次。

（3）方案突出生态设计理念，建设大面积湿地，增强了场地的蓄水能力，为鸟类提供了环境优美的栖息地。

（4）公园主入口尺度较大，设计应进一步细化；水岸两侧建议适当种植水湿生植物；指北针、比例尺需再明显些。

① 本章收录的教学案例成果图纸均为学生手绘原图，除对图幅加以适当裁切，以适应本教材的版面外，未作其他修改。

【作业二】（图3-3）

图 3-3 作业二

【评 语】

（1）方案布局合理，路网结构清晰、层次分明，生动地展现了"山水之间"的设计内涵；并通过丰富的基础设施，提供多样化的活动空间。

（2）方案根据地形地貌，规划出山林景观区、滨水景观区、草坪景观区等多个特色景观区，形成错落有致、层次分明的景观体系。

（3）道路系统设计层级分明，同时设置了无障碍通道，方便残障人士出行。

（4）全园绿地面积大，绿化覆盖率高；在植被选择上，根据植物的生长习性和景观需求，选择适应临安气候条件的植物种类和特有乡土树种，并保证四季有景。

（5）整体图纸内容完整，图面表达清晰明确；但平面图缺少节点标注。

【作业三】（图 3-4）

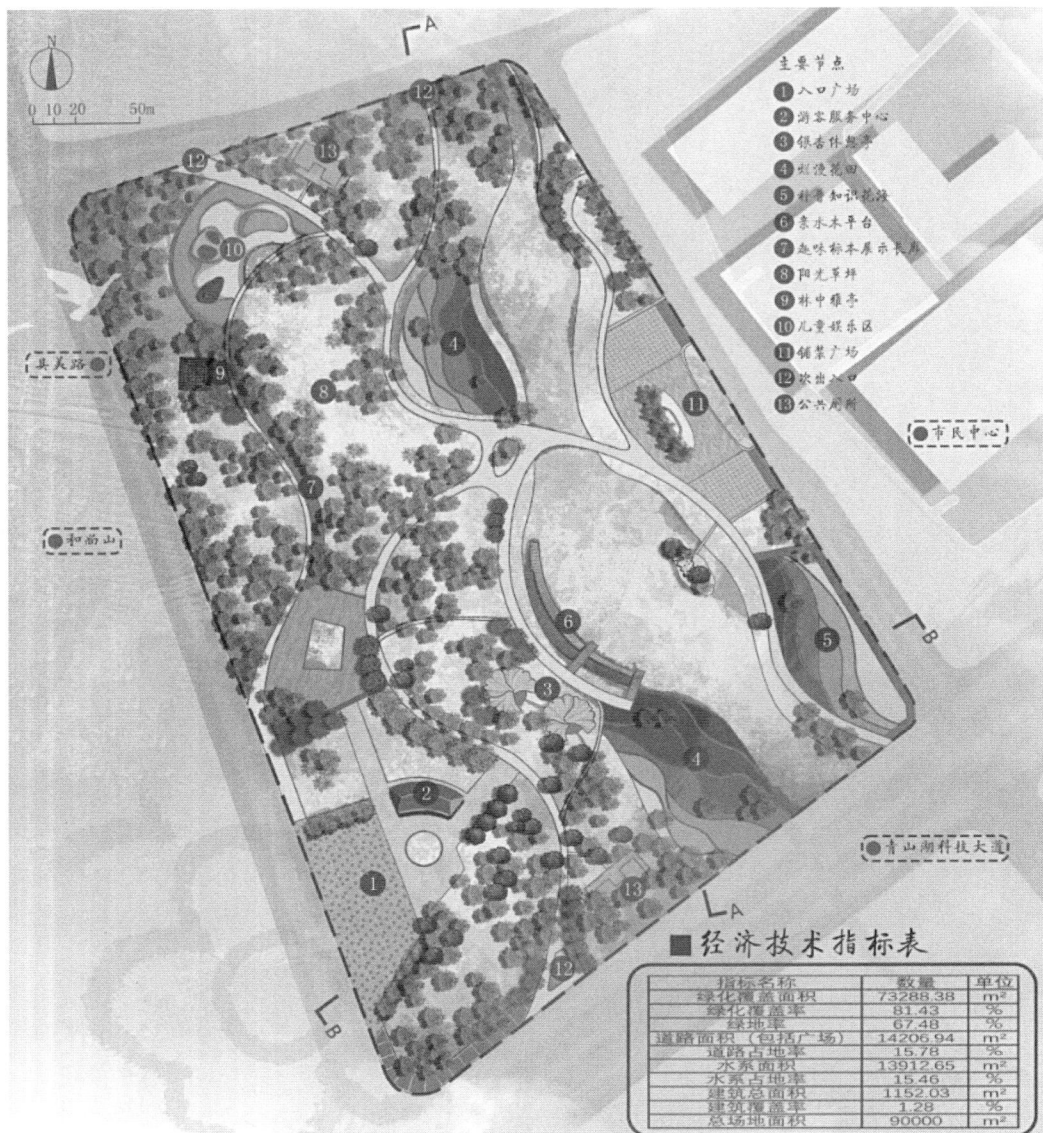

图 3-4 作业三

【评 语】

（1）设计方案基于场地原有的地形特点，重新梳理了山水结构和交通路网，体系完善、布局合理。

（2）整体方案设计合理，根据概念构思及场地现状合理分区，功能多元，设有四季观赏科普花田、趣味标本展示长廊、阳光草坪等景观节点，功能较为齐全。

（3）道路系统设计不太合理，主园路未贯穿全园，道路分级不明确，二、三级园路过少。

（4）植物配置过于均匀，可通过树木种植的疏密变化及其空间围合来提升景观效果。

（5）图纸色彩搭配得当，但缺少主次入口标志，节点内容的丰富性有待提高。

【作业四】（图 3-5）

图 3-5 作业四

【评　语】

（1）设计主题明确，围绕"农、创、智慧"的核心理念，充分体现生态、科技与自然教育的融合，在都市中营造智慧农创公园的概念，具有前瞻性和创新性。

（2）功能分区合理，涵盖自然科普区、生态保育区、智慧农业区和共创交流区，科技与生态农业相结合，将科技手段融入自然生态教育。

（3）设计注重参与性与教育性，通过实践活动，让城市居民接触自然，设计理念贴合当下的社会需求。

（4）场地生态保育与智慧农业结合紧密，展现出科技与农业融合的创新方式；但可以增加更多的互动体验空间，以提升公园的吸引力和游人的参与感。

【作业五】（图 3-6）

本案意在打造一个融合生态自然、休闲娱乐为一体的城市绿肺，一个可以亲近自然，放松身心的城市绿洲。

青山岫雪

——临安城市综合公园

指导老师：林箐
小组成员：颜心予、姜劭展、张皓治、苏海欣、王丹青

岫云

卷舒无意入虚玄。
丘壑伴云烟。
石根清气千年润，覆孤松、深护啼猿。
霭霭静随仙隐，悠悠闲对僧眠。
傍花攲向小溪边。
空谷覆流泉。
浮踪自感今如此，已无心、万里行天。
记得曾人归去、御风飞过斜川。

"青山"：公园西侧有山峰环抱，南临青山湖景区，寓意公园地处青山绿水的地理位置。
"岫云"：饯怀抱着希望公园建设成城市天际中一颗青翠的岫玉的美好愿景，又隐喻着空中漫步的公园功能。

① 云影壁画
② 飞羽云境
③ 月溪沙
④ 河畔观澜
⑤ 悠谷绿茵
⑥ 翠岚飞虹
⑦ 水舞琴音
⑧ 花径云廊
⑨ 莲步桥
⑩ 童稚之滨
⑪ 青峦云茵
⑫ 湖光岫影
⑬ 岫影回澜

青山岫云，森森仙隐；云烟卷舒，潺潺流水。
打造新都市化下，属于临安市民的生态城市中央公园。

图 3-6　作业五

【评 语】

（1）设计主题明确，围绕"青山""岫云"的概念，充分体现青山湖景区的区域背景，以及漫步云端的公园主题。

（2）注重体验性，功能多元，包含空中步道、临水退台、中央草坪和剧场、跑步道等，各类空间相互补充，满足全龄人群的使用需求。

（3）空间设计开合有度，巧妙地利用植物景观对硬质要素进行柔化过渡，使整个空间体验更加生态自然。

（4）硬质铺装过于集中于场地北侧，分布的协调性欠佳；建议在"童稚之滨"和"湖光岫影"等大面积铺装场地中增加植物配置，使各分区之间的衔接更自然。

【作业六】（图 3-7）

图 3-7　作业六

【评　语】

（1）本方案以"健行湖滨"为主题，旨在让人们能在青山绿水中运动，以此填补临安区城市体育公园的缺失。

（2）分为山水休闲带、过渡理景带和活力运动带，能为各类人群提供多样化的休闲、运动场所，并且注重全龄参与。

（3）公园分区符合主题设定，在为居民提供公益设施（如乐活跑道、室外活动场）的同时，增设游泳馆、攀岩馆等营利性设施，以便公园内有丰富的运动项目类型可供选择。

（4）融入智慧设施，如智慧导览、智慧跑道、AR 太极瑜伽，提升运动体验的科技感。

（5）节点的细节表达比较完善，如在活力运动场中清晰地表达出足球、篮球等运动场地；节点中的廊桥、运动场馆的高差也表达得比较清晰。但植物、广场等图示的尺度偏大，稍有失真。

【作业七】（图3-8）

图3-8 作业七

【评 语】

（1）该方案打造了一处以展现水的多样性和美感为主题的公园，设计主题明确，因地制宜。

（2）设置了湖心亭、河岸阶梯、水边长廊、戏水区等节点，增加了游客与水景的互动性。

（3）园路曲折环绕，一、二级道路较为完善，但缺乏三级道路，致使部分节点和绿地的可达性无法保证。

（4）方案致力于打造具有智能化、情感化、自主化和特色化的社区，对于建设资源节约型、环境友好型社会具有重要意义。

【作业八】（图 3-9）

图 3-9　作业八

【评　语】

（1）方案灵感来源于天目山，紧贴"天目叠翠，吴越千年"的设计主题，方案融合了天目山体的绵延起伏之势与其翠绿交叠的自然形态，主题较好地结合了地域文化。

（2）三个坡状屋顶在空间上远近有别，利用中国山水画中的"三远法"，体现出三个层次，呼应并契合主题，立意新颖别致，具有一定的创新性。

（3）设计中对于小地形的营造独具匠心，富于变化的小地形，如"青罗带""泊水叠云"等节点，使场地内的空间环境变得饶有趣味。

（4）园路顺畅、通达性强，增强了场地与水景的结合度，为游客和居民带来更多元、更丰富的滨水游览体验。

（5）图面表达存在一些问题，在用色和形式上过于相近，缺乏辨识度，建议铺装等使用其他质感的纹理。

3.2　临安滨湖新城中央公园设计

1. 项目概况

临安区位于浙江省杭州市西部，距离杭州市中心约50km，是杭州城西科创大走廊的重要组成部分。临安区城东、青山湖北岸规划为新城CBD，其核心位置规划有一处中央公园，总面积约7.5hm²。

原场地基本为农田，整体地形较平坦，内有若干水塘，西南角有小溪流过，汇入青山湖，水质清澈。该区块背靠和尚山、南临青山湖，位置极佳。地块周边规划住宅、商娱用地，是未来临安新城发展的核心。周边交通便利，紧邻科技大道，地铁16号线浙江农林大学站位于地块西北方向约300m。

2. 设计要求

现拟将此场地规划为临安滨湖新城中央公园。

（1）要求在充分考虑场地特点和地域文化的基础上，明晰设计主题；

（2）要求在对场地进行深入现状分析的基础上，确定公园的定位与各区块功能，并充分考虑与北面山体和青山湖的关系；

（3）要求在充分尊重场地特征和现状要素的基础上，提出合理的设计方案。

3. 成果要求

1）设计说明

（1）自拟设计主题，阐明所作方案的总体目标、立意构思、功能定位及实现手段，篇幅在500字以上；

（2）写出本设计的主要植物名录，不少于20种。

2）设计图纸

（1）绘制1~2张规划设计分析图；

（2）绘制1：500设计平面图；

（3）绘制1张1：300面积不小于3000m²的局部放大平面图，要求绘制详细的铺装图案、建筑小品和种植设计；

（4）绘制2处重要节点对应的效果图；

（5）绘制1~2张1：200的节点剖面图。

4. 附图（图 3-10）

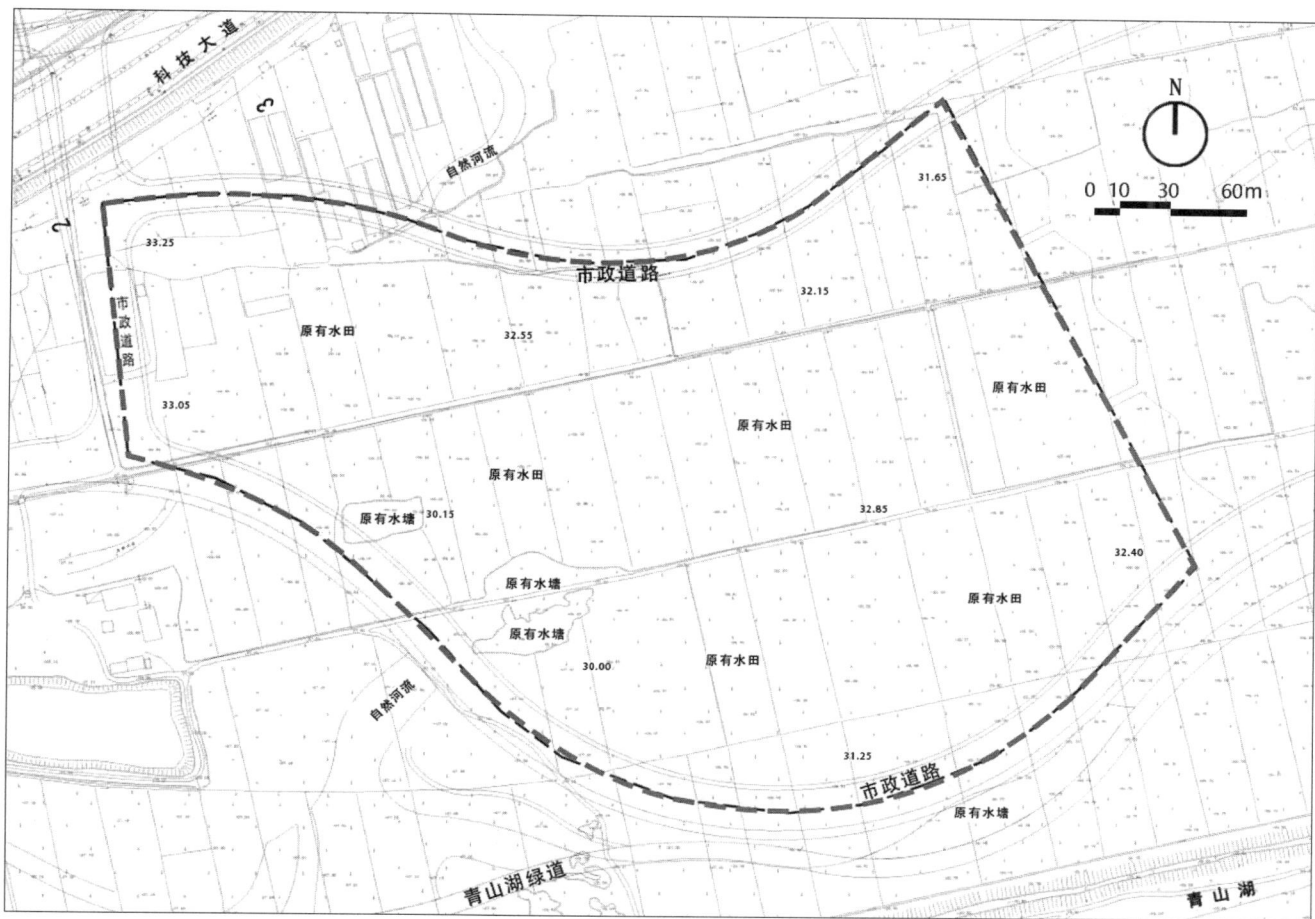

图 3-10 临安滨湖新城中央公园设计红线图

5. 题意解读

（1）城市中央公园，既可以承担城市地标的功能，成为城市的核心地带，也可以融合生态、生活、生产功能，适应城市发展的新模式，与城市服务互相促进。临安滨湖新城中央公园是杭州城西科创大走廊的重要组成部分，也需要考虑通过公园道路、绿带连接，强化场地作为带状绿地在交通上的连通性，与总体城市规划形成完整的绿地生态体系。

（2）场地整体地形较平坦，内有若干水塘，西南角有小溪流经，汇入青山湖，水质较好，因此公园内部可考虑设计丰富的水景；同时，公园背山面水，位置极佳，可考虑打造眺望景观与借景入园。地块周边规划有住宅、商娱用地，是未来临安新城发展的核心，因此设计应注意与当地居民的互动性，还要关注活动空间的人性化设计。

（3）城市公园是地域文化在景观上的集中体现，对于地域文化的传承、建设与宣传都有着重要意义。在公园设计中，地域文化可以通过空间规划、植物配置、节点细部来体现，如道路、雕塑、标识系统等生态、文化基础设施建设。设计需将城市文化和空间特色加以融合；同时，应充分考虑使用者的参与性与休憩功能，满足市民使用和游客游览的需求。

6. 学生作业及评语

【作业一】（图3-11）

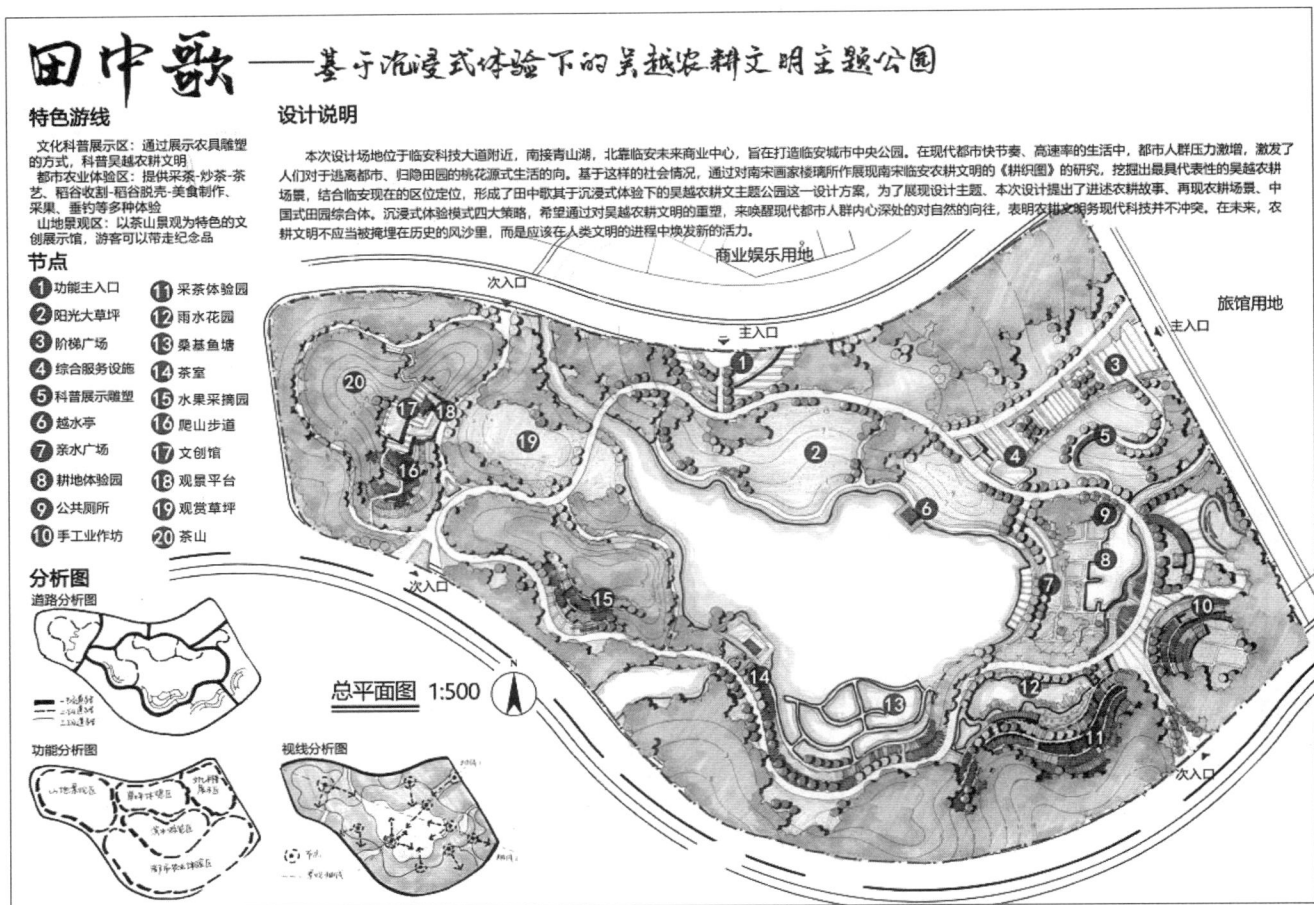

图3-11 作业一

【评 语】

（1）该方案以场地农田肌理为出发点，结合当地吴越文化，打造沉浸式体验下的吴越农耕文明主题公园，设计主题因地制宜。

（2）在设计时保留了原有水田及水塘，以农耕水田为特色，扩大水面，功能分区清晰、主次分明，主入口至滨水亭（越水亭）的景观轴线突出。

（3）在交通组织上，主园路和次园路清晰成环，连接场地主要节点并与外部良好衔接；但三级路网不完善，致使大面积的绿林空间（如茶山、水果采摘园等节点）无法进入。

（4）竖向设计整体性强，打造了围合、多样的空间感受，与道路、节点形成良好的关系。

（5）水岸空间设计了栈道、亲水平台、亭子等，空间类型丰富；但缺少较大面积的滨水广场，可能无法满足大量游客在水边驻留观赏的需求。

【作业二】（图 3-12）

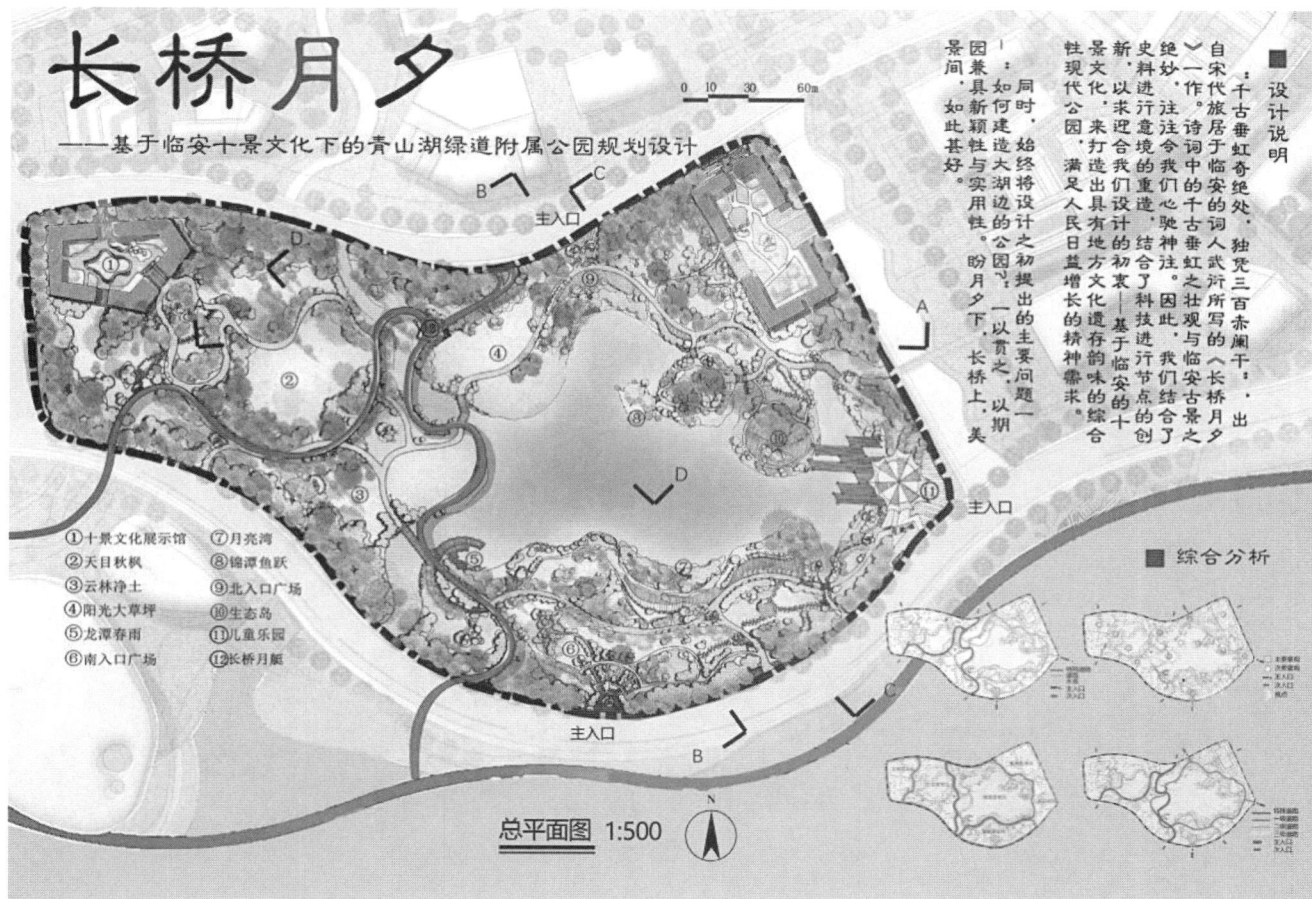

图 3-12 作业二

【评　语】

（1）该方案以宋代武衍的《长桥月夕》一诗为题，结合临安当地的"十景文化"进行立意，具有一定的创新性；但要注意深化文化叙事，将"临安十景"的抽象元素转化为具体的景观语言，如景墙雕刻、季相植物配置等，避免符号堆砌。

（2）功能分区合理，如云林净土（静谧休憩区）与儿童乐园（动态活动区）的动静分离。

（3）水系空间主次分明，涵盖文化展示、生态体验、儿童活动、休闲娱乐等多元功能，满足全年龄段游客的游览需求。

（4）主园路串联主入口、天目秋风、阳光大草坪等重要节点，次园路串联十景文化展示馆、月亮湾以及儿童乐园等节点，形成清晰的游线系统。

（5）主入口的设置数量不合理，且市政道路上一般不设主入口，图纸缺少等高线标注。

【作业三】（图 3-13）

图 3-13　作业三

【评　语】

（1）方案以"身跃·心悦"为主题，从市民的身心健康需求角度出发进行设计，立意可行。

（2）场地内水系空间分布合理且丰富，动静结合，既有供游客活动观赏的大水面，也有静谧、曲折的小水面，生态化的水岸处理也是方案的一大亮点。

（3）道路系统不够明确，缺乏二、三级道路；图面表达有待提升，建议将主园路描绘完整，使其不被绿化所遮挡。

（4）植物空间配置有待提升，全图多为密林，缺少草坪与小型休憩空间；竖向设计过于均等，等高线布置应疏密有致。

（5）滨水空间的实用性有待提高，应通过功能构想来深化景观要素，如健身运动、品茶休闲等。

（6）西侧和东侧两块硬质广场设计得较为呆板突兀，与场地环境不协调；建议使用植物、水体等元素进行空间上的过渡。

【作业四】（图 3-14）

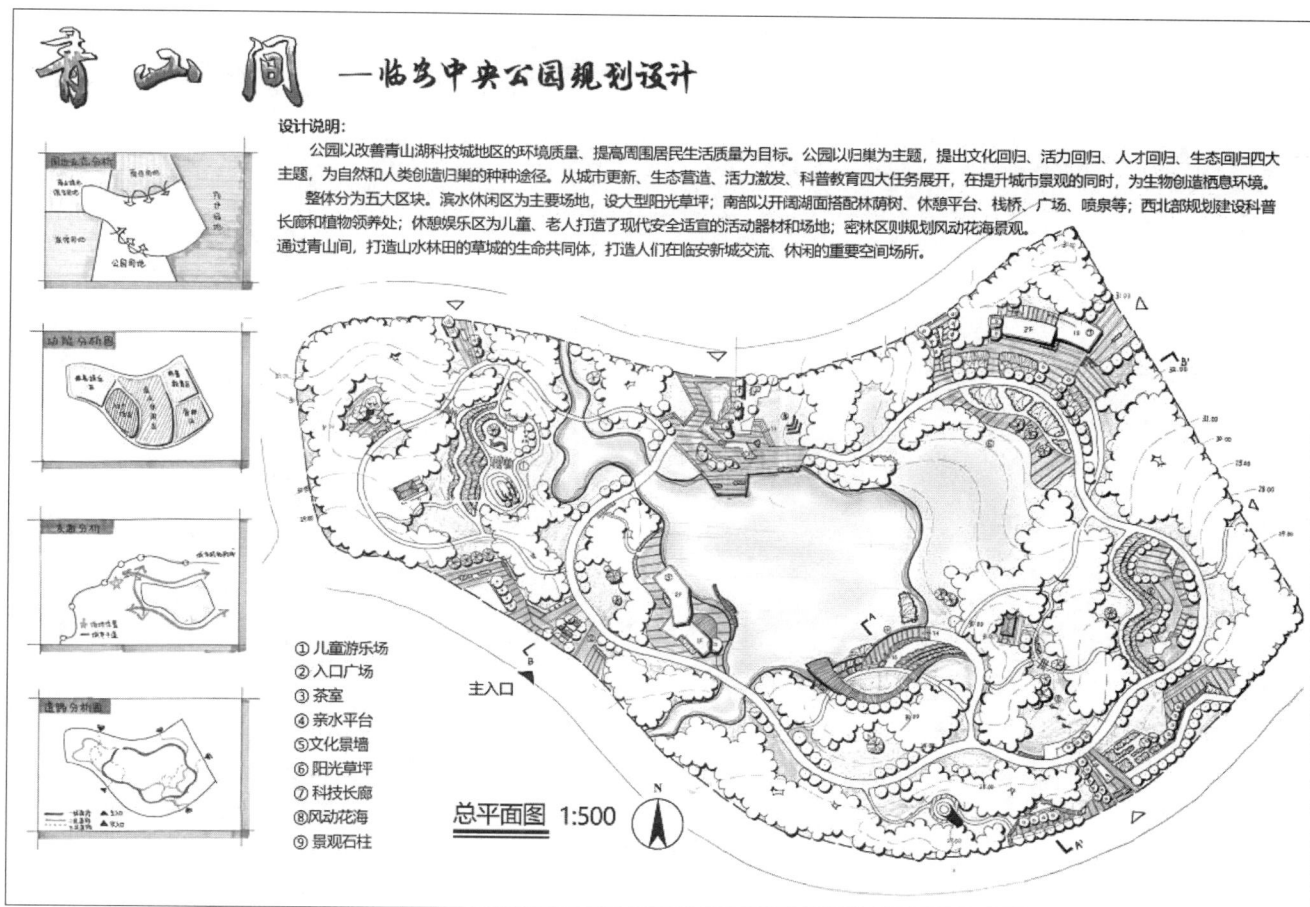

图 3-14　作业四

【评　语】

（1）以"山水林田"为基底，呼应"青山间"这一设计主题；以中央水景为核心展开场景设置，方案布局合理、结构清晰。

（2）围绕城市更新、生态营造、活力激发、科普教育四大任务划分功能，如科技长廊、文化景墙等，以此体现教育与生态的结合。

（3）五大区块涵盖儿童（游乐场）、老年人（茶室）、青年（活力广场）等不同群体的需求：休闲娱乐区兼顾安全性与趣味性，滨水区（阳光草坪、栈桥）侧重休闲，西北部区域（科技长廊、文化景墙）侧重教育；各分区动静分明，主次清晰。

（4）在节点设计上，坡道、台阶、水景、草坪充分结合了下沉广场的设计，包含了私密、运动、观演等功能，活动体验丰富多样。但部分次要节点形式比较单一，多为花海；建议结合竖向进行设计，丰富节点形式。

【作业五】（图 3-15）

① 日月广场
② 拾迹广场
③ 陌上归途
④ 冥想草坪
⑤ 鸟隐林间
⑥ 阳光露营大草坪
⑦ 竖林步道
⑧ 林间氧吧
⑨ 童梦乐园
⑩ 云上花海
⑪ 流月闻鸟
⑫ 智慧跑道
⑬ 杉林步道
⑭ 水月观景台
⑮ 流星观月
⑯ 亲水平台
⑰ 绿林秘境
⑱ 地下停车场

图 3-15　作业五

【评　语】

（1）设计以连贯的活态水系为重点，环绕水岸设置了丰富的场地和活动类型，并结合种植形成了一系列小空间，丰富了场地空间体验。

（2）道路系统分级明确，主园路清晰且贯穿全园，有丰富的二、三级道路。

（3）节点设计有鸟隐林间、童梦乐园、流月闻鸟等，体现湿地研学、儿童娱乐、亲水休闲等多种功能，满足各类人群的需求。

（4）滨水空间应适当增加铺装面积；应丰富节点形式，创造出多种尺度的活动空间和驻足场地；还应充分利用水景。

（5）对竖向设计的表达不够清晰，等高线缺失；可适当增加沿水岸设置的次级道路。

3.3　临安青山湖科技城东大山公园设计

1. 项目概况

本项目拟建设城市公园，位于浙江省杭州市临安区青山湖科技城、省科创基地北部横畈组团东大山片区。省科创基地规划面积 115km²，由三大功能组团构成。东部青山组团是青山湖科技城的核心区，是科研院所的集聚区，主要承担科研和成果转化功能；北部横畈组团主要承担科技城研发成果产业化功能；西部锦城组团是现代服务和综合生活配套区块。项目地块北接东大山，南临寺前路，占地面积约 15.1043hm²。

2. 设计要求

（1）项目要充分考虑生态效益，结合东大山的天然植被、水体、自然地形等资源要素，融景于山，促进人与自然的和谐共生，努力保持城市可持续发展的生态型景观设计思路，舍弃无用功能和纯装饰样式。

（2）设计应体现地块融入"科学创新"的属性，大胆融合现代技术手段，增加多元化的人地互动场景，体现智慧景观、智能生活。

（3）强调以人为本的设计理念，强调空间的场所精神。注重细节，精益求精地在细部上体现人文关怀。

（4）项目应融入具有地域特色的人文价值与艺术价值，景观应有表现力和感染力，用艺术与人文手法再现地域特色和场所记忆。

3. 成果要求

1）设计说明

2）设计图纸

（1）前期分析图（可包括项目概况、区位交通、自然条件、景观资源、人文历史、市政综合、人群活动等）；

（2）设计理念图（可包括项目定位、设计主题、原则、问题策略等）；

（3）1：1000 的总平面图；设计分析图（可包括功能分区等）；

（4）1 张 1：300 的面积不小于 3000m² 的局部放大平面图，要求绘制详细的铺装图案、建筑小品和种植设计；1~2 张 1：200 的主要剖面分析图；

（5）总体鸟瞰效果图、重点场景效果图。

4.附图（图3-16）

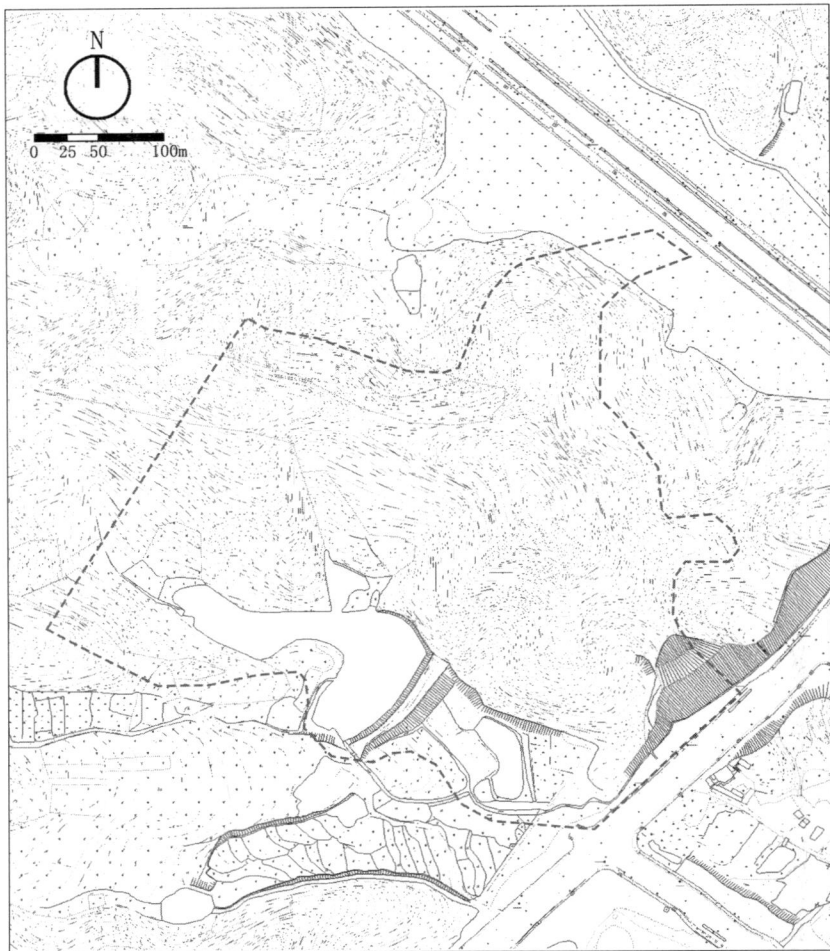

图3-16　临安青山湖科技城东大山公园设计红线图

5.题意解读

（1）场地位于浙江省杭州市临安区青山湖科技城，地理位置特殊。公园需要承载科技工作者、创业者的职业抱负和生活期待，满足不同人群的需求；不仅是城市休闲放松的优选之地，也将成为临安的绿色名片。

（2）场地南部有一大一小两个如意形水塘，水塘中间被堤坝隔开。场地东南角地形平坦，其余均为山体，高差达60余米。需要对周边的生态、人文环境进行分析，并巧妙解决各区块的衔接问题。常用的地形高差处理有放坡、之字形道路、台阶、台地、下沉空间等。

（3）东大山的天然植被、水体等资源要素丰富，要充分考虑并保护场地的绿色生态，借山筑景、融景于山，走城市可持续发展的生态型景观之路，做到"从高差找优势，从生态看效益"。

（4）"科学创新"属性可以通过智能感官、认知、反馈增强来融入场地，例如基于神经网络的音乐生成技术、AR实时互动、在线导览设施等。在设计时增强创新意识，将科技主题融入规划设计，以富有时代特色的视觉化语言构建公园独特的形象。

6. 学生作业及评语

【作业一】（图 3-17）

图 3-17　作业一

【评　语】

（1）本方案以"归源"为核心，将回归自然、呈现旷野以及生态理念紧密结合，风格鲜明；从构思到呈现，思路清晰流畅，能精准传递核心设计思想。

（2）在构图上，场地与道路、山体的连接处理巧妙，路网疏密把控得当，空间开合富有节奏。

（3）平坦区域引水入园，一级道路环绕水体景观，灵动自然；山体部分竖向设计富于变化，打造出丰富的山地景观，且充分考量生态保护，兼顾美学与生态原则。

（4）各功能区职责清晰，为使用者营造了丰富的景观体验。景观轴线的构建强化了空间引导，功能布局合理，充分考虑实际应用场景，实用性较强。

【作业二】（图 3-18）

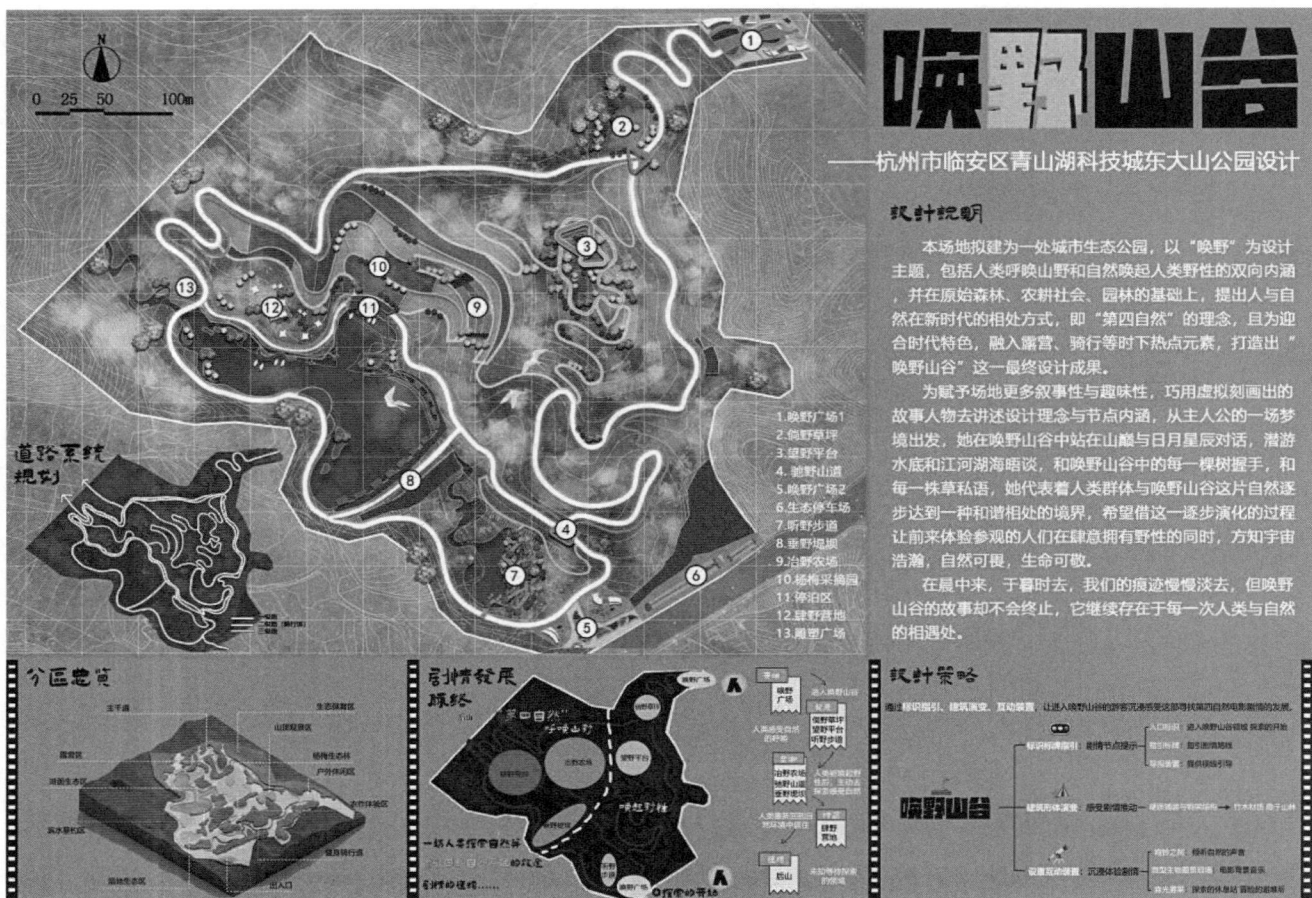

图 3-18 作业二

【评　语】

（1）本方案围绕"唤野山谷"主题展开，视角新颖独特，与场地特征高度契合，且巧妙地将主题落实于功能与节点设计之中，给人留下了深刻的印象。

（2）在节点设计上，巧妙利用场地高差，合理设置徜野草坪、听野步道、垂野堤坝等特色节点，形式新颖且富有变化，充分展现了场地魅力。

（3）功能方面涵盖户外慢行、农业体验、观景休闲等丰富多元的景观空间，能为游客带来别样的活动体验，满足不同人群的使用需求，实用性较强。

（4）路网设计需进一步加强，一级路网不够自然；同时应依据竖向高差进行设计，避免不必要的曲折。

【作业三】（图 3-19）

图 3-19　作业三

【评　语】

（1）本方案以"演绎"为主题展开，以保留场地原生植被作为呈现自然演替样本的独特方式，为游客打造自然野趣的审美体验，整体风格独特，立意鲜明。

（2）在节点设计上，充分利用场地资源，合理布置观鸟滩涂等节点，在形式上巧妙呼应主题。

（3）场地功能丰富多样，涵盖草木剧场、地景艺术和盛木树屋，能为游客带来别样的活动体验，满足不同人群需求，实用性较强。

（4）路网设计尚需加强，环湖一级道路曲线应张弛有度，部分道路形态相对单一，探索的趣味性较弱。

【作业四】（图 3-20）

图 3-20 作业四

【评　语】

（1）本方案围绕"归林"主题，通过保留场地原生植被，依托场地现有动物资源，并以观鸟为特色，全力打造能让疲惫的都市人回归自然的绿色空间，主题明确且立意深远。

（2）在节点设计上，巧妙利用水体和地形高差设置钓鱼台与草坪等节点，能有效引导游客视线。布局合理且贴合自然，符合因地制宜的原则。

（3）空间类型与功能相对单一，目前主要以观景服务为主，在满足游客的多样化需求方面存在欠缺，可进一步丰富功能类型，以提升功能的多样性和实用性。

（4）路网设计总体合理，主次分明、疏密有致；但水体形态略显生硬，建议进一步优化。

【作业五】（图 3-21）

图 3-21　作业五

图例：
❶ 绕环入口广场（主入口）
❷ 云梯叠水
❸ 林荫停车场
❹ 洄游堤坝
❺ 亲水平台
❻ 乐活步道
❼ 生态拦沙坝
❽ 阳光草坪
❾ 草地剧场
❿ 记忆浮台
⓫ 巨石秘径
⓬ 寻踪觅迹（儿童气象科普园区）
⓭ 生态梯田
⓮ 谷顶观景台
⓯ 听雨音洞
⓰ 九曲竹径
⓱ 观鸟林道
⓲ 沁谷闻香
⓳ 生态展廊
⓴ 日宿翠微
㉑ 天镜云影
㉒ 流线广场（次入口）
㉓ 非机动车停车场

【评　语】

（1）设计较好地结合了山地的地形地貌特征，风格鲜明。将生态修复与保持、自然景观营造、气象科普教育三大功能加以融合，整体构思巧妙，能精准传达公园设计的核心理念。

（2）设计遵循了"生态适应性"原则，分别采用开挖旱溪、集雨抗旱、堤坝软化、生态修复、梯田式防洪堤等设计策略，打造基于自然、利用自然、适应自然的生态自循环体系。

（3）在构图上，巧妙结合山地地形，水系尺度丰富，驳岸形式多样，符合美学中的变化统一原则。

（4）本方案设置了多体验、多功能、多感官的分区，打造兼顾生态与景观功能的活动休闲场地；在图面表达方面，建议补充一级道路的转弯半径和场地等高线。

3.4　临安城东新区中央公园设计

1. 项目概况

本次设计场地位于浙江省杭州市临安经济开发区中部地区青山湖核心区，北依天柱街，南临鹤亭街，西接临石路（今崇文路），东靠大园路，总面积约 5hm²。场地内原有厂房、农宅、派出所、菜场、山林地，要求结合城市控制性详细规划要求和存在的社会环境问题，进行场地的更新设计。

2. 设计要求

党的十九届五中全会明确提出实施城市更新行动，新时代的"城市更新"既符合经济社会发展的趋势，更是规划设计领域的时代机遇。风景园林学在实施城市更新的过程中，担负着提升人居环境质量、人民生活水平和城市竞争力的责任与使命，这也给风景园林人提出了新的课题与要求。

本次公园设计以"风景园林与城市更新"为主题，根据所提供的设计场地，从风景园林视角出发，结合场地的土地利用性质、城市发展过程、规划目标、存在的社会环境问题等，提出更新目标、策略、方法与具体更新内容。

3. 成果要求

作品需提交一幅 A0 大小（1189mm×841mm）的电子图纸，图纸需包含必要的设计图和说明文字，并组合于图面之中。图面竖向排版，四边各留白 2cm，分辨率为 300dpi，JPG 格式，图纸文件大小不超过 20M，否则视为无效。

一份 200 字以内的设计说明，WORD 格式文件。

4. 附图（图 3-22）

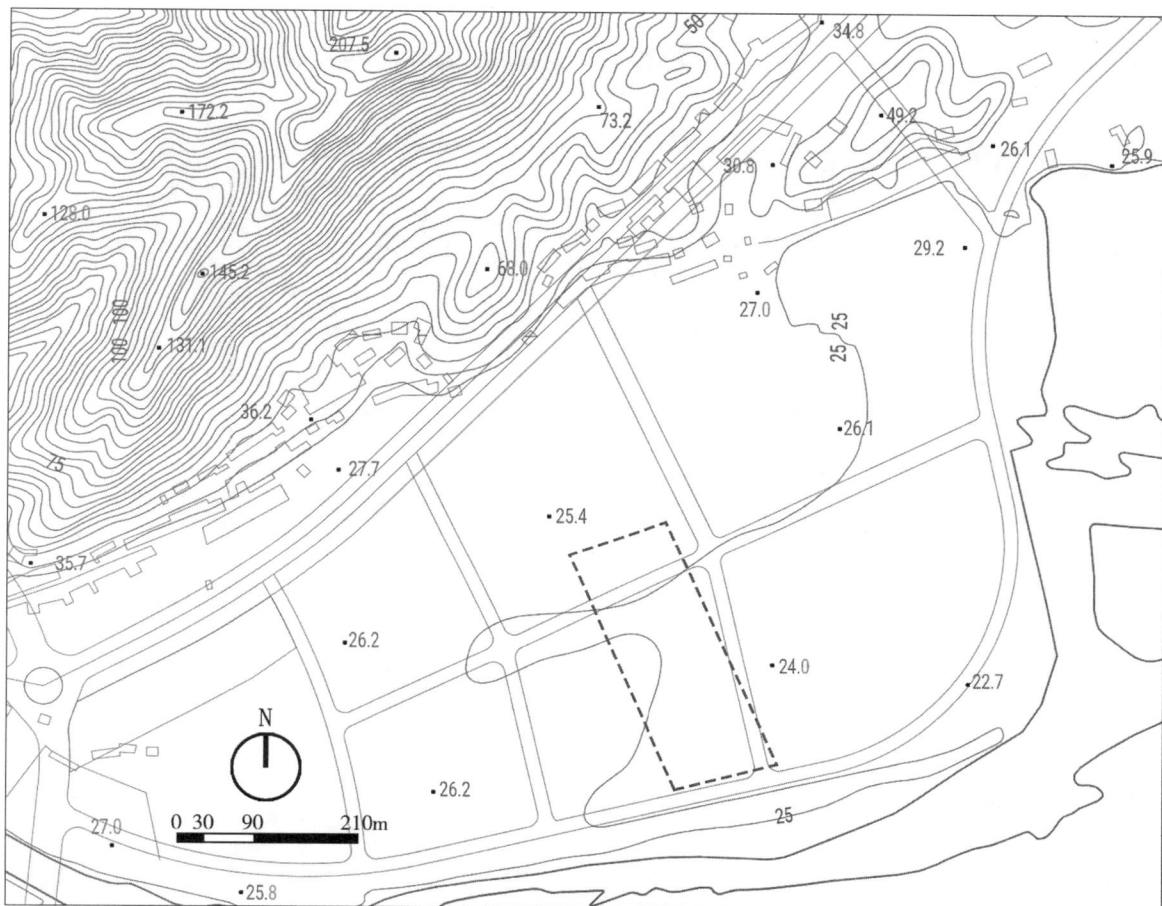

图 3-22　临安城东新区中央公园设计红线图

5. 题意解读

（1）场地定位为城市中央公园，其周边规划有商业用地和住宅用地，因此在功能布局上应注重多元化，满足不同年龄段各类人群的多种需求。

（2）场地一端毗邻青山湖湿地，交通系统应注意和场地外绿道的衔接，在景观视线设计中应注意和湿地景观的互动。

（3）场地位于未来的新城 CBD、临安新城发展的核心区，因此公园设计应能展示新区气象。设计需具有地域性、代表性，可将城市的历史文化元素融入公园设计之中，创造具有标志性的景观节点，使公园在城市中具有独特的可识别性。

（4）场地地势平坦，又位于未来新城的核心地块，因此需考虑大型活动的人流集散需求，为各种文化活动提供场地。在传统节日期间，公园也可以成为民俗活动的举办地，传承和弘扬城市的传统文化。

6. 学生作业及评语

【作业一】（图3-23）

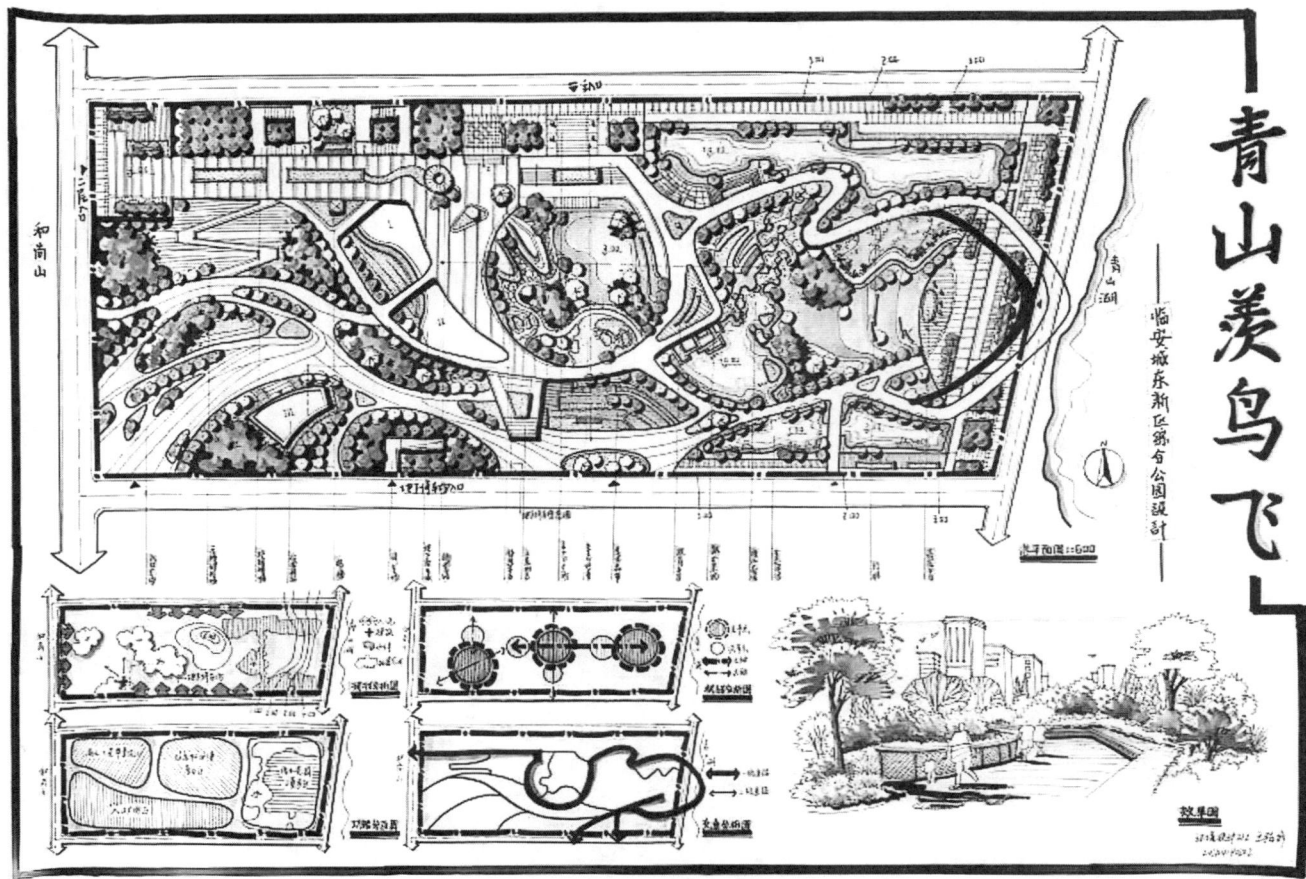

图3-23　作业一

【评　语】

（1）该方案以"青山"和"鸟"为主题，展现"山、水、鸟"的自然生态环境，主题贴合场地特征。

（2）设计方案功能分区明确，节点主次关系清晰，设计充分利用场地内外的水资源，场地内有面积不一的水面，场地外架桥以观青山湖水。

（3）出入口数量、位置合理；有层次清晰的道路体系，交通流线顺畅，且具有一定的形式感。

（4）合理消除了场地内的高差，采用台阶、无障碍通道、电梯等便利交通方式。

（5）整体版面清晰有序，场地内容丰富，图面饱满、完整，表现成熟；但铺装形式过于单一，可根据功能进行丰富和优化。

【作业二】（图3-24）

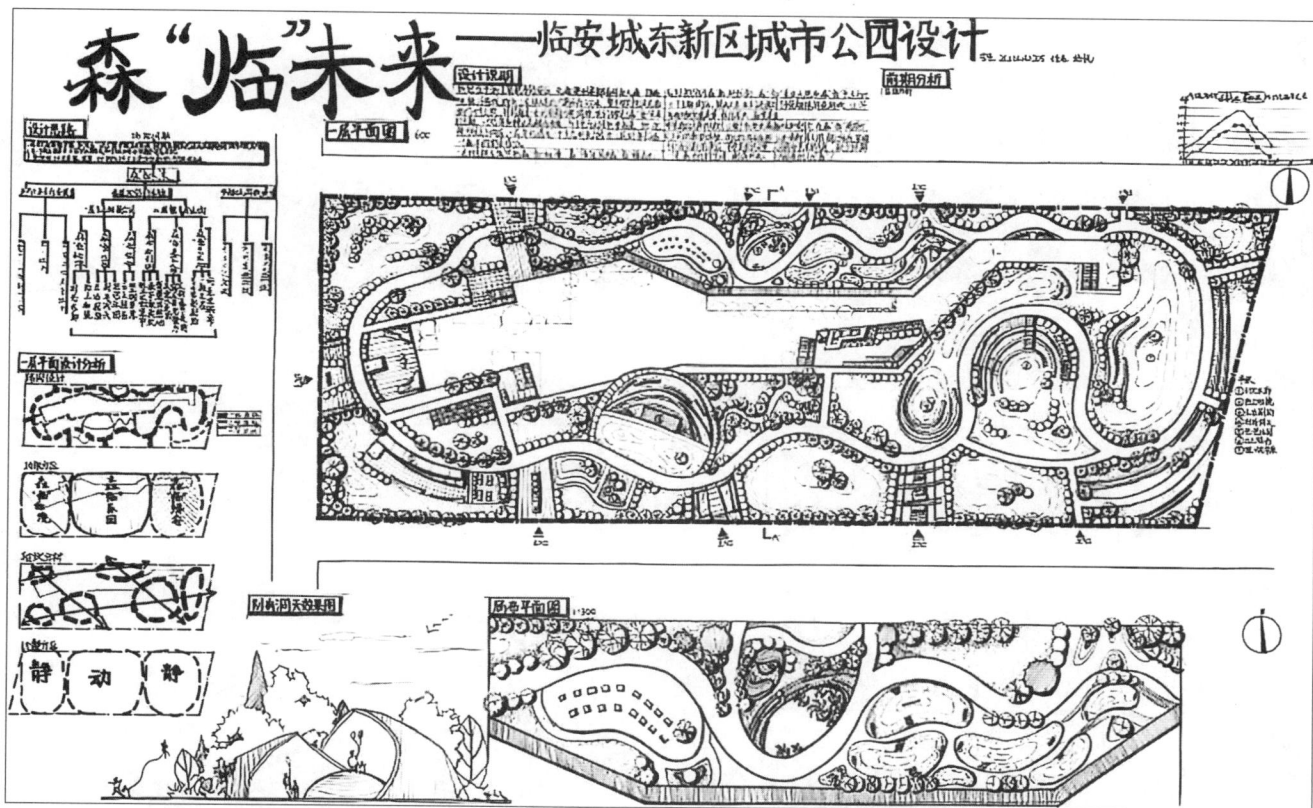

图3-24　作业二

【评　语】

（1）该方案以"森"凸显场地植物的景观特色，主题新颖，因地制宜。

（2）方案功能分区合理，动静皆宜；主干道与出入口位置清晰，但缺少一定的二、三级游憩小道。

（3）从图面看植物配置设计，植物种类丰富，立面天际线富于变化，层次丰富。

（4）设计结合建筑，营造大面积的公园景观和小面积的内庭景观，构思大胆有趣。

（5）图纸内容较为丰富，排版美观合理，整体图面表达较好，有明显的黑白灰关系，排版清晰、有条理。

【作业三】（图 3-25）

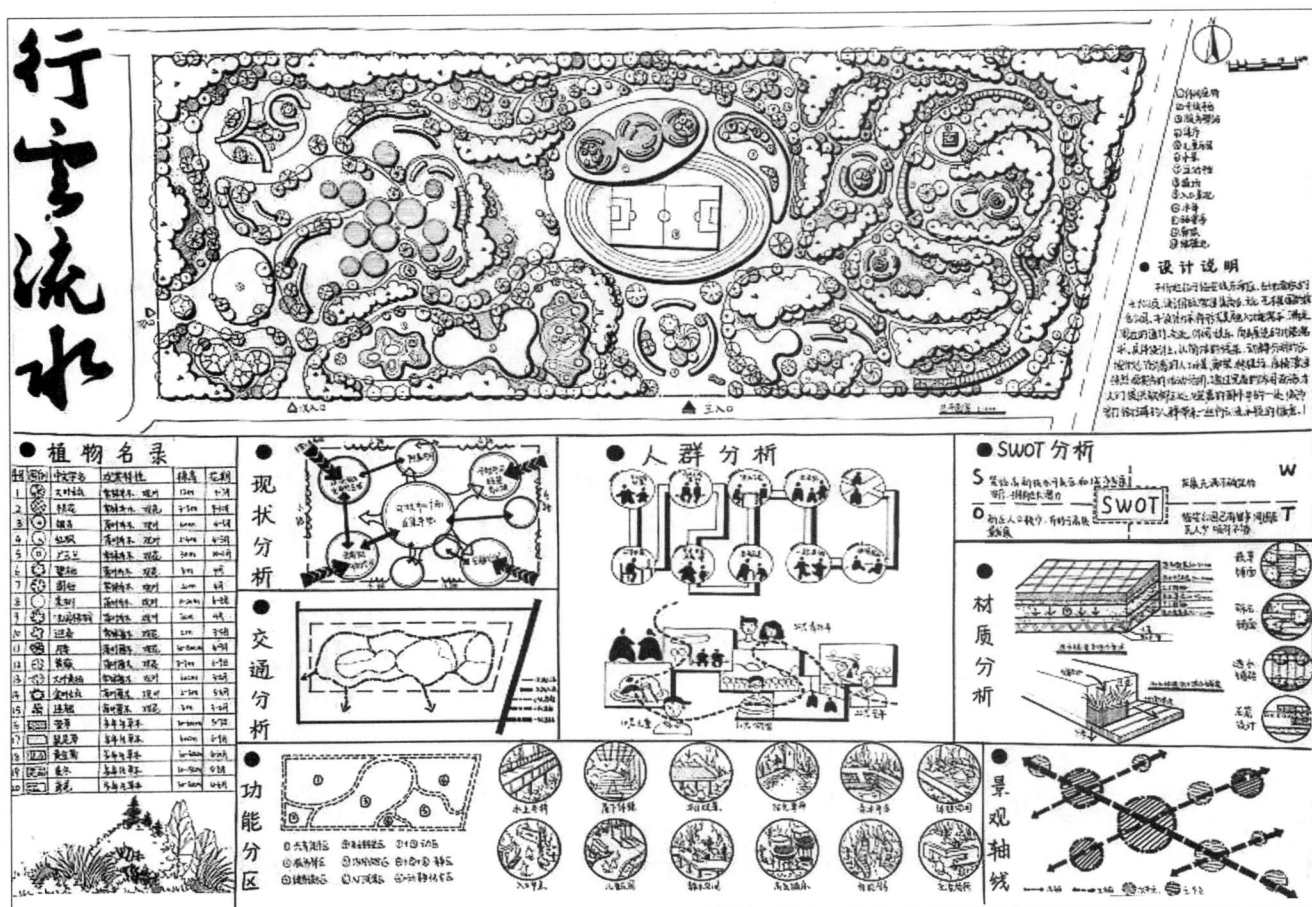

图 3-25　作业三

【评　语】

（1）该方案结合水元素设定主题，结构和布局较为清晰。

（2）场地主入口位置明确；但北面以植物围合，缺少出入口。

（3）道路组织有一定的主次考虑，可以衔接各节点，节点主次关系明晰。

（4）植物围合空间疏密有致，但对于场地原有的水元素缺乏考虑。

（5）图纸内容丰富，排版合理，图面表达较为美观，在平面设计上有一定的想法；但在图纸表达的清晰明确方面尚有待提高。

【作业四】（图 3-26）

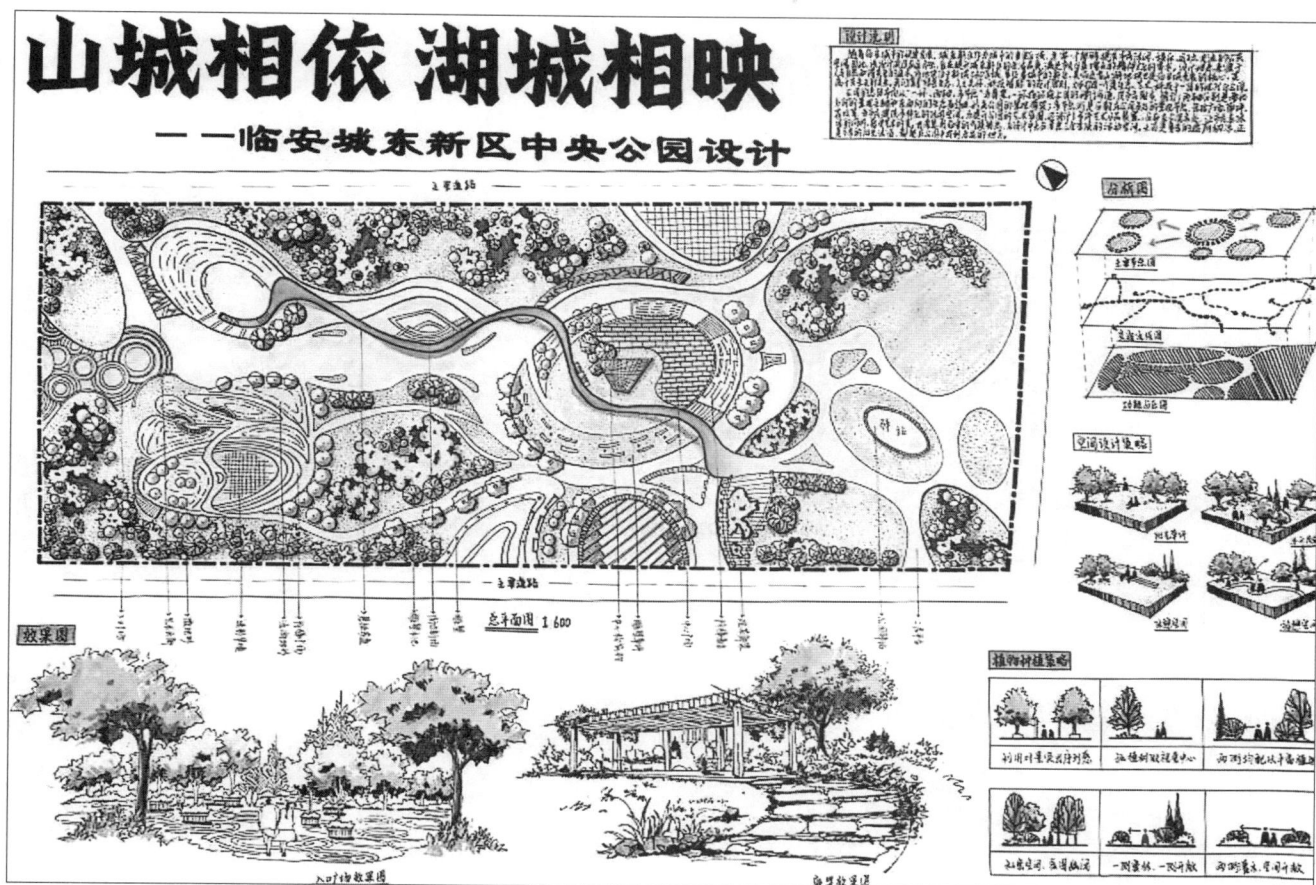

图 3-26　作业四

【评　语】

（1）该方案凸显"山""水""城""人"的关系，打造人与自然和谐共生的美好愿景，主题特色鲜明。

（2）节点表达清晰，主次关系明确；核心节点的造型、颜色设计独特、新颖。

（3）出入口数量满足要求，但应合理考虑彼此间的距离；主园路多结合广场设置，空间开阔，但缺少一定的二、三级游憩小路。

（4）设计方案构思合理，流线关系顺畅。

（5）画面形式整体统一，图纸内容丰富，画面饱满，各类分析内容详尽，图面表达能力强。

【作业五】（图3-27）

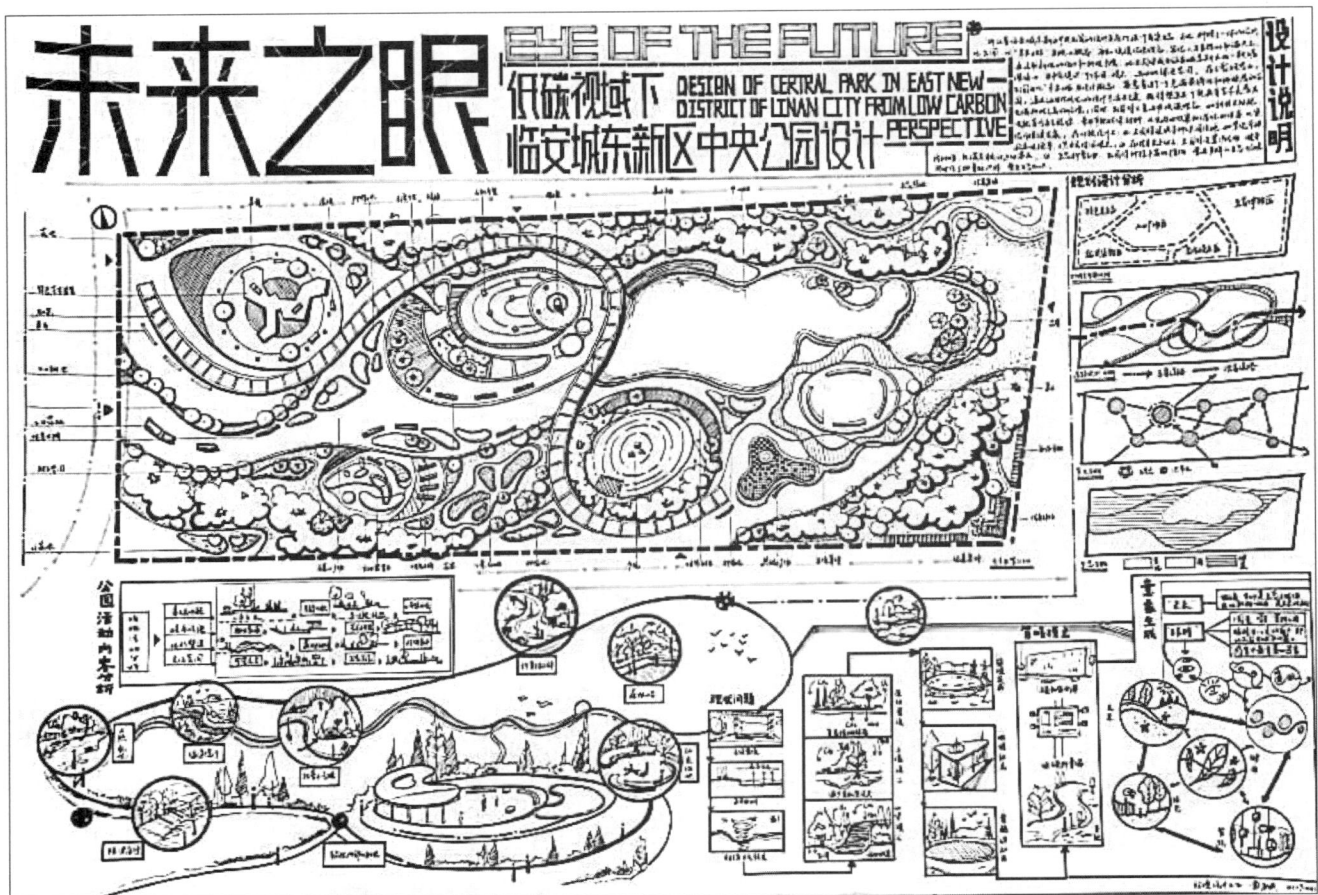

图3-27 作业五

【评 语】

（1）该方案结合时代热点，以"低碳"为主题，新颖独特。

（2）节点主次关系明确，但要注意节点间的衔接，广场面积过大会造成空间比例失调。

（3）道路要有明确的主次层级关系，与各节点也要有良好的衔接。

（4）整体版面清晰有序，各类分析内容丰富，排版干净美观，图面表达能力强；方案构思较为合理，但存在整体感不强、过于零碎的问题，有待进一步提升。

3.5 嘉兴市秀洲公园设计

1. 项目概况

秀洲公园位于嘉兴市秀洲经济开发区的中心，四周为城市道路所环绕，占地面积 6.02hm²。公园北面为区政府大楼广场，广场两侧分布有文化娱乐用地；公园东西两侧为商贸办公用地，南侧为商住综合楼，其中中山西路为双向四车道城市主干道。

基地内部地势平坦，几无可利用的植被和地形。中部有一条城市河道从基地穿过，水质较好，河道常水位与基地有 1.5m 高差，最高水位与基地有 0.5m 高差，周边城市道路与基地几无高差。该河道可结合公园的水景空间布局进行改造，不受现有河道形态的约束。

秀洲公园是秀洲经济开发区内重要的公园绿地，公园设计要满足周边城市居民的休闲、游憩、文娱等多方面的使用需求，同时也要展现新区城市建设的新气象。公园设计要将文化、生态与艺术气息融入公园的空间布局和小品设计之中。

2. 设计要求

（1）充分分析基地周边的环境条件和用地功能布局，合理安排公园用地空间；

（2）功能合理、尺度恰当、环境优美，并能体现时代气息；

（3）主题突出、风格明确、有文化品位；

（4）方便城市居民在此进行休闲、游憩活动；

（5）充分考虑对现有水系的改造利用，营造优美的水景空间。

3. 成果要求

1）设计图纸

（1）绘制 1：500 的设计总平面图；

（2）绘制必要的规划设计分析图；

（3）绘制反映设计意图的立面图或剖面图若干张（不少于各两张）；

（4）绘制 1 张鸟瞰图；

（5）绘制 1~2 张重要节点的效果图。

2）设计说明

4. 附图（图 3-28）

图 3-28　嘉兴市秀洲公园设计红线图

5. 题意解读

（1）综合公园功能完善、设施齐全、内容丰富，可以满足不同人群的多种游园需求，拥有多样化的景观，注重娱乐和休闲活动；融合了自然环境、文化元素和现代设施，成为城市中的绿色宝地，吸引各个年龄段的城市居民。

（2）场地地势平坦，有一条城市河道从内部横穿而过。河道水位与场地略有高差，可结合公园的水景空间布局进行改造，例如通过亲水平台、生态岛、栈桥等形式丰富滨水景观。由于场地位于经济开发区中心，北面为区政府大楼广场，东西两侧为商贸办公用地，南侧为商住综合楼，因此要注意公园的开放性，即出入口设置。公园内还需提供居民休憩、活动、交往、赏景的场所。在功能分区设置时，要注意文化、生态与艺术气息的融入；结合场地外围条件，公园的分区布局应与外围人群的功能需求相呼应。

（3）文化元素、生态元素是时代气息的体现，可通过文化展示区、生态科普区、艺术装置、雕塑等，展示当地的历史、文化和艺术。综合公园常常举办各类文化活动，如音乐会、文化节庆等，展现新区城市建设的新气象。

6. 学生作业及评语

【作业一】（图 3-29）

图 3-29 作业一

【评 语】

（1）该设计方案以"再续秀洲"为主题，结合红船文化进行立意，整体构思清晰，主题明确，体现了对地域文化的深刻理解。

（2）设计打造的是一个自然生态的综合性公园，延续了市民广场的功能，能够较好地满足周边居民的需求，具有较强的实用性。

（3）道路层级分明，主园路设计较为合理；但可以进一步优化流畅性，同时适当增加次园路，以增强公园内部的通达性和游览体验。

（4）水系空间富于变化，营造了良好的景观效果；但水域面积显得过大，建议适当缩小，以平衡空间比例，并增强实用性。

（5）设计方案的南北边界与城市道路的联系较弱；建议增加过渡空间，以增强公园与城市环境的衔接，提升整体的协调性。

【作业二】（图3-30）

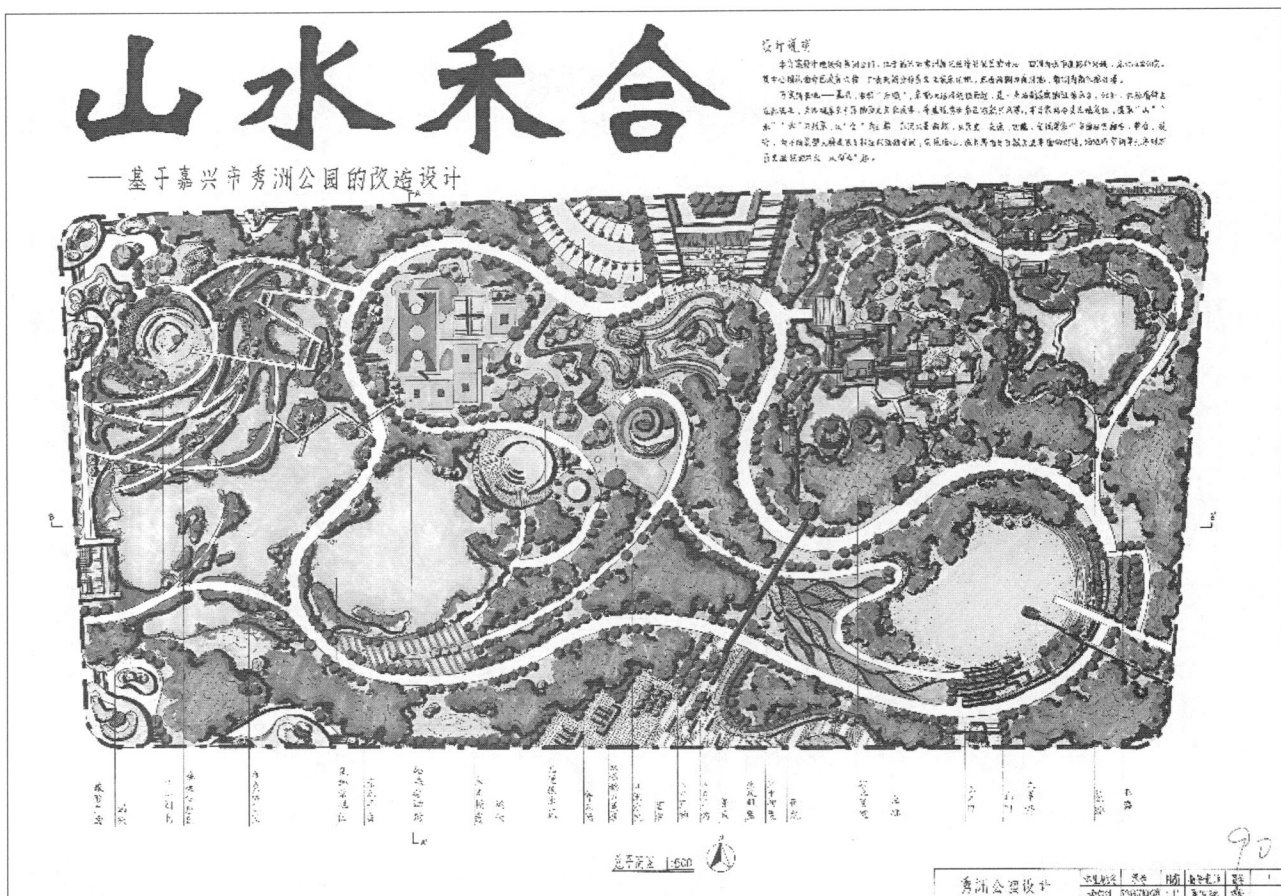

图3-30 作业二

【评　语】

（1）该设计作品整体构图大气磅礴，主次关系清晰，充分体现了市民广场的轴线延伸感；重点区域突出，具有较强的视觉冲击力和空间引导性。

（2）道路交通系统层级分明，主次道路清晰，各个节点的可达性较好，体现了对行人流线的合理规划。

（3）水陆关系的处理非常丰富，水面与陆地的交错设计使游人的空间感知富于变化，增强了场地的灵动性与趣味性。

（4）建议在设计中增加地形或构筑物的高低变化，以丰富竖向空间的层次感。同时应注意标高的准确性，以避免设计误差。可以进一步细化某些局部的设计（如植物配置、铺装设计等），以增强整体表现力。

【作业三】（图 3-31）

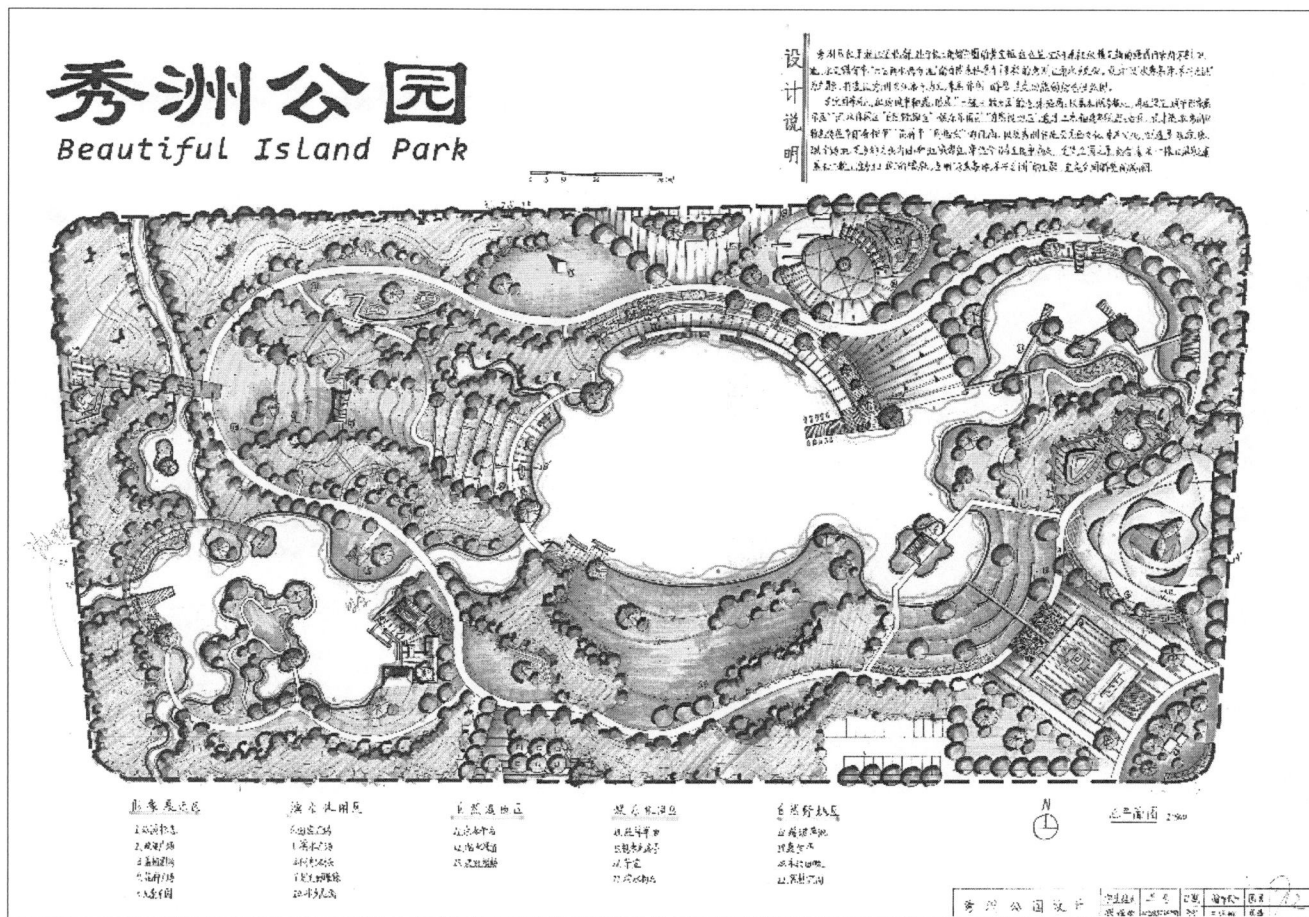

图 3-31 作业三

【评　语】

（1）公园以"水秀嘉泽，禾兴之洲"为主题，打造以秀洲文化展示为主，兼具休闲、游憩、生态功能的综合性公园。

（2）方案的空间布局考虑到了城市轴线的延伸，功能分区明确，道路布局合理，体现了较强的规划逻辑性。

（3）以"嘉禾湖"为中心的水系空间做到了有聚有散，聚则通阔，散则潆洄。

（4）场地的边界处理不够自然，未能完全融入城市环境。建议结合城市道路等级与周边居民的使用需求，合理布置出入口和开放边界，以增强公园与周边环境的自然衔接。

【作业四】（图3-32）

图3-32 作业四

【评　语】

（1）方案设计结合秀洲区湿地文化，对水乡肌理加以提取，充分考虑江南水乡特色，展现了较强的地域特色和人文关怀。

（2）方案的功能分区明确，节点丰富，很好地满足了市民和周边居民全年龄段的活动需求，打造了丰富多样的空间体验。

（3）道路层级明确，但主园路的设计稍显曲折，可以适当优化主园路的线形。

（4）场地的竖向设计丰富，由地形、植物主导的空间组合关系带给人不同的游览体验。

（5）水系形态丰富，但岸线变化过于单一和琐碎，整体不够优雅。

3.6　某市新区中央公园规划设计

1. 项目概况

为美化城市景观，改善城市居民的生活质量，提升市民福祉。某市要在开发区内建设一座新区中央公园，来提升开发区的环境景观质量，同时满足周边居民休闲，娱乐，健身等活动的需求。要求充分发挥地方特色和人文历史资源（可作为你家乡所在城市的新区综合性公园）进行规划设计。

（1）公园环境：地块位于某市开发区，西、北两边为居住用地，东边为商业用地，南面为市河。现状地形图内原有农宅、农田以及水塘，农宅要全部拆除；水塘要求改造成人工湖，湖水面积约占公园总面积的 1/4，湖水最深处不超过 1.5m。

（2）公园性质：集生态、休闲、文化、娱乐、健身于一体的区级综合性公园，名称自拟。

2. 设计要求

（1）针对地块现状，作出既具有地方特色，又具有实际开发可行性的规划设计方案。

（2）公园规划设计做到功能合理、环境优美，并有新区的现代气息。

（3）从实际出发，设计达到创意新颖、主题突出、风格明确、有文化品位。

（4）满足周边居民休闲、健身、娱乐等活动的需求。

（5）充分体现利用现状和周边环境以及地域特征，设计出富有特色和创意的城市新区公园。

（6）综合运用园林设计艺术手法，合理组织空间序列，改造一个湖面，形成空间层次丰富的环境。

（7）布置一个休闲文化广场，位置自定。

（8）符合《公园规范》的相关规定。

3. 成果要求

（1）总平面图，附功能分区图，景观结构图，交通组织图，主要景点、建筑和设施一览表（总平面图比例为 1∶1000）。

（2）中心广场详细设计图（比例为 1∶200）；2 幅以上主要景观断面详图（比例为 1∶200）；3 幅以上代表性滨水地带、公园入口详细设计图（比例为 1∶100）；8 幅以上景点效果图（表现形式自定）。

（3）设计说明书，附用地平衡表和投资估算表。

4.附图（图3-33）

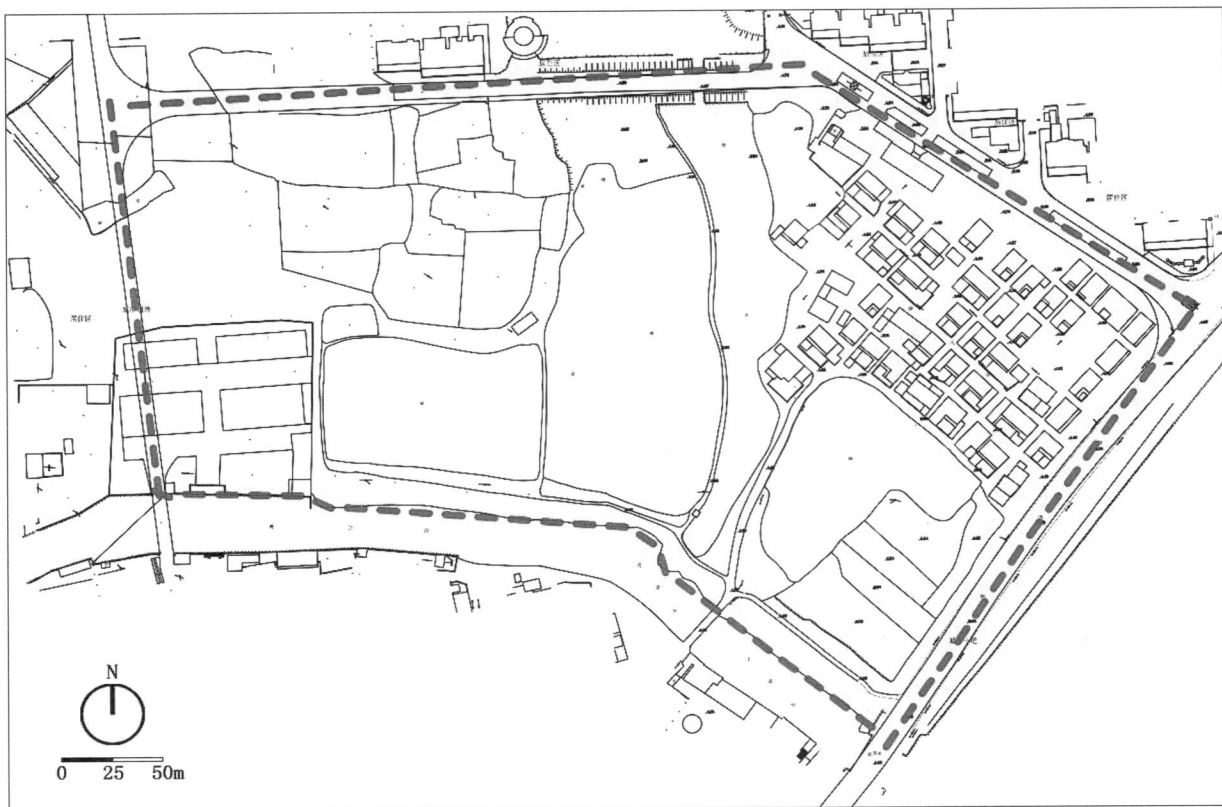

图3-33　某市新区中央公园设计红线图

5.题意解读

（1）综合性公园是城市公园系统的重要组成部分，是城市居民文化生活不可缺少的重要因素，它是群众性的文化、教育、娱乐、休憩场所。区级综合性公园的服务对象主要是行政区内的居民，其用地属于市级公园绿地的一部分，园内应有丰富的内容和设施，其服务半径约为1~1.5km。

（2）场地西、北两边为居住用地，东边为商业用地，南面为市河。在设计时，需考虑西、北两边的活动区能满足不同年龄段居民对公园环境的需求，设置人们喜爱的活动设施；东边则应考虑设置开放性入口及广场，以便与商业用地匹配；南面应结合场地内部营造丰富的滨水景观，为游人提供多样的公共活动空间及滨水休憩空间。

（3）因地制宜，充分利用现状自然地形，并将其与公园的各个景点有机结合；同时，应注意公园的大小比例，小园点景、大园补白。

（4）方案设计时应与城市整体规划相结合，在彰显地域特色的同时，景观空间应富于变化，表现时代风格和地方特色，避免景观的单调、重复。

6. 学生作业及评语

【作业一】（图 3-34）

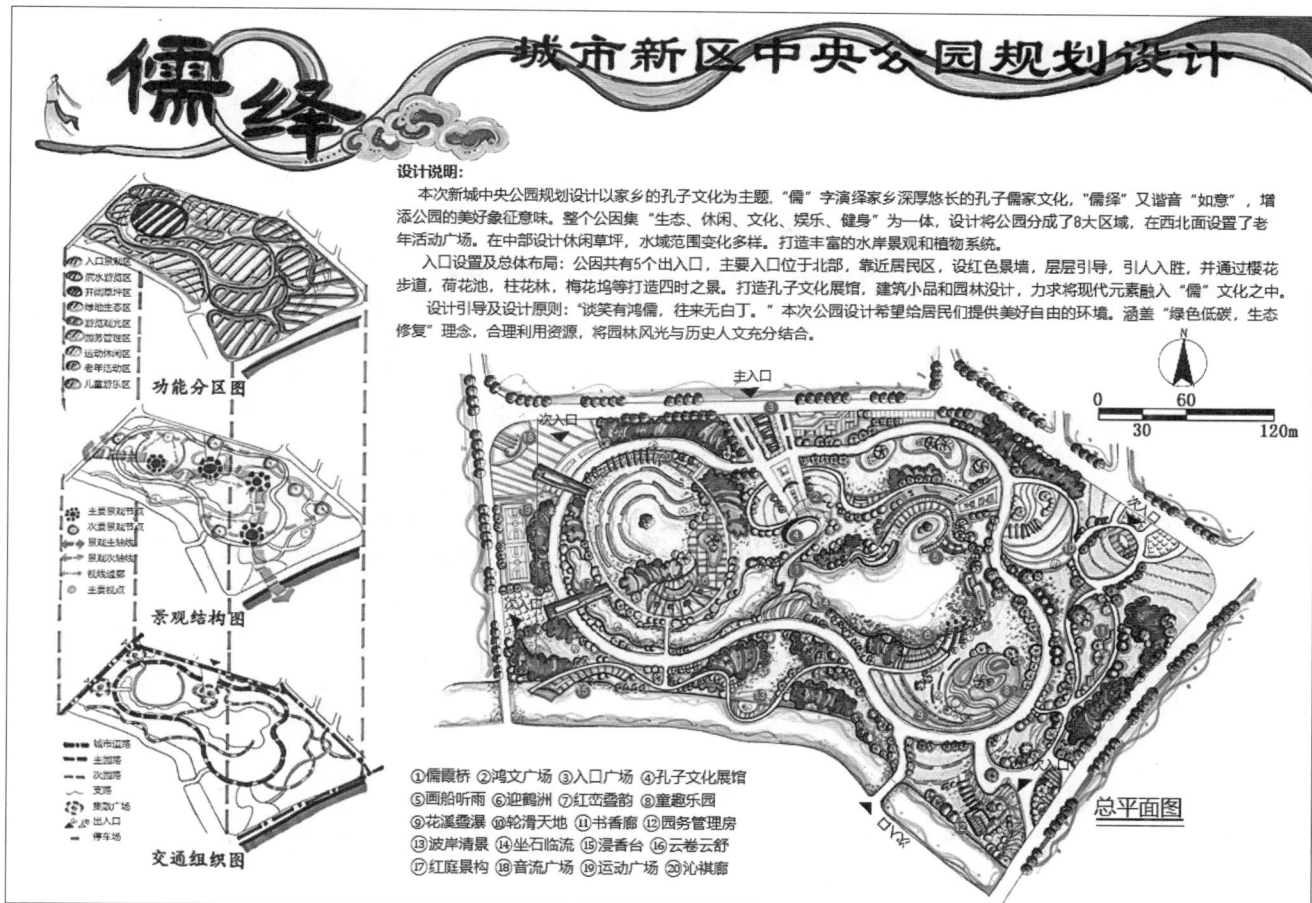

图 3-34 作业一

【评 语】

（1）该方案以学生家乡"南孔圣地"——衢州为地域背景，结合孔子的儒家文化进行立意，以打造出具有在地化特色的综合性公园，满足人们精神文明和物质文明的双重需求。

（2）功能布局合理，水系变化自然，植物景观空间主次分明，道路层级结构清晰，符合游人的行为习惯。

（3）节点设计充分体现儒家文化的思想内涵，以孔子文化展馆为核心，连接鸿文广场、儒霞桥、书香廊等节点，串联古今，将方案要体现的文化主题概念充分落实到具体场地的形式表达之中。

（4）竖向设计（地形）是方案的要素之一，该方案尚缺乏应有的系统性表达，需补充完善。

（5）整体方案表达较好，设计内容完整、扎实，采用手绘风格，着色素雅大气，图面表达规范清晰，是较为优秀的作业范例。

【作业二】（图 3-35）

图 3-35　作业二

【评　语】

（1）设计以学生家乡贵州的少数民族——仡佬族民族文化传承为公园设计方案的立意，整体功能布局合理清晰、主次分明，空间结构的起、承、转、合有序。

（2）在交通组织上，园路结构主次明确、呈环形连接了主要功能区和景观节点。

（3）竖向设计整体性强，能与道路、节点形成良好关系；植物种植疏密有致，结合地形营造出了富于变化的景观空间；但应注意地形的竖向关系，强化等高线的规范性表达，园路组织需进一步完善，以满足游人便捷使用的需求。

（4）水岸关系处理得错落有致，水域空间大小对比；亲水平台、亭子等布置合理，空间类型丰富；滨水广场的平面构成富有少数民族的文化、形式特色。

（5）图面表达清晰、细节表现丰富、配色协调。

【作业三】（图 3-36）

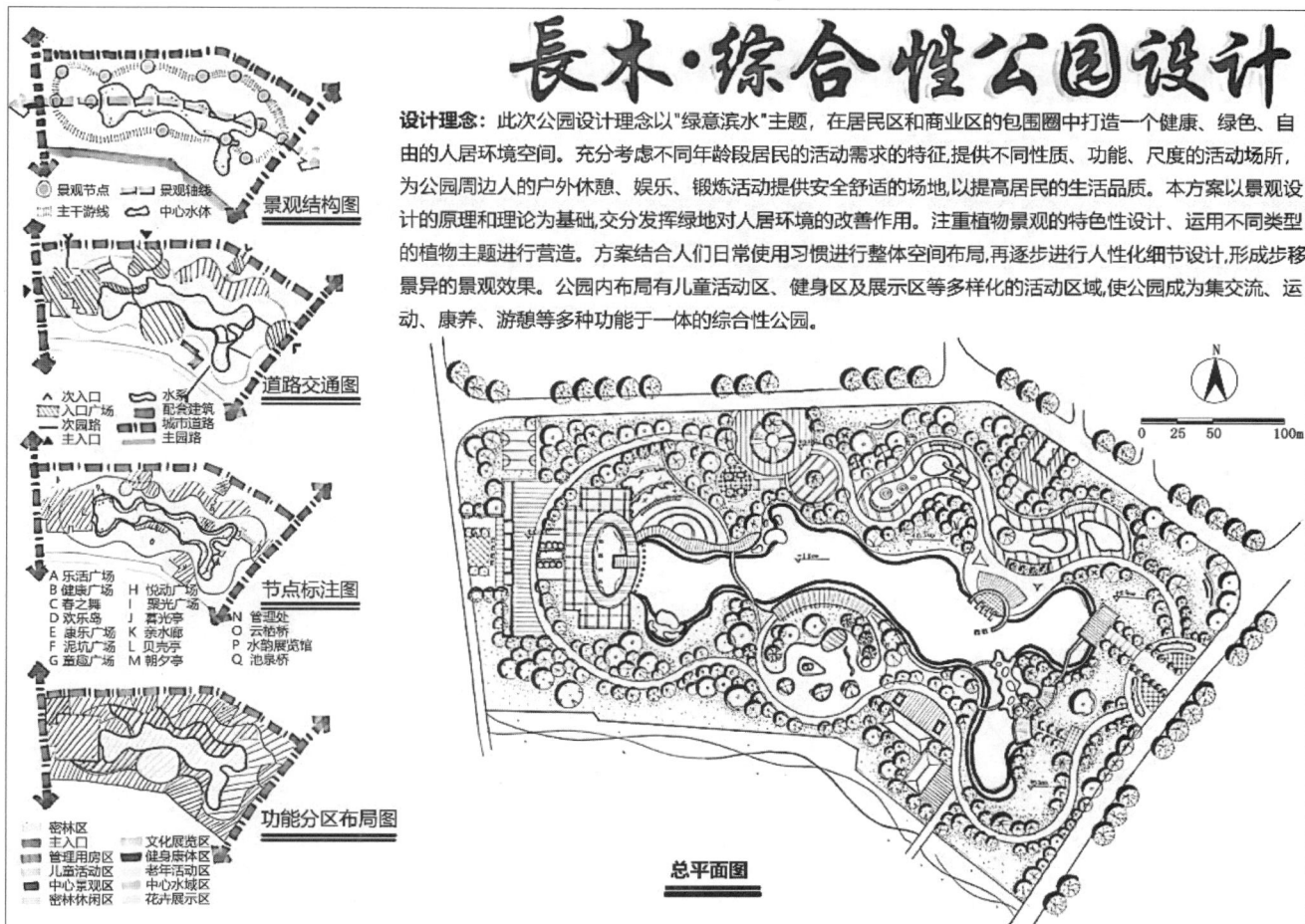

图 3-36　作业三

【评　语】

（1）此公园设计理念以"绿意滨水"为主题，在居民区和商业区中打造健康、绿色、自由的人居环境空间。方案设计整体功能分区较为明确，道路及空间布局合理，节点内容丰富。

（2）场地内水系空间分布合理且丰富，既有供游客活动、观赏的大尺度水面，也有静谧、曲折的小尺度水面，自然形态的水岸处理也是方案的一大亮点；大小尺度组合、动静结合，是一份可供学习参考的较好的学生设计作品。

（3）滨水空间的可达性尚可，但实用性需加强。应通过功能构想来细化景观要素，打造多元功能，如健康运动、儿童活动、老年人活动等，甚至可以增加具有休闲功能的轻餐饮场所（如茶咖、书咖等）；此外，还应注意增加沿水岸设置的各类功能空间的差异性。

（4）竖向设计（地形）是方案的要素之一，该方案尚缺乏应有的系统性表达，需加以补充完善。

【作业四】（图 3-37）

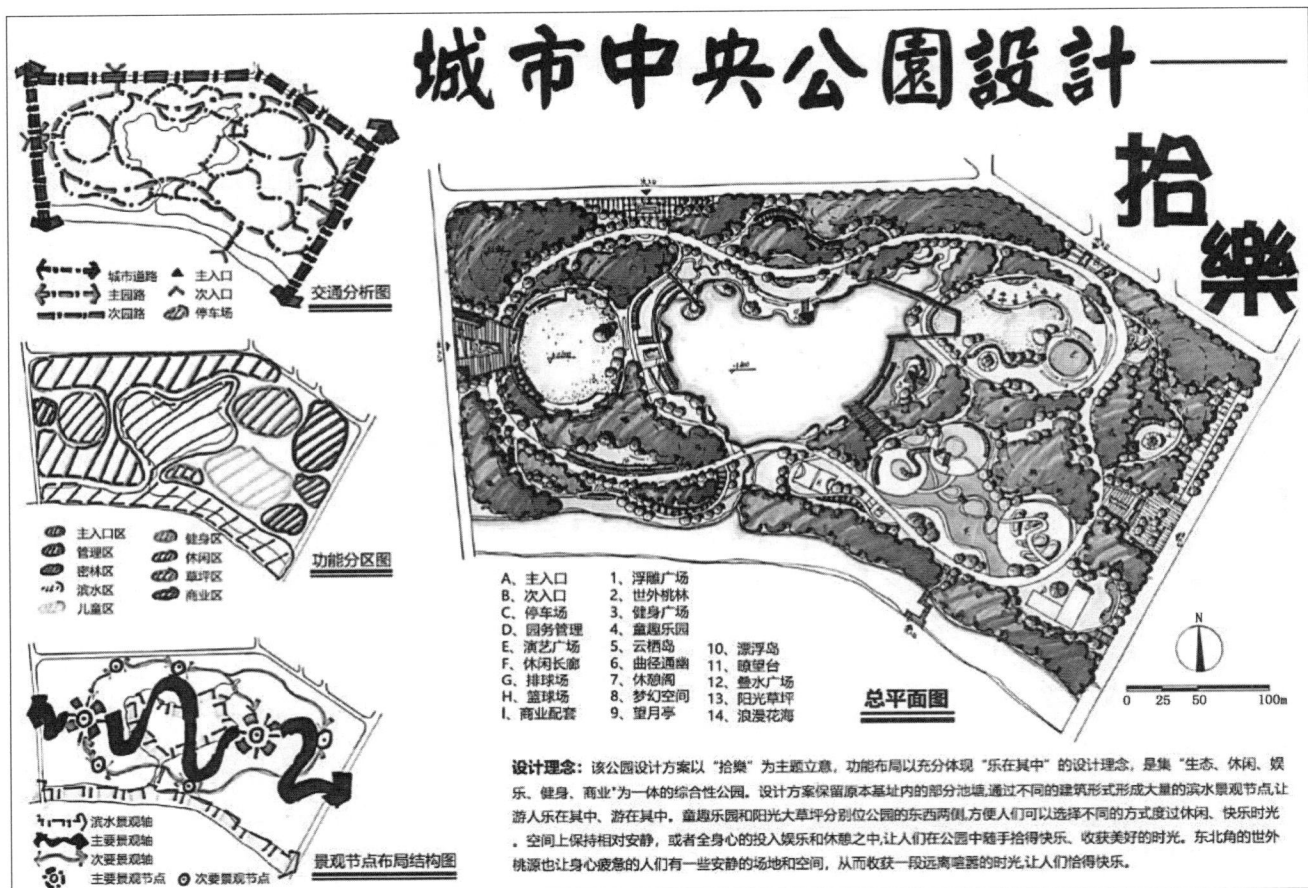

图 3-37　作业四

【评　语】

（1）公园以"拾乐"为设计主题立意，以生态、休闲、娱乐、健身、商业五大功能为特色，在提升城市景观的同时，丰富了城市休闲健身场所，打造"城市会客厅"。

（2）方案较好地融入了场地特征，空间布局合理，各类交通的层级和流线组织有序。

（3）在节点设计上，阳光草坪、水景、儿童活动场地等的设计布局，在功能上包含了运动健身、亲子活动、休闲娱乐、交流互动等，游园活动丰富、布局合理。

（4）场地的竖向设计结合植物群落和空间布局，图面表现以不同色彩、深浅的色块来体现不同场地的布局关系。

（5）交通流线清晰，功能分区明确、丰富、有趣，满足了不同人群的使用需求。

3.7　杭州市紫金众创小镇湖心岛景观设计

1. 项目概况

紫金众创小镇位于杭州市西湖区城西科创大走廊东部起点，紧邻浙江大学紫金港校区，东至杭长高速、西至绕城高速西线、北至宣杭铁路转西园二路转灯彩街、南至留祥路。规划面积 3.96km²，其中核心区块 0.91km²，是西湖区与浙江大学共同打造的信息经济类特色小镇。

2. 设计要求

本次改造的基地为紫金众创小镇的湖心岛，总面积 1330m²。岛上自然植被茂盛，生态基础较好。建议重点针对岛内现有的小广场进行改造设计，也可适当对周边的绿化驳岸等进行优化。设计主题需重点考虑紫金众创小镇办公产业功能的景观需求（例如：为农业科技创新公司设计一个农业创意展示生态岛，为工程技术创新公司设计一个工程领域的新技术展示空间，为数字科技公司设计一个数字智慧展示小岛等）。

同时要求主题明确、功能合理、尺度适宜；景观空间具有丰富性、舒适性，要素组合充分、合理；总体三维空间设计舒适合理，空间效果较好，景观元素设计深入详细。

3. 成果要求

A3 文本 1 份，要求逻辑清晰、图文并茂、绘图标准，具体内容如下：

（1）现状分析图纸；

（2）设计分析图（包括主题推导、设计要点分析等）；

（3）总平面图（1 张，1∶250，彩色；CAD 图出黑白图，应标明比例、设计红线、景观空间设计、植物配置、等高线、标高、铺装等）；

（4）核心区总体设计图（1 张，1∶100，彩色）；

（5）总体空间效果图至少 1 张；

（6）景观元素细化设计图，结合每类要素的细化设计图纸（铺装、植被、水文、景墙、小品）；

（7）设计重点区域剖面图（至少 1 张，1∶50~1∶100，彩色）；

（8）设计说明，与各类图纸配合展现。

4. 附图（图3-38）

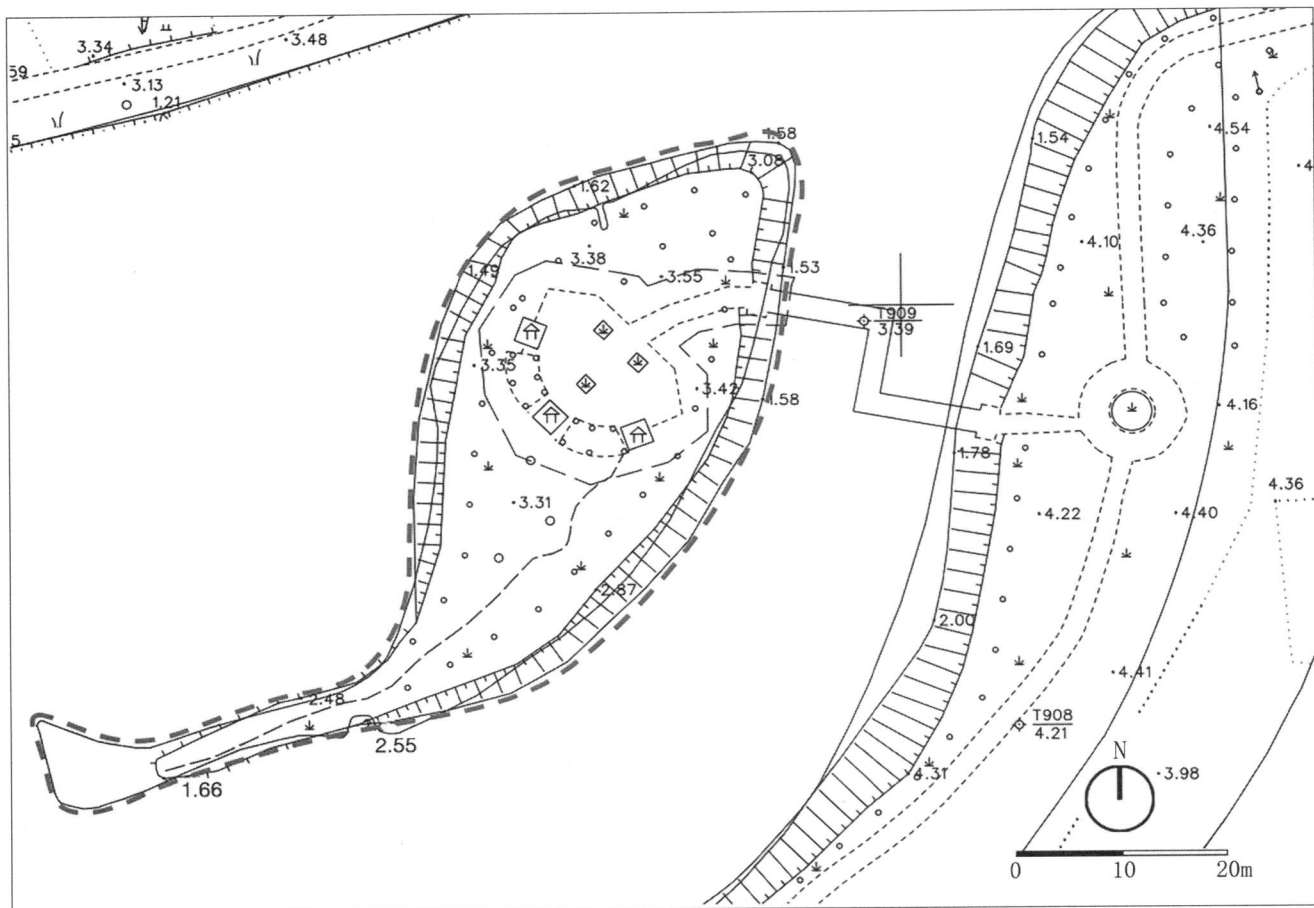

图3-38 杭州市紫金众创小镇湖心岛景观设计红线图

5. 题意解读

（1）城市滨水公园能为城市中的居民提供亲水、游憩、交往、健身的公共场所，是滨水生态和城市生活的重要载体。滨水公园的生态环境对城区布局，改善生态环境，创造舒适宜人的生活和发展空间具有重要的作用。

（2）场地为湖心岛，生态基础较好，岛中现有一个小广场，需对其进行改造，以丰富小镇的休闲游憩功能，并可引入AR、VR、互动新技术和智慧基础设置，以满足工程新技术展示空间的需求。岛屿现有驳岸简易，可形成自然缓坡驳岸、砌块型自然驳岸、生态工程驳岸等，塑造多样滨水景观界面。

（3）在文化传达方面，可通过清水砖墙、滨水步道等元素再现文化传承；亦可通过室外铺地，结合水面形成平台和台阶，再现江南水乡驳岸码头的场景。在生态方面"道法自然"，塑造景观生态群落，通过绿地的"四化"引鸟归巢。

（4）场地主题应突出新区科技感，强调浙江大学的创新主题。湖心岛应与紫金众创小镇理念一致——"曲折、穿越、开放、融合、渗透"，不仅包含水所特有的精神，也包含了紫金众创小镇力图建立的校园人文精神。

6. 学生作业及评语

【作业一】（图 3-39）

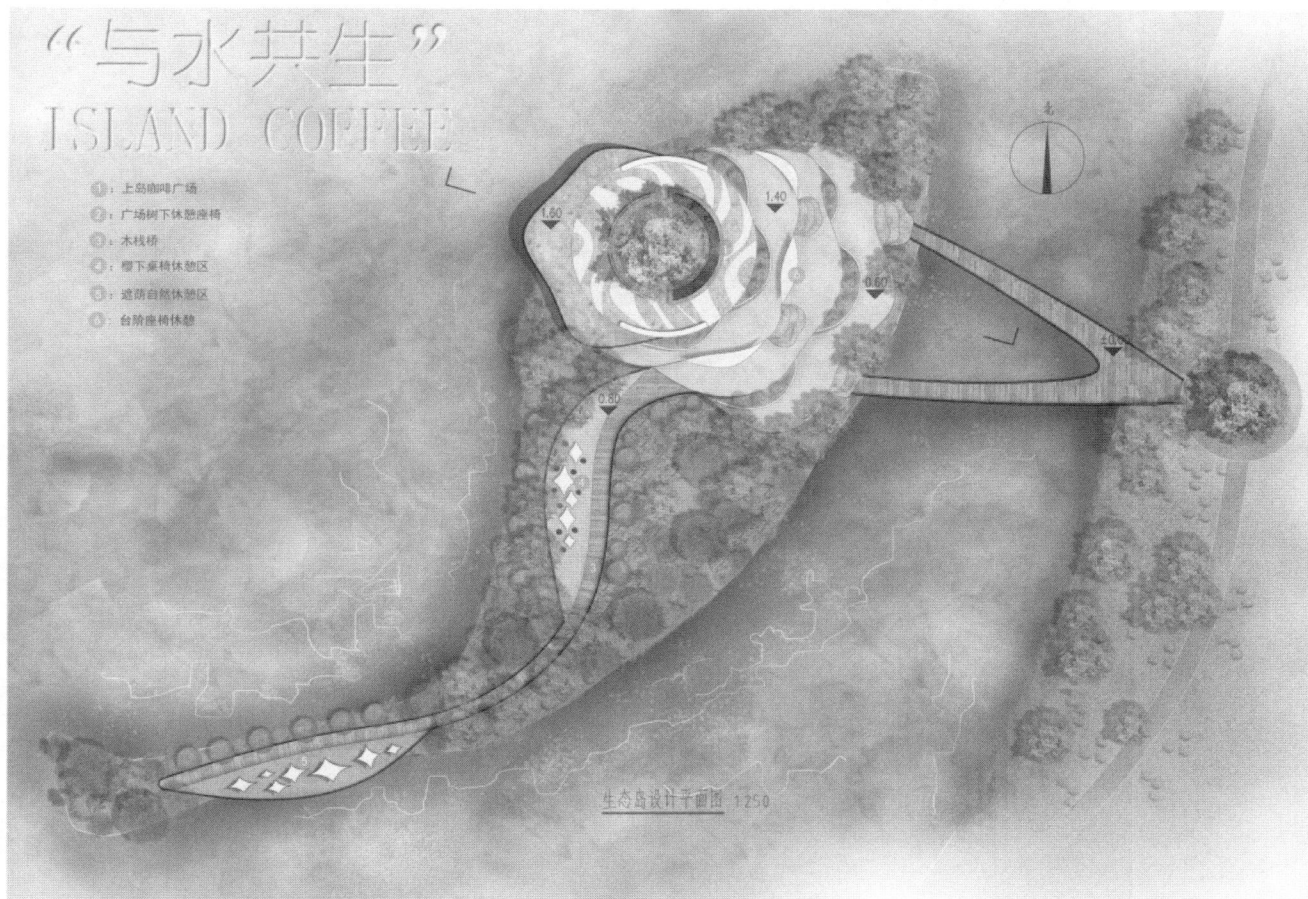

图 3-39 作业一

【评　语】

（1）以周边人群的需求为切入点，确定公园主题与功能定位，为众创小镇工作人员提供了咖啡市集公共活动空间以及休憩空间。

（2）设计方案空间布局合理、主次有序，运用水纹曲线进行整体设计，硬质铺装与软质绿化柔性结合，整体形态优美。

（3）核心广场设计了丰富的高差层次，结合咖啡市集的构筑物，形成了很好的观景视线。

（4）植物设计进行了特色植物主题配置，营造了较好的空间氛围。

（5）园路虽形式优美，但缺少主次之分，且形成了尽端路的情况，同时缺少亲水道路。

【作业二】（图 3-40）

图 3-40　作业二

【评　语】

（1）设计以众创小镇主要企业浙江大学建筑设计研究院（UAD）为主题，延续其建筑材料、色彩、形式等设计语言，进行公园整体的功能与形态设计，使公园更具场域特色。

（2）采用三角形基本设计语言，进行开放空间、道路、节点设计，整体形式统一，节奏感强，并通过桥的连接，实现了湖心岛与西边地块的连通。

（3）植物设计稍显薄弱，未能充分考虑乔、灌、草的植物结构层次以及不同种类的植物配置。

【作业三】（图 3-41）

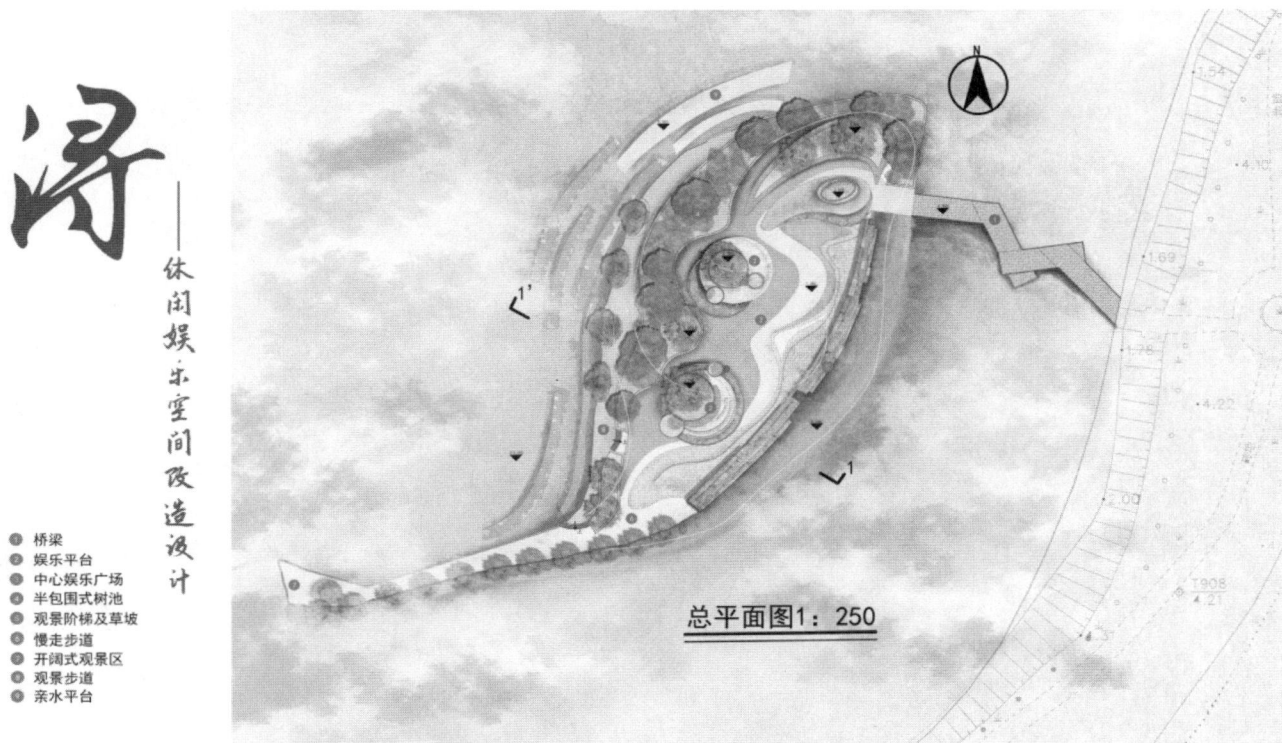

游

——休闲娱乐空间改造设计

❶ 桥梁
❷ 娱乐平台
❸ 中心娱乐广场
❹ 半包围式树池
❺ 观景阶梯及草坡
❻ 慢走步道
❼ 开阔式观景区
❽ 观景步道
❾ 亲水平台

总平面图 1：250

图 3-41 作业三

【评 语】

（1）以周边人群需求为切入点，确定公园主题与功能定位，为众创小镇工作人员提供了多样化的休闲娱乐空间、公共活动空间以及观景空间；色彩丰富的铺装设计，活跃了公园的整体氛围。

（2）设计方案考虑了与周边景观的视线联系；设计了水上观景平台与水生植物带，其形态与小岛相协调；但平台的间隙和安全性有待优化。

（3）设计了较多硬质广场与公共活动空间，导致绿化面积相对缺乏。

【作业四】（图3-42）

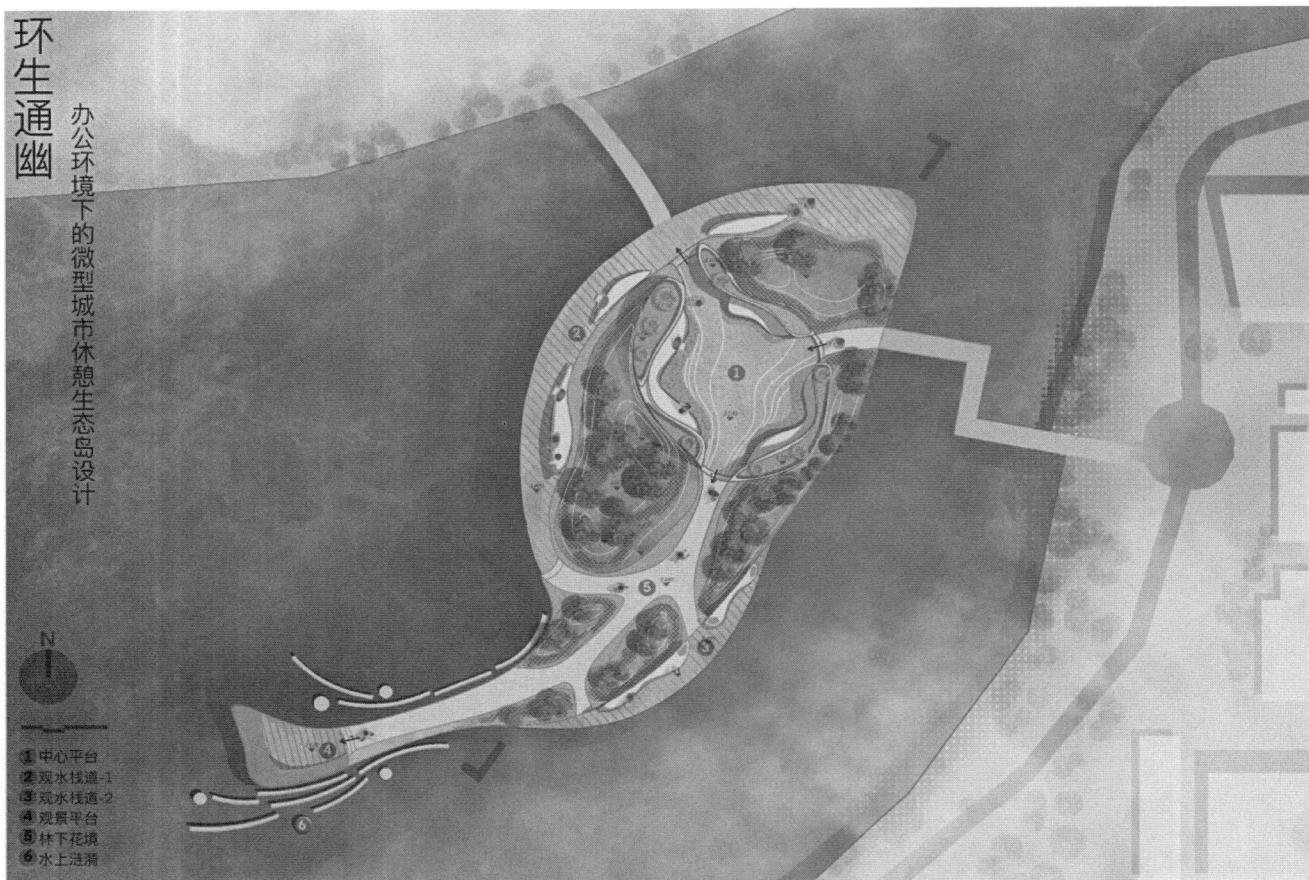

环生通幽

办公环境下的微型城市休憩生态岛设计

① 中心平台
② 观水栈道-1
③ 观水栈道-2
④ 观景平台
⑤ 林下花境
⑥ 水上汀步

图3-42 作业四

【评 语】
（1）方案着重考虑了湖心岛的交通连接功能，增强了公园的可达性，交通流线顺畅，节点设计合理，整体主次分明。

（2）采用曲线形的空间形态设计，绿化、座椅、道路协调统一、功能合理，为小镇的办公人员营造了不同类型的休憩空间。

（3）细节设计较为深入，如核心广场曲线形白色座椅与绿化设计，层次丰富，提取水纹进行铺装设计。

（4）硬质铺装空间较多；小岛驳岸若能适度考虑草坡入水等生态驳岸设计，则更能契合"生态岛"的设计主题。

【作业五】（图 3-43）

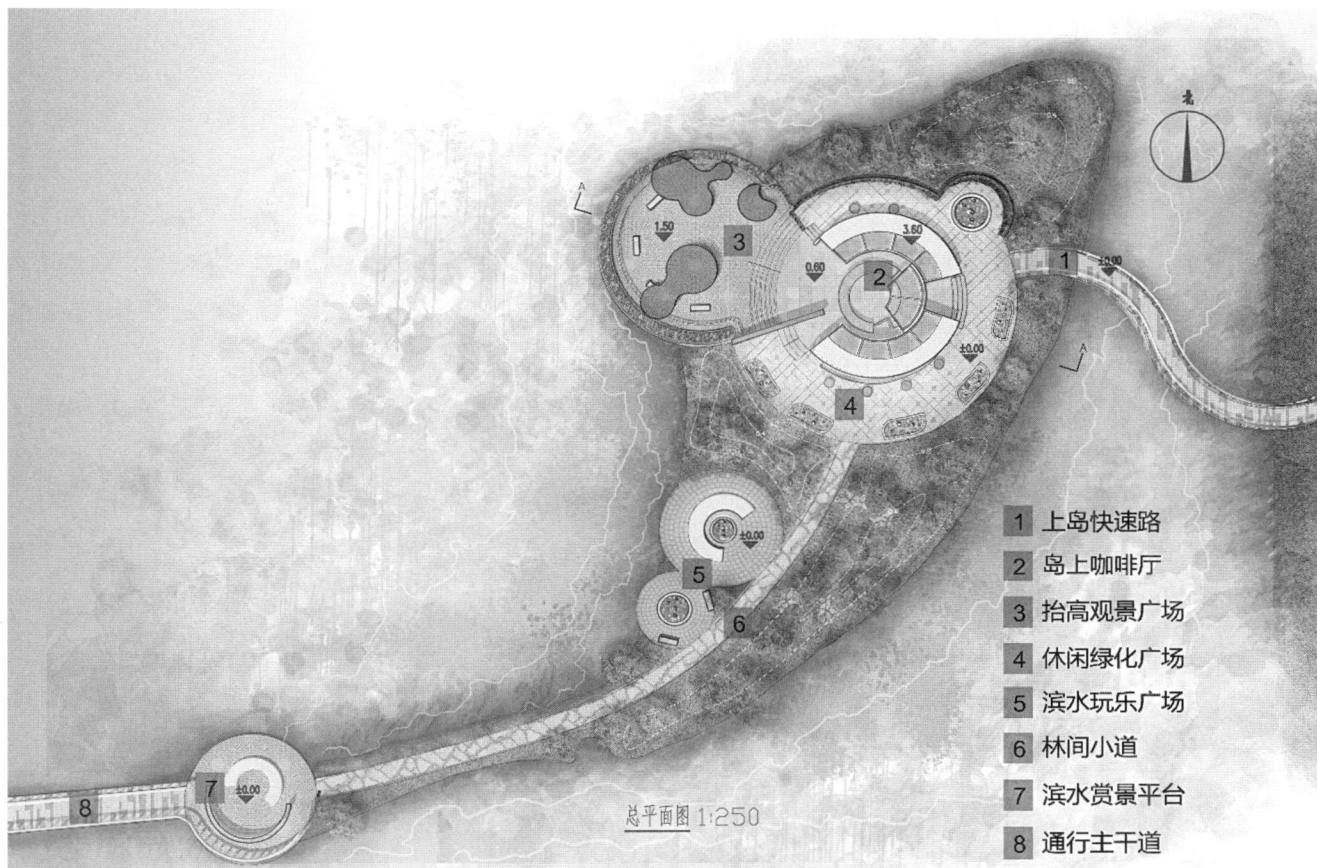

1	上岛快速路
2	岛上咖啡厅
3	抬高观景广场
4	休闲绿化广场
5	滨水玩乐广场
6	林间小道
7	滨水赏景平台
8	通行主干道

总平面图 1:250

图 3-43　作业五

【评　语】

（1）针对周边办公与居住人群的休闲需求，提出"咖啡 + 观景"的核心功能，功能分区（休憩、通行、观赏）定位合理。

（2）通过抬高的观景平台、滨水弧形路径、半围合咖啡区等的设计，营造多层次的空间体验。视线引导（如 logo 景墙对入口的视觉聚焦作用）具有场景的叙事性。

（3）快速通行区与停留空间的分离设计，缓解了场地面积有限的矛盾。西南侧草坡的落水风险虽未直接解决，但通过滨水平台的边界处理（如栏杆或警示标识）可间接规避。

（4）小品与景墙的设计注重材质对比（白麻花岗岩石材与铝板）、形态呼应（圆锥形小品模拟水景、logo 景墙抽象山水），以体现环境融合的巧思。

（5）场地面积较小，可探索空间复用（如利用可移动家具实现日间咖啡座与夜间活动场地的自由切换），以应对多功能需求的挑战。

3.8　杭州五丰岛绿心公园规划

1. 项目概况

杭州五丰岛面积约为 7.8km²，地处富春江、浦阳江、钱塘江三江交汇口，坐拥壮阔江景与江南水乡田园风貌，更是传世名画《富春山居图》的开卷之地，承载着深厚的历史文化底蕴。岛上自然生态资源丰富，湿地、江滩、田园等多样化景观交织（图 3-44），构成了独特的生态基底，是众多珍稀鸟类的栖息地。然而，五丰岛当前的发展面临诸多挑战：岛上居民的经济来源以传统淡水养殖、农业种植为主，形式较为单一；交通主要依赖轮渡，岛内水、电、通信等基础设施建设滞后；受三江汇流影响，每逢雨季，易遭遇季节性洪涝灾害。该岛面临生态保护与居民生活保障的双重压力，如何在保护生态与历史文化的基础上，破解发展困境，成为五丰岛规划建设的重要课题。

（1）场地现状。五丰岛位于杭州市西湖区、富阳区交界处，与萧山区隔江相望，为富春江上的冲击沙洲。现有居民 2230 人，村庄周围分布着大量永久基本农田，可利用空间较为紧缺。岛四周水体均被划入生态保护红线，仅允许对生态功能不造成破坏的有限人为活动。

（2）公园性质。恢复自然生境和两岸消落带；保护江湾鱼道和鱼、鸟、虫的自然生境；延续水田肌理，建设生态体验岛。

2. 设计要求

（1）严格依据风景区、名胜区相关标准和《公园规范》展开设计，确保五丰岛规划在生态保护、功能分区、设施配置、游览安全等方面均符合国家标准，实现生态效益、社会效益与经济效益的平衡。

（2）以大量的现场观游和感悟，从自然中找到最佳的风景资源，以"七观法"绘制场地印象，找寻合理的游览路径。

（3）立足五丰岛场地特征，结合个人创意，提炼独特的规划设计概念。明确五丰岛的核心功能，如生态保育、休闲游览、文化体验、配套服务等，合理划定各功能区的范围，确保空间布局科学合理。

图 3-44　"七观法"场地印象学生手绘画作（1、3 曹诗瑶绘制；2、4 陈妍洁绘制）

（4）借鉴中国山水画的空间层次与叙事逻辑，围绕设计概念构建故事线，通过景观节点、路径串联，形成具有文化意境与游览趣味的叙事结构。

（5）结合场地地形、水系、植被等自然要素，运用中国园林的造园手法与现代设计理念，打造多样化的景观空间，如滨水景观带、山地观景平台、文化主题广场等；同时注重植物配置的季相变化与生态效益。

3. 成果要求

①设计说明；②现状分析图（对区位、现状用地、现状交通等的分析）；③总平面图、功能分区图、交通规划图、植被规划图；④用地平衡表；⑤其他反映规划设计意图的图纸（科普旅游规划、服务设施规划、水系规划等）。

4. 附图（图3-45）

5. 题意解读

（1）针对五丰岛现存三大矛盾，规划设计可从以下5个方面着手：①在生态与开发协同上，严守生态红线，红线内以湿地修复、植被补种为主，禁止开发建设；可建设区域采用立体绿化方式，利用屋顶、垂直空间提升土地利用率，并融入海绵城市理念，通过生态滞留池、透水铺装等，平衡保护与开发需求。②在历史文化与现代

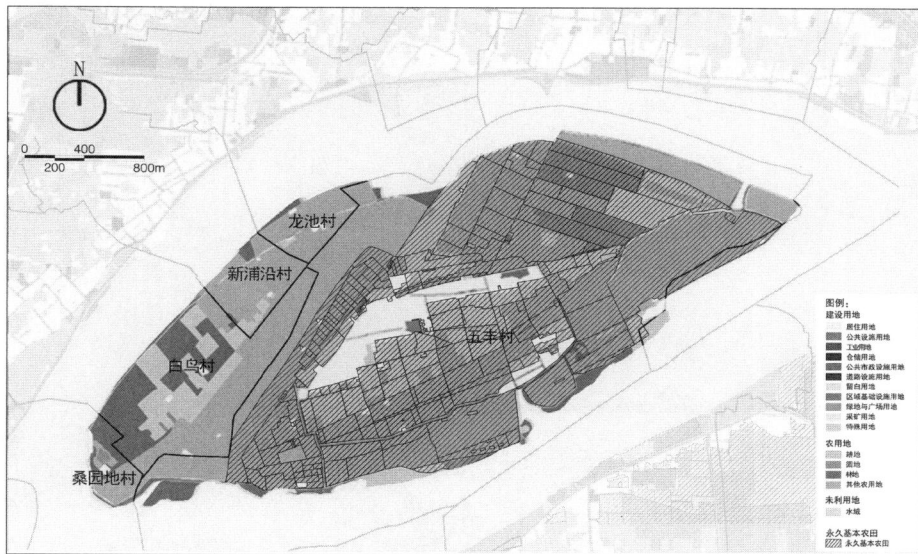

图3-45 杭州五丰岛现状总平面图

科技的融合方面，以《富春山居图》为核心，借助 AR、VR 技术，打造沉浸式文化场景，重现山水意境；将传统建筑元素、非遗工艺融入景观小品与公共设施的设计之中；同时，设置文创工坊、艺术展馆，推动文化传承与现代消费的结合。③在民生与安全方面，构建"韧性社区 + 多元经济"模式。④在工程方面，通过抬高地基、加固堤坝、完善排水系统，增强防洪能力。⑤在产业方面，发展生态旅游、文化研学、特色民宿，拓宽居民收入渠道；同步完善交通、水、电等基础设施，提升居民生活品质与安全保障。

（2）明确"生态体验岛"的定位及其核心命题——如何在严守生态与农田底线的前提下，实现生态修复、文化活化、经济转型的协同发展，打造兼具生态价值与人文魅力的绿心公园。

（3）始终聚焦于人的多元需求，针对原乡人、归乡人、异乡人三类群体展开设计：对原乡人，完善社区服务设施，创造生态就业岗位，改善生活品质与安全保障；对归乡人，通过保留村落肌理、打造乡愁记忆空间，唤醒故土情怀；对异乡人，以《富春山居图》为核心，构建沉浸式游览线路与打卡场景，提升旅游体验。通过差异化功能分区、文化符号共融及参与式设计，促进三类人群的和谐共处，实现生态、文化与社会效益的统一。

6. 学生作业及评语

【作业一】（图 3-46）

【评　语】

（1）针对场地面临家园、鱼类、文化即将消失的问题，本方案以五丰岛为例，让流域渔文化重现，结合现代景观技术，提出 4 种景观策略，以此恢复岛屿活力，延续地域特色，打造全新的渔民生活、生产方式和岛屿发展模式。

（2）以流域渔文化复兴为核心，巧妙运用现代景观技术，将传统渔俗、渔具工艺等文化元素转化为可感知、

图 3-46　作业一 1

可参与的景观场景。通过数字导览、沉浸式体验空间等创新手段，既延续地域文脉，又赋予传统文化新的生命力，实现历史与现代的有机对话。

（3）4 种景观策略涵盖生态修复、文化激活、产业转型等维度，通过重建鱼类栖息地、重塑渔民生活场景、创新渔业生产模式，形成生态、文化、经济协同发展的全新路径，为岛屿可持续发展提供兼具前瞻性与实操性的解决方案，具备较好的示范价值。

（4）若能进一步深化部分策略的技术细节并加强不同策略间的协同逻辑表达，方案的完整性与说服力将更上一层楼。

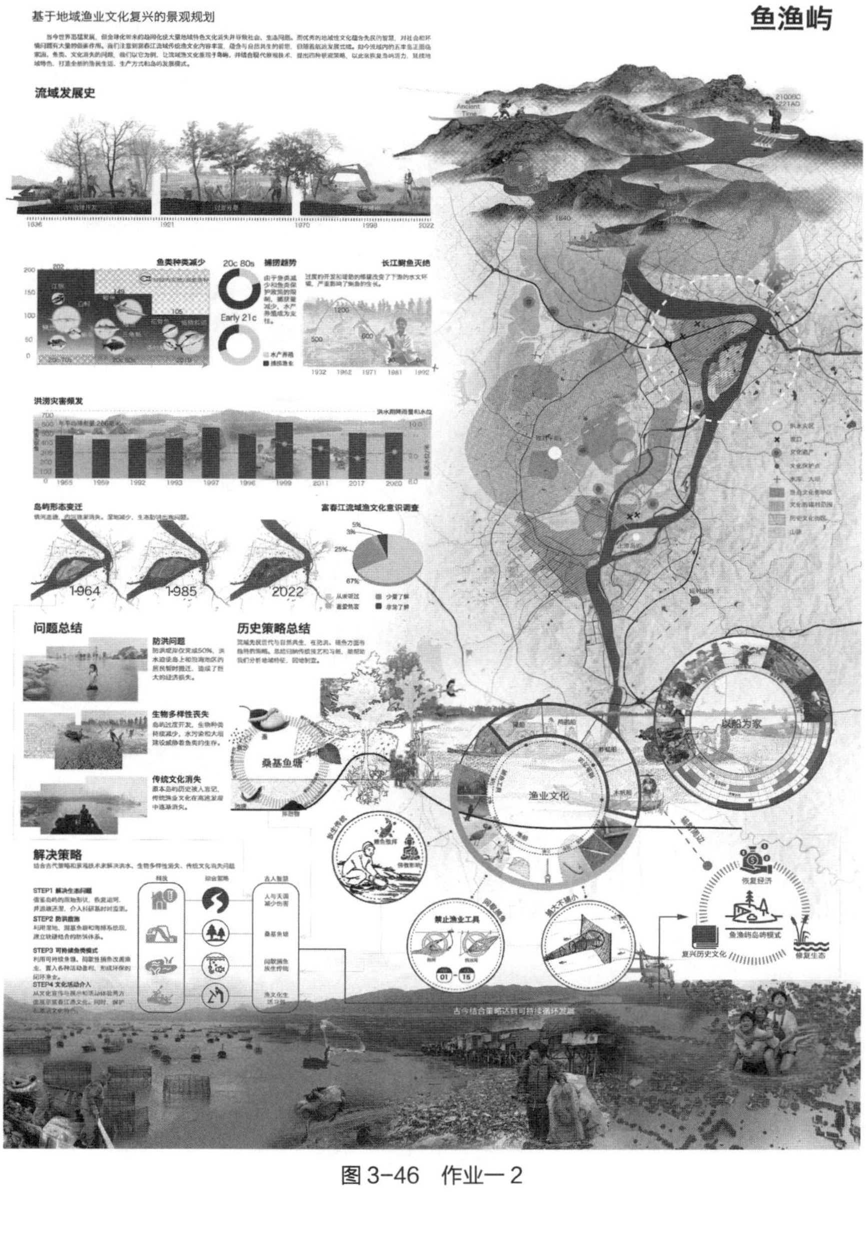

图 3-46　作业一 2

【作业二】（图3-47）

【评　语】

（1）针对岛上居民经济来源单一、基础设施不足以及季节性洪涝灾害等问题，本方案试图将岛屿作为整个富春江流域的文化展示窗口，通过对《富春山居图》的画境转译，再现中国文人心中理想的人地关系和生活方式，从而提升当地居民的生活环境。方案整体思路清晰、逻辑完整。

（2）围绕改善居民环境、激活地方经济的双重目标，构建"文化转译—空间营造—产业赋能"的设计逻辑

图3-47　作业二1

链。通过画境场景复原、沉浸式游览线路规划、文化体验活动策划等策略，将文化价值转化为切实的社会效益与经济效益。

（3）综合运用中国园林的造园手法与现代数字技术——通过 AR 导览重现画作场景、利用生态修复技术还原山水肌理；既保留古典美学韵味，又提升游览体验的互动性与科技感。同时，本方案对社区参与机制、文旅产业运营模式的初步构想，也增强了规划落地的可行性。

（4）本方案在文化挖掘、创新表达与目标实现上同样表现优异。

图 3-47　作业二 2

第 4 章

工程实践项目

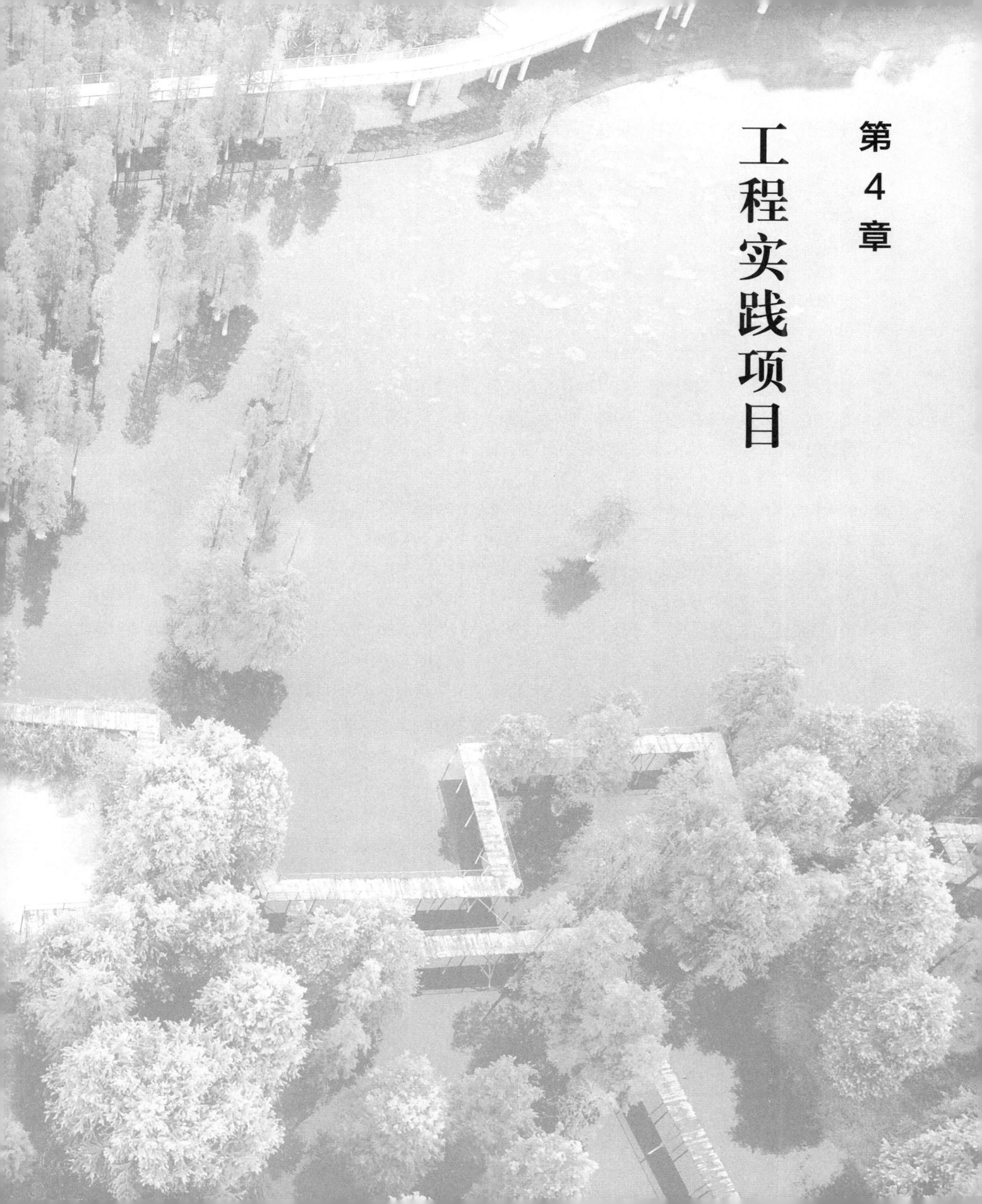

4.1 杭州市青山湖国家森林公园环湖绿道

项目地点：杭州市临安区青山湖国家森林公园
建成时间：2019年12月
项目规模：全长约42km
设计单位：浙江农林大学园林设计院有限公司
主持设计师：徐斌
项目工程造价：11亿元

青山湖建成于1964年，是一座以防洪为主，兼具灌溉、供水、发电、生态、休闲等功能的大型水库，水域面积约1500hm²，水面辽阔，约为杭州西湖的两倍。青山湖绿道依湖而建，连接城、村、湖、山，是典型的郊野型滨水绿道，临湖率达80%，规划总长约42.195km，与马拉松全程等长。以"绿道激活青山湖"为规划目标，打造了一条国内一流的高品质、生态型、休闲型绿道。绿道共分三期进行建设，已于2019年年底全线贯通，并向公众开放（图4-1，图4-2）。

原场地生态空间破碎化严重、可参与性不强、环湖板块松散且各自独立。针对这些问题，规划设计将绿道定位为"城市板块聚能环""青山绿水传输带""生态绿心修护师"，提出"环湖与民、还湖于民"的总理念；依山就势、贴山穿林，追求"大象无形、大道至简"。以"最小干预、低度开发"为原则，充分结合岸线整治工程、市政交通建设，结合场地特征，打造国内一流的休闲自行车道、滨水生态绿廊和慢生活休闲游线。规划设计思路围绕以下三点展开：①主动保护：青山湖的生态本底是区域发展之本，必须保护、保育、保障生态环境，保留其原始本真的自然之大美，多自然、少人工，开发建设必须为生态保护让路。②合理利用：青山湖岸线蜿蜒绵长、风景秀丽，沿线有城市、村庄和各类社区，人口众多，必须发挥其生态服务效益；人保护自然，自然反哺于人，人与自然协同发展、和谐共生。③绿色力量：青山湖作为区域格局中占据重要位置和比例的绿地斑块，应引导城市进入生态可持续发展模式，在区域格局重建中承担"绿核"的责任。

建成后青山湖绿道实现了全线闭环，真正体现"环湖与民，还湖于民"，得到《人民日报》、CCTV等官媒的广泛报道。环湖绿道集绿色出行、休闲游憩、科普教育、文化展示和经济发展等功能于一体，作为滨水生态绿廊，构建起"城、绿、湖"交融的区域空间格局。城市品质显著提升，人民生活水平不断改善，杭州城西也由此步入了"青山湖时代"（图4-3）。

图4-1 青山湖绿道节点图（一）

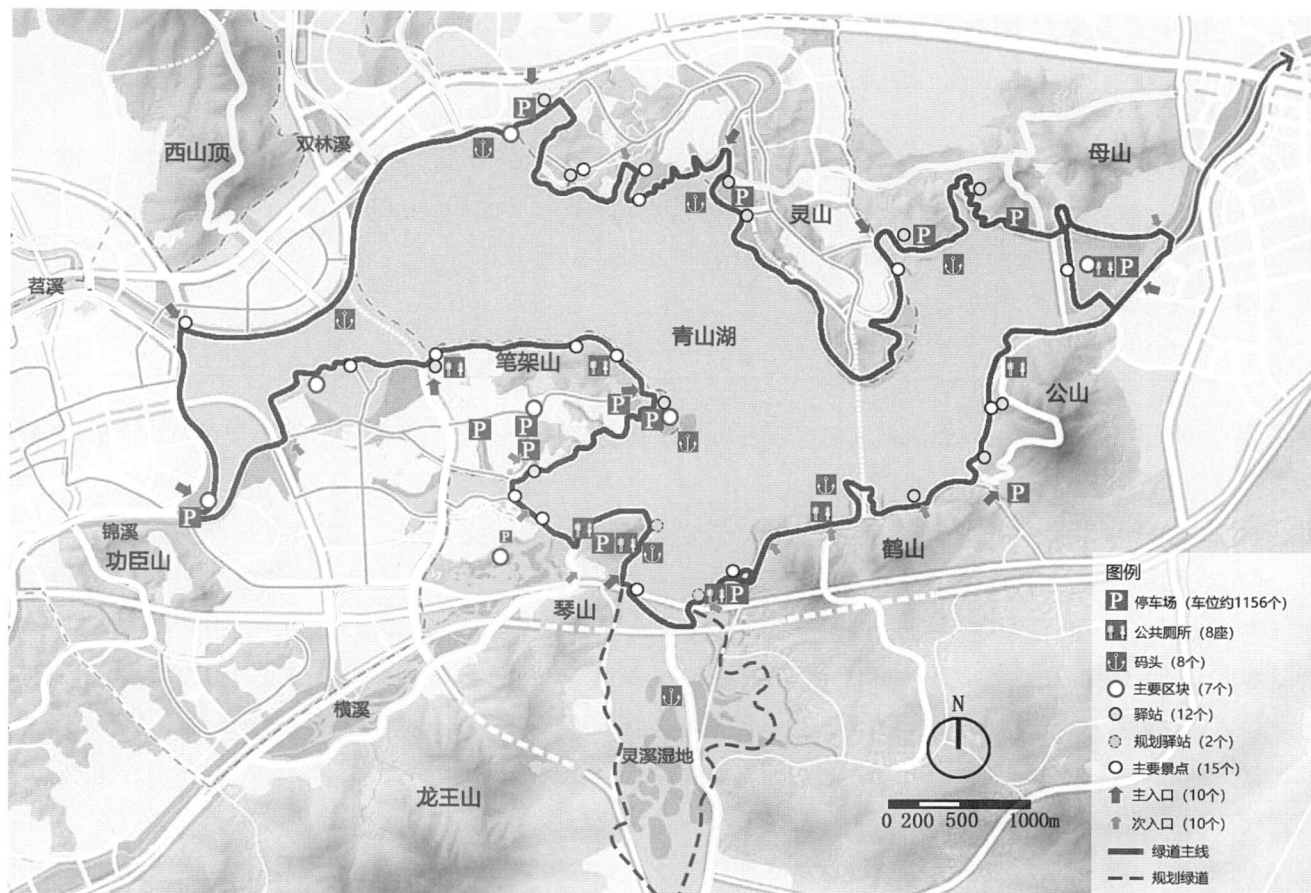

图 4-2　青山湖绿道规划总平面图

图 4-3　青山湖绿道节点图（二）

4.2 杭州少年儿童公园改造工程

项目地点：杭州市西湖区

建成时间：2021 年 7 月（一期改造）

场地面积：核心区面积为 2.7hm²

设计单位：中国美术学院风景建筑设计研究总院有限公司

主持设计师：沈实现、何洋

项目工程造价：789 万元

杭州少年儿童公园位于西湖风景名胜区，核心区面积为 2.7hm²。该公园的前身为满陇桂雨公园（1999 年之前），2002 年少年儿童公园迁到现址，2014 年对该公园进行立项改造。对于儿童游乐来说，原场地较大的地形高差（40m）以及严肃庄重的中轴登山大台阶都让小朋友望而生畏；山谷中的一泉活水未得到充分利用，仅简单拦坝蓄水，作为水上滚筒的游乐池；老旧简单的动力器械对新时代的儿童构不成吸引力，而高科技动力设施带来的高昂运营、安保成本又是市政公园所不能承受的。针对以上问题，团队将提升儿童趣味性及陪伴感受作为公园改造的重点，并希望充分利用基址的山水条件，以让孩子们回归自然、体验自然之趣为主旨展开改造，最终完成了"一轴、两谷、四片"的总体改造方案（图 4-4）。设计围绕四个维度进行探索与思考。

（1）"微创改造，保留记忆"。自建园以来，公园承载了一代杭州人的记忆，在主入口大门和原太阳广场改造的过程中，较大程度地保留历史记忆，在尊重原有设计的基础上进行"微创改造"，以适应新的功能（图 4-5、图 4-6）。

（2）"融于自然，体验自然"。利用原场地的地形

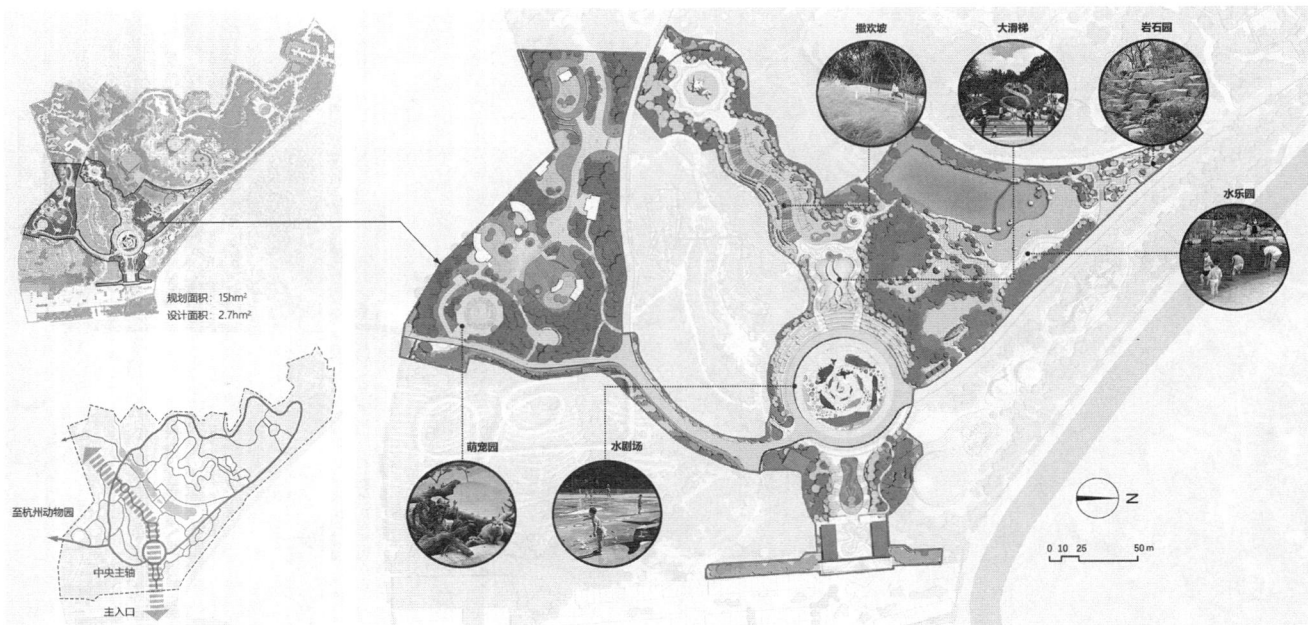

图 4-4 杭州少年儿童公园核心区总平面图

高差，将原先古朴严肃的大台阶改造为由一系列攀爬网、滑梯、枕木、砾石路和疏林草坡组成的自然体验之轴；保留中轴两侧的樱花，局部进行了补植，让孩子们在攀爬和跳跃中舒展身体，感受自然；利用现状山泉，将原来筑坝蓄水的水乐园改造为亲水石滩，让清澈的山泉水流淌至脚下，孩子们可以戏水玩耍。

（3）"引入昆虫的自然教育"。设计团队将水乐园边上原来郁闭的林下空间改造为相对开敞的岩石园，以有限的面积营造儿童零距离观察昆虫的植物专类花园；精心挑选寄主植物和蜜源植物，通过合理的空间布局和配置，营造一块生动的原生蝴蝶生境景观，激发儿童对自然的探索热情。

（4）"综合利用，低碳设计"。因改造项目有限的资金投入，设计团队在施工过程中通过回收再利用原场地石材、枯枝等，以较低造价最大程度地保证了建成效果。

改造后公园的游客量为之前的 5 倍以上，其亲近自然的理念受到家长们的广泛好评。

图 4-5　杭州少年儿童公园改造后鸟瞰图

图 4-6　杭州少年儿童公园大门改造后的夜景

4.3 湖州市长岛公园

> 项目地点：浙江省湖州市西北部
> 建成时间：2010 年 5 月
> 场地面积（长度）：16hm²（南北长约 1.6km）
> 主持设计师：秦安华
> 项目工程造价：7800 万元

湖州长岛公园位于浙江省湖州市中心城区，南接湖州历史老城，北临南太湖大桥，两侧新塘港和机坊港缓缓流过。公园呈南北走向的狭长带状用地，南北长约 1.6km，东西宽度为 40~120m，总用地面积约 16hm²。由于河道的阻隔，这里几乎成为这座蓬勃发展的城市中一个被遗忘的角落。岛上分布有苗圃及农田，部分区域人工种植痕迹明显。现有驳岸因防洪要求均为石砌硬质驳岸，与水面有较大的高差，与建设生态岛屿的目标尚有很大的差距。

针对这些问题，我们期望在城市中心区内保留一片纯净的绿色，以舒缓快节奏的城市生活。设计确立了"太湖之舟"的设计理念，以生态、文化、开放为设计的主要出发点，把公园建设成为生态环境优美，集湖州民俗文化、现代城市文化、日常休闲文化及城市健身文化于一体的城市生态型休闲公园（图 4-7）。

设计紧紧围绕场地的三个基本特征——蓝色廊道的起点、城市紧密的水岸、长兜绿楔的尖端，寻找到项目的三个突破口——连接湖州新老城区纽带功能的体现，开发的强度、内容与建设绿色生态岛屿的平衡，岛屿内外的便捷交通与游人慢行系统的结合。设计对标三大目标：一座连接新老城区的生态绿舟——生态性；一幅镶嵌千年古湖州记忆的文化长卷——文化性；一条朝气蓬勃的城市活力走廊——开放性。

建成后的长岛公园宛如碧玉镶嵌在湖州城区与太湖温柔串联的蓝色珠链上，更是成为长兜港滨水绿廊的璀璨锚点和城市绿地系统中最富生机的太湖触角（图 4-8、图 4-9）。

图 4-7　湖州市长岛公园规划设计总平面图

图 4-8　湖州市长岛公园实景图

图 4-9　湖州市长岛公园文化休闲区中心藕花池

4.4 义乌市双江湖环湖绿化景观先行段

项目地点：义乌市香溪路北
建成时间：2024 年 2 月
项目规模：44.6hm²
方案负责：浙江农林大学园林设计院有限公司
主持设计师：徐文辉
项目工程造价：约 8000 万元

场地位于义乌行政区范围内的中心地带。现状场地由两条环湖堤、香溪路与北面的 56 个平台组成，场地南侧堤岸为临时过渡性堤岸。

北堤靠蓄水区侧，绿地较宽，坡度较为平缓，亲近水体，适宜设置多级园路与亲水节点。堤北段与大面积回填地面相连，适宜设置集散广场等节点，后续需与城市设计相结合，建议绿线后退。北堤东侧与城市联系紧密，应当设置入口与开放空间，并注重景观功能的多样性。隔堤靠义乌江侧绿地狭窄，坡度较陡，不宜设置园路，应当结合水利工程，加强绿化；隔堤靠内湖侧绿地较宽，坡度较为平缓，亲水性好。经与水利院设计方沟通，将堤移至北侧，以提升场地的整体性与亲水性。

设计以"江南忆，义乡源"为主题，以义乌典型的三面群山环抱的地貌特征为基础，以该场地位于义乌行政区域中心的地块分析作为切入点，以义乌精神融入场地营建，构成具有地域特色的江南景观；具体为"义乡之芯、义乡之源、义乡之情"，演绎"江南忆"主题。以江南传统写意自然山水园为主要风格，将其打造为可游、可憩、可忆的环湖绿带重要节点景观（图 4-10）。

① 主入口
② 义乡源
③ 义心榭
④ 江南巷
⑤ 江南忆
⑥ 古樟树下
⑦ 锦鲤池
⑧ 同乐轩
⑨ 松瀑亭
⑩ 邹鲁故里
⑪ 本草园
⑫ 明月台

图 4-10 义乌市双江湖环湖绿化景观先行段设计总平面图

设计注重对地域文化的表达，提炼百药尖传说，模拟百药尖、大寒尖、灵岩山、佛堂古镇街巷、江南村遗址等地域风貌，将其融入场地空间，统一演绎。从传统的模仿微缩转变为特色场景打造，以"义乌乡愁"推演空间形式，以弘扬主题落位景观节点，营造出义乡源、江南忆、邹鲁故里等特色节点。植物设计延续内湖设计主题，把先行段植物景观设计定义为

"都市生态翡翠"，通过植物景观设计，推进环湖绿地的生态修复，表现文化景观主题。

最终项目方案形成"二轴、三核、五区"的景观格局，共 12 个重要节点，堤顶路围绕东、西、北三面，以义心榭为核心景观节点，联动古樟树下、义乡源、江南巷等重要景观节点，为义乌市民提供了一处感受江南乡愁、体验义乌地域精神的绿色空间（图 4-11、图 4-12）。

图 4-11 义乌市双江湖环湖绿化景观先行段设计鸟瞰图

图 4-12 义乌市双江湖环湖绿化景观先行段设计效果图

4.5 杭州市临平山杜鹃园

项目地点：杭州市临平区临平公园内
建成时间：2018 年 4 月
项目规模：1.5hm²
主持设计师：吴晓华
项目工程造价：约 4000 万元

杭州市临平山杜鹃园位于杭州市临平公园内，是一个以杜鹃花为主题的园中园。项目旨在保护临平山的生态环境，同时为市民和游客提供一个进行休闲、文化体验的公共空间（图 4-13）。

临平公园是一座城市山地公园，也是临平重要的游览胜地。杜鹃园场地原为一片马尾松林地，林下杂灌丛生，场地高差大。基于临平山活动场地不足与游客量日益增加所造成的矛盾，设计师考虑利用这处山林地，为人们打造富有特色的林下休闲空间。

设计秉承两大策略。

（1）因地制宜。设计保留原场地的马尾松林，清除林下杂灌，种植了三百多个杜鹃品种和一百多个绣球品种，形成了以杜鹃花为主景，以绣球花为补充的林下专类花园。设计充分考虑了两种花卉的生境需求，合理搭配。考虑到地形高差，园内因地制宜，设置架空观景平台与步道，以最大限度地保护生态环境；同时，游客可以沿着步道进行全方位、多角度的观赏体验。在设计过程中，利用枯死木桩建造游览台阶，利用场地现有的石头建造挡墙，利用地形高差营造"映山红隧道"景观。废物利用的同时，又使场地各要素相互融合。设计创意采用碎石铺地和杜鹃花海，形成了一个个小绿岛。游客穿行其中，可以拍照打卡，与不同品种的杜鹃花亲密接触。

（2）文化融合。园区的设计融合丰富的文化元素，如唐风宋韵主题活动讲述唐茶、宋韵、百花三个篇章，展现临平山的历史文化底蕴。在游客游园过程中，可以参与相关体验项目，如在眉心间点花钿，逛风雅宋韵坊市，玩投壶、捶丸、射箭，制唐风百花茶包。

项目多次被中央电视台报道，花开时节，日均游客量均破万人次（图 4-14，图 4-15）。

图 4-13 临平山杜鹃园总平面图

① 杜鹃园主入口　⑤ 观景圆平台　⑨ 坡地花园
② 台地花园　　　⑥ 杜鹃园次入口　⑩ 健身平台
③ 长廊　　　　　⑦ 雨水溪涧
④ 品种花园　　　⑧ 观景方平台

图 4-14　临平山杜鹃园实景图（一）

图 4-15　临平山杜鹃园实景图（二）

4.6 义乌市后宅街道新凉亭公园

> 项目地点：义乌市后宅街道
> 建成时间：待开工
> 项目规模：约 1.6hm²
> 设计单位：浙江农林大学园林设计院有限公司
> 主持设计师：金敏丽
> 项目工程造价：1046.86 万元

项目位于义乌市后宅街道新凉亭老工业区、义乌城市的"正门厅"，其东至支路 2（滨江翠语华庭），南至通泰路，西至神舟路（联东 U 谷义乌未来科技园），北至支路 1（上洪村），总面积约 1.6hm²。公园是后宅街道范围内首个工业区有机更新项目，上位规划将其定位为科技信息工业和科技人才配套服务区。原场地存在内部地形与外部环境高差大、土壤面层硬化不利于植被生长、场地周边环境嘈杂影响空间体验等问题。针对以上问题，规划设计以"社区公园综合体"的目标定位，打造体现后宅特色、具有综合服务功能的社区公园及人居新体验，是集亲子游乐、运动健身、文化展示、公共社交于一体的复合型社区公园（图 4-16、图 4-17）。

设计包括三大策略。

（1）文化传承，现代生活。宣扬社区精神内涵，体现后宅历史传承与记忆（非遗等文化），强化产业园

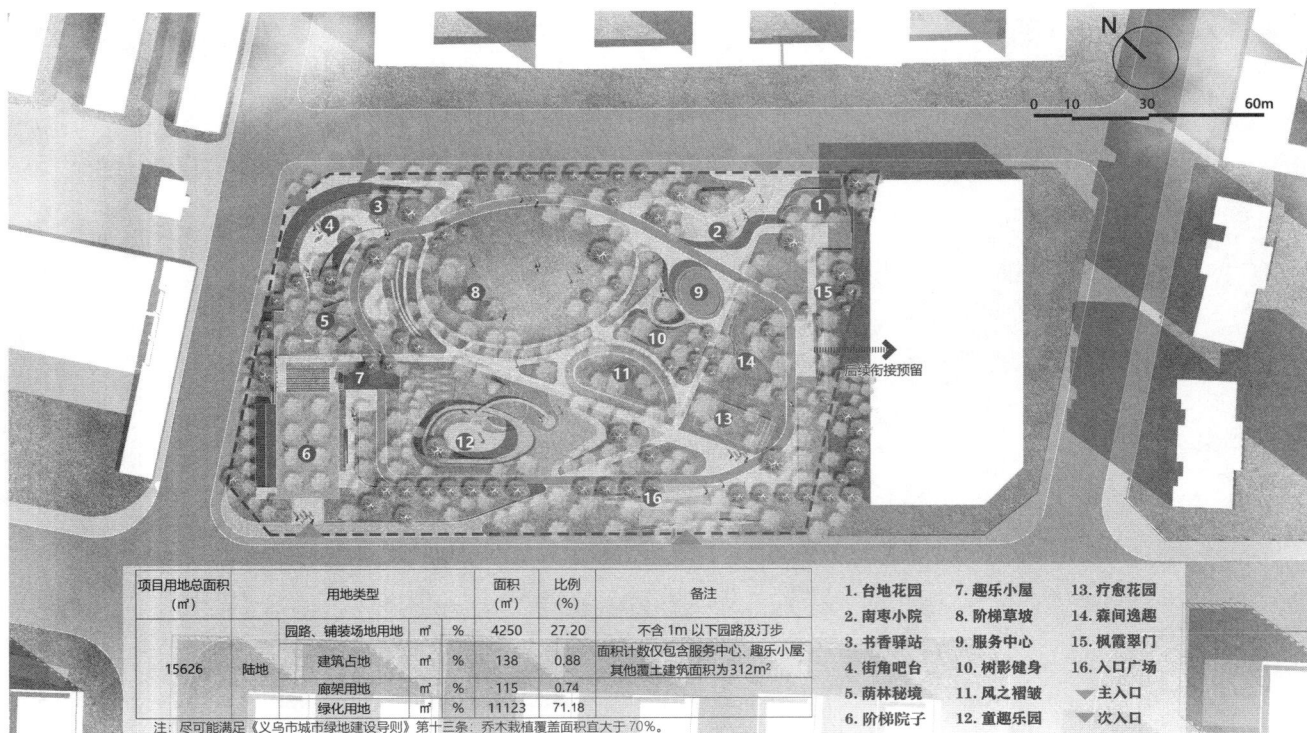

项目用地总面积(m²)		用地类型			面积(m²)	比例(%)	备注
15626	陆地	园路、铺装场地用地	m²	%	4250	27.20	不含1m以下园路及汀步
		建筑占地	m²	%	138	0.88	面积计数仅包含服务中心、趣乐小屋，其他覆土建筑面积为312m²
		廊架用地	m²	%	115	0.74	
		绿化用地	m²	%	11123	71.18	

注：尽可能满足《义乌市城市绿地建设导则》第十三条：乔木栽植覆盖面积宜大于 70%。

1. 台地花园　7. 趣乐小屋　13. 疗愈花园
2. 南枣小院　8. 阶梯草坡　14. 森间逸趣
3. 书香驿站　9. 服务中心　15. 枫霞翠门
4. 街角吧台　10. 树影健身　16. 入口广场
5. 荫林秘境　11. 风之褶皱　▽ 主入口
6. 阶梯院子　12. 童趣乐园　▽ 次入口

图 4-16　新凉亭公园设计总平面图

区等周边"新、老义乌人"的身份认同。

（2）功能多元，场景营造。作为社区综合体功能的户外补充，营造多种公共生活相互交融的场景；作为城市公共空间的拓展与延伸，提升城市的公共空间品质，促进周边区块的更新发展。

（3）巧用空间，复合开发。利用现有地形高差，沿街设置外向型服务空间，激活土地价值，聚集人气与活力，形成公园绿地复合型开发的典范（图4-18）。

图4-17　新凉亭公园设计鸟瞰图

图4-18　新凉亭公园建筑夜景效果

4.7 杭州市姜家镇墨香湖公园（一期）

项目地点：杭州市淳安县姜家镇

建成时间：2014 年 9 月

项目规模：约 5.41hm²

设计单位：浙江农林大学园林设计院有限公司

主持设计师：应君

项目工程造价：3200 万元

项目位于杭州市淳安县姜家镇墨香湖，以"寄情墨香、留住乡愁"为主题，以"展现小镇形象的核心舞台，体验小镇乡愁的休闲场所，连接自然山水的绿色廊道，提升环境品质的生态载体"为目标，打造小镇魅力水岸公园。总体设计中结合城镇规划，以滨水格局作为生态基质，以滨湖景观带作为有机开放的生态廊道系统，形成山、水、镇生态叠合的整体形态（图 4-19）。

按照功能定位，本项目划分为三大功能区块：小镇活力休闲区、滨湖乡愁体验区、历史文化观赏区，为人们提供一个亲近自然、感受乡愁的景观平台。在曲折绵延的湖岸带上设置的景观节点，犹如一串镶嵌着大大小小珍珠的项链，既保证了整体景观的一致性，又展现了景观节点细节的丰富性。

为确保滨湖公园的实际使用效果，对周边居民点、学校、商业区的可达性均进行了强调，并设置生态停车场，形成全程无障碍交通游憩系统。根据现状条件，采用抛石护岸或生态袋、植生袋，对整体岸线进行安全防护和景观提升。游步道采用石材、彩色透水沥青、木栈道等多种形式，以满足游赏景观等的功能需求。植物种植设计，结合不同景区的造景要求，融植物景观的科学性与艺术性为一体，打造出一条生态自然的绿色长廊（图 4-20~ 图 4-22）。

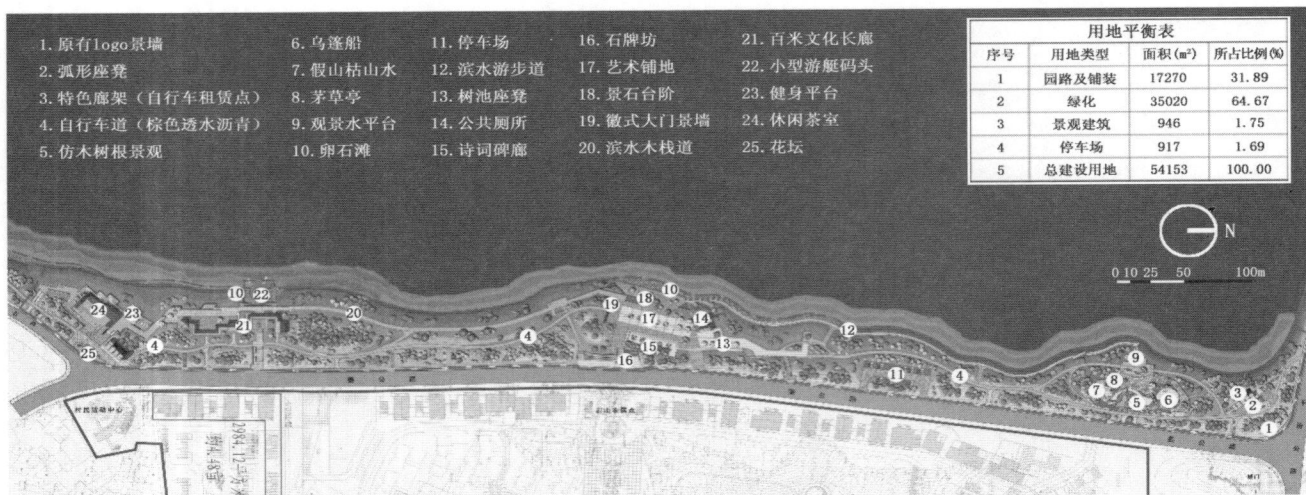

1. 原有 logo 景墙
2. 弧形座凳
3. 特色廊架（自行车租赁点）
4. 自行车道（棕色透水沥青）
5. 仿木树根景观
6. 乌篷船
7. 假山枯山水
8. 茅草亭
9. 观景水平台
10. 卵石滩
11. 停车场
12. 滨水游步道
13. 树池座凳
14. 公共厕所
15. 诗词碑廊
16. 石牌坊
17. 艺术铺地
18. 景石台阶
19. 徽式大门景墙
20. 滨水木栈道
21. 百米文化长廊
22. 小型游艇码头
23. 健身平台
24. 休闲茶室
25. 花坛

用地平衡表

序号	用地类型	面积(m²)	所占比例(%)
1	园路及铺装	17270	31.89
2	绿化	35020	64.67
3	景观建筑	946	1.75
4	停车场	917	1.69
5	总建设用地	54153	100.00

图 4-19 墨香湖公园总平面图

图 4-20　墨香湖公园（一期）实景图（一）

图 4-21　墨香湖公园（一期）实景图（二）

图 4-22　墨香湖公园（一期）实景图（三）

4.8 宁波植物园（核心区）

项目地点：宁波市镇海区镇海新城
建成时间：2016 年 9 月
项目规模：总规划面积为 322hm²，核心区面积为 120hm²
设计单位：上海市园林设计研究总院有限公司、浙江农林大学园林设计院有限公司、
　　　　　上海意格环境设计有限公司
项目负责人：秦启宪、包志毅、方尉元、马晓暐
项目工程造价：约 6 亿元

宁波植物园是一座以生态景观为主，兼容植物科学与文化内涵，具有科研、科普、旅游等多种功能的植物园。项目位于宁波市镇海新城南、北两片区的接合部，规划总面积约 322hm²。宁波市辖区范围内的海岸线、滩涂区、滨海盐碱地分布着众多水湿生木本植物，是宁波植物园水湿生木本植物专类园的重要展示和收集对象。总体而言，场地整体性较差、破碎化程度高；区域平坦，地下水位较高。因此，上位规划将宁波植物园定位为以搜集、保护、保存、开发利用浙东地区乃至华东地区的植物资源为主，集科研、科普、游览、休闲功能于一体，着重考虑"为游客服务，为科普服务"的多功能综合性植物园（图 4-23）。

核心区一期工程收集各类植物 2670 余种（含以下单位及品种），有水湿生木本植物专类园（水上森林）、植物进化之路、藤蔓园、桂花紫薇园、竹园、木兰春色园、兰园、月季园等 17 个植物专类园。设计策略可概括为"一条轨迹、两种类型、三大特色"。"一条轨迹"即老铁轨利用及沿铁轨两侧植物进化之路、植物新技术展示之路；"两种类型"即植物园类型、城市公园类型，将规划区域分为植物园核心区和泛植物园区两类；"三大特色"即场地精神的延续、地域性植物景观的体现、运动休闲功能的融入。除了需要封闭式管理的植物园核心区，泛植物园区突出城市公园的功能、性质，为市民提供户外休闲空间。宁波植物园核心区自 2016 年 9 月 28 日对外开放以来，年均接待游客达 80 万人次以上，已经成为国内重要的植物园之一，是深受广大市民喜爱的科普、观光和游憩目的地（图 4-24~ 图 4-26）。

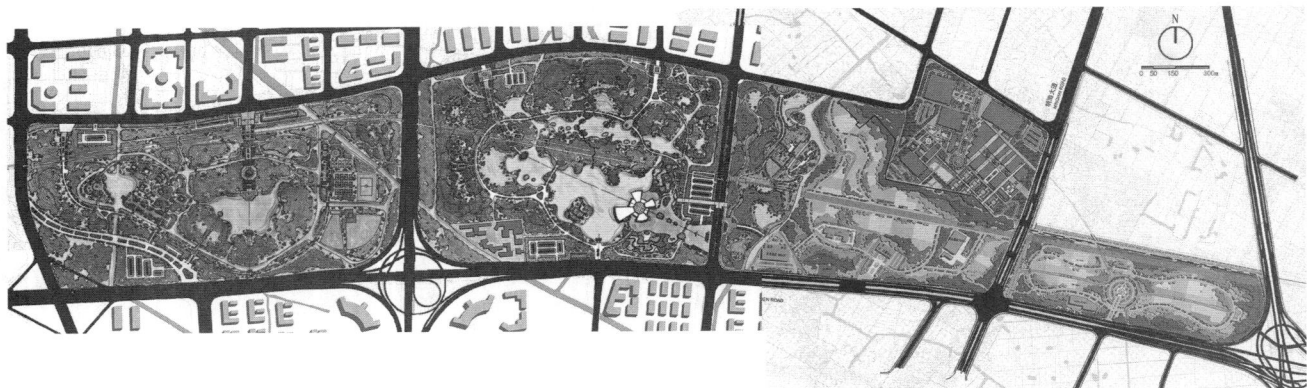

图 4-23　宁波植物园方案总平面图（宁波植物园　提供）

图 4-24　鸟瞰建成后的宁波植物园核心区（宁波植物园　提供）

图 4-25　宁波植物园藤蔓园（宁波植物园　提供）

图 4-26　宁波植物园建成后效果（宁波植物园　提供）

4.9 杭州市北塘河畔及周边区域改造

项目地点：杭州市北塘河滨江段
建成时间：2021年6月
场地面积：约38hm²
主持设计师：秦安华
项目工程造价：2亿元

项目位于杭州市北塘河滨江段，西起时代大道，东至风情大道，河道全长约5.4km，两岸绿地总面积约38hm²。针对原有场地空间组织不完善，被多座桥梁分隔，连续性差、可达性不足，岸线单调且服务设施严重缺失的问题，设计规划打通绿道断点24处，沟通桥下空间18处，与城市道路连接28处，形成12.5km的两岸绿道体系。规划设计将绿道定位为"城市级绿道干线""活力纽带、品质水岸"，使之成为展示滨江区对外形象的新名片，提升沿岸居民的生活质量。因北塘河东段紧邻西兴古镇，地处吴越文化交会处的古镇，既是"浙东唐诗之路"的起点，又是运河文化的重要载体，历史文化氛围浓厚。设计依托丰富的自然与人文资源，以"北塘展画卷，丹青绘江南"为主题，描绘出一幅承古续今的北塘新画卷

（图4-27）。营造多样的开放空间，组织丰富多彩的活动，激发沿河地带的活力，将北塘河畔打造成集生态环境、休闲健身、文化展示于一体的城市共享花园，是高新区（滨江）打造健康城市理念的成功实践。

设计秉承三大策略。

（1）以河为线，打造城中滨水景观绿带。通过重组滨水空间，依托北塘河水系、两岸绿地、生态景观，通过慢行系统串联多个节点公园及运动空间，打造北塘河15分钟生活圈。

（2）传承历史，描绘北塘新画卷。项目引入"西兴古韵、智趣水漾、北塘新诗"三大文化主题，形成"三卷、九图"的空间格局。在北塘河沿线打造7座桥梁的"一桥一文化"专题空间，沿线建筑采用不同的历史风格，多元展现"浙东运河"之"西兴过塘行"的人

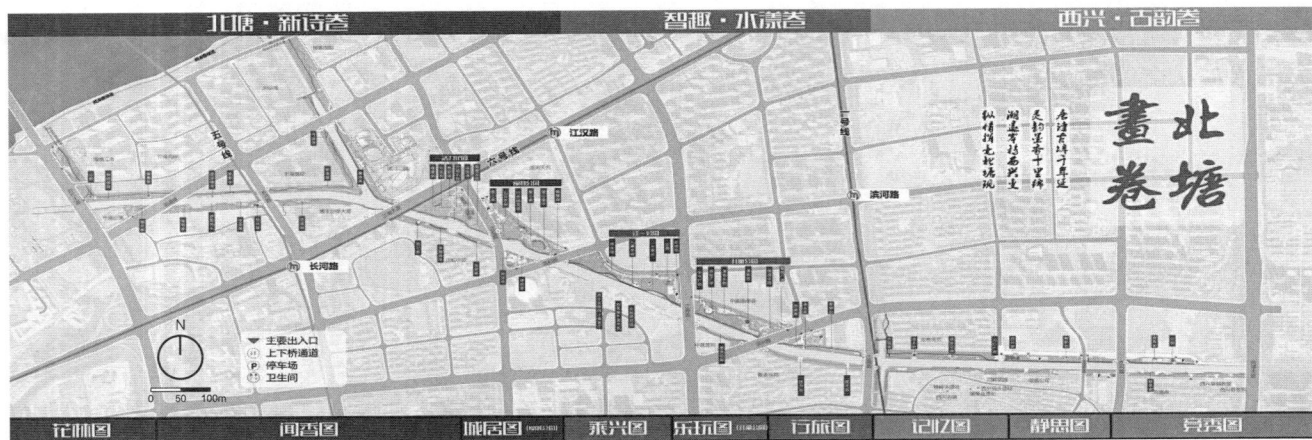

图4-27 杭州市北塘河畔及周边区域改造总平面图

文历史风貌，打造可观、可游、可思的北塘文化画卷。

（3）科技治水，构建智能生态空间。为调节片区内的生态环境，项目引入"海绵城市"建设理念，在河流两岸平均 30m 宽的绿廊系统内打造了生态植草沟、生态缓冲带、生态湿地泡、生态驳岸等专业设施，最大化地优化水质，实现水质与景观的共同改善，真正做到了治水成果为民所享、治水效果让群众满意。

自项目建成以来，来此散步、休闲、娱乐的居民与游客络绎不绝，真正形成了一条融入市民生活的绿色休憩廊道。良好的滨水休闲环境为市民提供了多种亲水活动空间，加强了滨江区的城市活力（图 4-28~图 4-33）。

图 4-28　儿童公园

图 4-29　爱心公园

图 4-30　生态湿地泡

图 4-31　绿道系统

图 4-32　行旅图

图 4-33　行旅图鸟瞰

4.10 义乌市街心绿地建设工程

项目地点：义乌市北苑街道
建成时间：2020 年 3 月
项目规模：约 6hm^2
设计单位：浙江农林大学园林设计院有限公司
主持设计师：金敏丽
项目工程造价：1000 万元

项目位于义乌市北苑街道，邻近义乌机场。沿途依次经过曹道村、航天加油站、下山头（春晗三区）、义乌市消防支队，穿过基地的主要道路有春晗路和北苑路。原场地地形生硬，改造难度大；外侧道路的交通噪声和内部高压线对场地有较大影响；植被缺乏色彩和季相变化。设计将项目定位于"绿乐园"，依托于现有长势较好的道路绿化，增加进入性、参与性景观（图 4-34~ 图 4-36）。

该项目的设计目标如下：

（1）为街心公园和周围的开放空间系统提供地理上和视觉上的紧密联系；

（2）创造更多户外运动的场所；

（3）为不同年龄段、不同身体状况的人群提供适宜的活动内容；

（4）提供一年之中都可以开展户外活动的场所，可在此组织大型群众性活动。

（5）在植物配置上创造季节性趣味，打造公园特色，改善林相，点缀色叶树。

图 4-34 义乌市街心绿地建成后实景图（一）

图 4-35 义乌市街心绿地建成后实景图（二）

图 4-36 义乌市街心绿地建成后实景图（三）

第 5 章

中外经典公园赏析

5.1 美国纽约中央公园

项目地点：美国纽约州纽约市

建成时间：1873 年

场地面积：约 340hm²

主持设计师：弗雷德里克·劳·奥姆斯特德（Frederick Law Olmsted）

卡尔弗特·沃克斯（Calvert Vaux）

被称为纽约"后花园"的中央公园位于美国纽约市曼哈顿区，建成于1873 年，是世界最大的城区中心公园，它长跨 51 个街区，宽跨 3 个街区，面积约 340hm²，在高楼耸立的曼哈顿市中心，中央公园宛如这座大型城市的"绿肺"。纽约中央公园从被设计建设开始，到 20 世纪 60~70 年代的一度衰落，再到 20 世纪 80 年代后的复兴，在其发展过程中固然采用了很多领先于同时代的造园设计手法，例如对于场地地形的自然化改造、对原有水体的处理、过境交通及不同交通方式的分流等，但更重要的是其超越时代局限的立意和格局。

纽约中央公园的规划和建设很好地吸收了英国公园运动的理念，在建园之初，公园基址是由低陷的沼泽和裸露的岩石构成，奥姆斯特德和沃克斯的设计方案"绿草坪"的绝妙之处在于其巧妙地解决了公园用地形状狭长的难题。他们将公园的林荫道设计成向各个角度放射的轴线，并且运用各种自然元素，引导游人的视线不断变换。"绿草坪"方案刻意保留了场地中的大石块，设计者力图通过对地形和园艺的巧妙运用，把游人的注意力从紧邻公园、喧嚣的城市街道转移到宁静的公园之中。纽约中央公园以田园牧歌似的草地、风景如画的灌木丛、高低起伏的小山丘和平静如镜的湖面为主要景观，其所呈现的英国自然风景式的公园景观改变了城市风貌，缓和了工业化发展和人们的田园理想之间的矛盾。

纽约中央公园是新城市愿景的第一个伟大宣言，旨在将自然引入美国商业和工业城市的中心。它的意义不仅在于它是全美第一个公园，还在于在其规划建设中，诞生了一个新的学科——景观设计学（Landscape Architecture）。中央公园的建立带动了美国城市公园的蓬勃发展以及城市绿地系统启蒙思想的诞生。在奥姆斯特德与沃克斯合作设计了中央公园之后，全美掀起了一个建设城市公园的新高潮，各个城市纷纷自建公园，这些公园各具特色、异彩纷呈；同时，这股城市公园建设的风潮还波及到了欧洲乃至世界各国。

5.2 杭州花港观鱼公园

项目地点：中国浙江省杭州市
建成时间：1955 年建成，1964 年扩建第二期
场地面积：约 20hm²
主持设计师：孙筱祥

花港观鱼公园位于杭州西湖苏堤南段以西。南宋时为私家花园，名卢园，又以地近花家山而得名"花港"，康熙在此立碑题字"花港观鱼"，乾隆题诗"花家山下流花港，花著鱼身鱼嗻花"于碑阴。1952 年，由孙筱祥先生主持花港观鱼公园的规划设计，在原来"花港观鱼"的基础上向西发展，建成以"花""港""鱼"为特色的著名景点，是 1949 年以后西湖风景名胜区规划设计、兴建的第一座大型现代公园。

花港观鱼公园分为大草坪观赏区、红鱼观赏区、牡丹园区、丛林区、花港区、疏林草坪区六个景区。孙筱祥先生在创作立意时，充分考虑到了现代城市公园的特点，在植物群落营造和种植的形式与功能方面作了有益的探索。公园在空间构图上开合收放有度、层次丰富，景观节奏清晰、跌宕有致，既曲折变化，又整体连贯、一气呵成。

公园的植物景观异常丰富，以常绿乔木为主，植物配置侧重于林相、文化内涵以及因地制宜。景色层次分明，季相变化丰富多彩。孙先生将传统园林之对景与借景，分景与框景等手法运用得恰当合理。从因景作画到因画名景，逐渐形成花港观鱼公园的现状，构成了一幅类似中国长卷式的青绿山水画。全园共采用了两百余个观赏植物品种，以传统名花——牡丹、海棠、樱花为主调，园内植物配置精致，做到了一年四季都有花开不败，四时八节总有绿草长青。

花港观鱼公园的设计手法体现了中国园林艺术的优秀传统。在空间结构上，设计层次变化丰富，将中式园林景观布局和欧洲造园手法进行了巧妙的统一，中西合璧，却又不露痕迹，使得景色开朗旷达，浑然天成，成为中国古典园林与现代园林景观有机结合的杰出代表。花港观鱼模山范水、巧于因借，并配置亭台楼阁、花廊水榭。自然空间组织开合收放、虚实相间、互为衬托、聚散有变。全园以鱼、花、港为中心，以港为主体，把假山、池沼、亭台、水榭、小桥、游鱼、花草、人流放置在一个大的环境之中，景观节奏清晰，富有诗情画意。

5.3 美国罗斯福纪念公园

> 项目地点：美国华盛顿哥伦比亚特区
> 建成时间：1997 年
> 场地面积：6hm²
> 主持设计师：劳伦斯·哈普林（Lawrence Halprin）

罗斯福纪念公园，全称富兰克林·德拉诺·罗斯福纪念公园，坐落在美国首都华盛顿哥伦比亚特区，建成于 1997 年 5 月，由美国政府出资设计并建造。罗斯福是美国历史上唯一一个连位四届（1933—1945 年）的总统，对于美国意义非凡。该纪念公园作为华盛顿特区最负盛名的旅游景点之一，是为纪念罗斯福领导全美国人民共同度过艰难的经济大萧条时期以及二战时期而建。

罗斯福纪念公园坐落于潮汐湖（Tidal Basin）与波托马克河（Potomac River）之间的西波托马克公园（West Potomac Park）内一个狭长的地段上。以华盛顿纪念碑为中心焦点，林肯纪念堂与国会大厦形成东西轴线，白宫与杰斐逊纪念堂为南北轴线，罗斯福纪念公园位于特区的西南侧，与肯尼迪表演艺术中心所在位置对称。

该纪念公园使用外形粗糙、凹凸不平的棕色花岗岩石材作为墙体的贴面材料，为整个纪念公园营造了一种原始、质朴、自然的空间氛围。尺度宜人的构筑物与周围环境融为一体，表达纪念之情的同时，也为参观者提供了轻松的游赏环境，引领了纪念空间和谐、沉稳、人性化的设计潮流。

整个纪念公园中有三种自然形态的水的抽象再现——倒映池（静水）、瀑布（倾泻而下的动水）、跌水（欢快雀跃的溪水）。设计师以水为载体表达多样情感，基于某种体验和象征意义来进行空间设计。墙体是空间序列的构建者与空间氛围的营造者，将参观者慢慢带入历史的宏大叙事之中。

劳伦斯·哈普林在罗斯福纪念公园的设计中开创了一种叙事性的纪念空间设计形式，摆脱了传统纪念空间轴线式的平面布局。鼓励所有年龄段的参观者与景物进行对话。这是首个非构筑物性质的美国总统纪念碑，并引发了一场纪念碑的革新。纪念性公园进入了由垂直纪念物向水平性纪念空间转变的新纪元，标示着一个多元化的纪念空间设计时代的到来。

5.4　美国西雅图煤气厂公园

项目地点：美国华盛顿州西雅图市

建成时间：1975 年

场地面积：8.3hm²

设计单位：理查德·哈格（Richard Haag）事务所

主持设计师：理查德·哈格（Richard Haag）

西雅图煤气厂公园占地 8.3hm²，位于联合湖（Lake Union）北面的一处岬角，原场地是一处煤制气工厂。1970 年，西雅图公园管理局委托理查德·哈格事务所对工厂废弃地进行场地研究和公园规划。理查德·哈格意识到工业时代的生产遗迹有着独特的历史、美学和实用价值，经过一番激烈的公开讨论，理查德·哈格终于促成了公众对工业遗迹价值的认可，于是工业废弃地保护公园的规划得到了一致认可。

在 20 世纪 70 年代，工业废弃地、废弃物被视为废墟、怪物、丑陋，甚至是"可怕"的代言词。理查德·哈格却敏锐地捕捉到精炼炉等工业构筑物场地的独有特征，认定这些庞然大物是整个场地最为神圣、最具标志性的特征，并将其保留了下来。公园由风筝山、北草地、高塔、船首、野餐棚、谷仓和南草坪七部分组成。尽管不是所有的工业建、构筑物都被保留下来了，然而气化塔、管道特有的复杂阵列却足以成为工业时代独有的符号语言，成为公园的视觉焦点和城市工业历史的纪念碑。

理查德·哈格并没有将被废弃的工业建筑理解为静止的符号，而是赋予它们新的功能，并使之作为重新理解人与人、生产与生活、工业与自然、历史与发展等多重冲突并将其最终消解的场所。公众不再仅仅是最终产品的接受者，而是作为参与者，一同畅想工业遗迹更新改造的未来。

西雅图煤气厂公园自 1975 年正式对外开放起，便引起广泛关注。在工业与自然长期冲突的情境下，正视滨水工业区的历史保护价值，挑战并重塑后工业时代的工业废墟美学；第一次利用生态技术手段，通过最小干预的思想，以维护场地自然的生长净化过程。今日，煤气厂公园拥有 580m 长的湖岸线，最深处伸入联合湖 120m，保存气化塔作为裂塔（Cracking Tower），工业废弃物被用作公园一部分的做法不仅有效地削减了建筑成本，还实现了资源的再利用。设计师以"诠释"的态度，结合公众参与而形成的自我修复模式，直至 50 年后的今天，仍具有学习和借鉴意义。

5.5 德国北杜伊斯堡景观公园

项目地点：德国鲁尔区，杜伊斯堡市北部

建成时间：1991 年

场地面积：约 200hm²

主持设计师：彼得·拉兹（Peter Latz）

蒂森－梅德里希炼铁厂（Thyssen-Meiderich）于 1985 年 4 月完成了最后一批铁材的冶炼后，于 1989 年开启了一段难以置信的新发展。当年德国政府致力于为旧工业区的环境、经济和社会转型制定一个高质量的建筑和规划标准，于鲁尔区举行了埃姆舍公园国际建筑展（IBA）。作为建筑展中的一个项目，蒂森－梅德里希炼铁厂被改造为北杜伊斯堡景观公园。公园占地约 200hm²，它整合、重塑、发展并串联起由原有工业用地功能塑造的肌理，并为此寻找一个新的景观文法，形成新的景观。

公园的代表性场所金属广场，象征着炼铁厂从原有坚硬粗糙的工业结构向开放性公园的转变。广场上铺设着的铁板曾用作锰矿石浇铸的浇铸床，如今成为了公园的心脏。它们从诞生之日起便开始接受风吹日晒等自然物理过程的雕琢，而放置在新的地方后，它们将继续遭受自然的侵蚀。在北杜伊斯堡景观公园中，各个系统独立运行着，例如低位的水公园和生长着繁茂植物的土地；与街道处于同一高度的步道将隔离了数十年的厂区和市区串联起来；"铁轨竖琴"这一由工程师集体创作的艺术品，具象地记录着这片土地的百年历史。

北杜伊斯堡景观公园被誉为后工业景观公园的经典范例，公园设计与其原有功能紧密结合，将工业遗产与生态绿地交织在一起，强调工业文化的价值，体现对废弃工业场地及设施加以保护利用的理念。规划设计时全面保护遗产地的基础设施，并通过对工业文化遗产的重新挖掘，以满足当代生活需要为导向，合理创新并重新赋予其使用功能，科学处理了遗产保护与活化利用、文化传承与社区发展的关系。同时，还建立了有利于生态环境的统筹管理机制，将工业遗址与自然景观、城市景观有机结合，融入商业运营模式，促进社会经济的发展。在北杜伊斯堡景观公园中，能够看到"发展、变化和自由"，而不仅仅是传统意义上的保护。

5.6　美国伯纳特公园

项目地点：美国得克萨斯州沃斯堡市（Fort Worth）
建成时间：1983 年
场地面积：约 2.4hm²
主持设计师：彼得·沃克（Peter Walker）

坐落于美国得克萨斯州塔兰特县首府沃斯堡市的伯纳特公园，最早由伯克·伯纳特（Burk Burnett）捐资兴建，由设计师乔治·E. 凯斯勒（George E. Kessler）规划设计，风格为传统的自然风景园。伯纳特公园附近为美国著名雕塑家野口勇设计的雕塑广场，二者共同形成了沃斯堡市重要的入口形象。为了促进沃斯堡市中心商业区的复兴，形成良好的城市景观环境，谭迪基金会出资重建伯纳特公园。由彼得·沃克担纲改造设计，沃克在追求极简的同时，并没有忽视景观的意义。他没有像极少主义艺术家那样，试图创造一种非景观的作品，而是追求一种具有"可视品质"的场所。

伯纳特公园受极简主义影响，全园使用极简主义的经典几何元素——方形，方形的路网、方形的草坪、长方形水池、方形的花池。公园平面由三层几何图形叠加而成，而最易被人感知的道路系统在最上方。通过大小相似形的变化，用重复的手法把它们组织到一起。在伯纳特公园设计中采用了网状主路与 45° 斜交次路相叠合的规整布局结构，由方形水池拼成的长方形水池带穿插在米字形图案中，产生了一种强烈的抽象图案效果。该公园不仅解决了居民的休憩需求，满足了城市广场的功能性，而且创造了一种简约朴实的美感。利用光纤代替灯光效果的喷泉，用电脑调节造型、用风敏器控制高度的凯利喷泉，水景园的中心旱喷泉，均取得了很好的效果。

伯纳特公园通过形式的极致简洁，为景观元素赋予功能，从而令场地空间拥有多种意义。极简主义艺术形式与功能的统一，创造了一种新的功能和空间感受。通过创造众多的交流机会、私密性不一的场所，人与环境、人与人以一种直接对话的方式进行交流，这极大地满足了使用者对公园和广场的细节要求。多重叠合系统的运用也增强了公园功能的多样性，丰富了景观层次，并且提高了使用者的主观意识。伯纳特公园的设计体现了设计者对城市居民和社会生活的深切关注。

5.7 旧金山拜斯比公园

> 项目地点：美国加利福尼亚州旧金山市
> 建成时间：1991 年
> 场地面积：约 12hm²
> 主持设计师：乔治·哈格里夫斯（George Hargreaves）

　　拜斯比公园（Byxbee Park）基地位于旧金山湾边缘，这里曾是一个垃圾填埋场，面积约 12hm²。拜斯比公园是经典的棕地类项目，在覆土层很薄的垃圾山上，经过小心翼翼的地形塑造，设计师营造了一个特色鲜明的滨水公园。整个公园被大片乡土草种自然生长的野草所覆盖，每到雨季来临，整片荒草都变为满目苍翠繁茂的绿色，呈现出一种震撼人心的壮观场景。

　　在倾斜的地形上，风吹动着自然草地，层层滚动的草浪引人走向山谷处的大地之门。在山坡处则用土丘群隐喻了当年印第安人渔猎时就地填起的贝壳堆。山上曲折的自行车道由破碎的贝壳铺就。观鸟台随山就势而筑，掩映于野草丛中。由高速公路隔离墩排列而成的 V 形符号序列，成为公园附近机场跑道的延伸。然而，这里最引人注目的还是具有鲜明人造艺术特征的小品——山顶上密布的小山丘，以及将废弃电线杆改造利用形成的电线杆场，这些壮观的大地艺术品体现了明显的对自然的抽象化。电线杆顶部形成的虚的斜平面与土山上起伏的实曲面形成了强烈的场所感。长明的沼气火焰时刻提醒人们基地的历史，从而给人们带来无限的遐想。

　　公园体现了过程主义和生态主义的设计思想。在现代城市发展的过程中，如何让自然景观与城市建筑和谐共处是一个关键问题。拜斯比公园邻近旧金山湾，其景观设计巧妙地利用了海湾这一自然元素。但设计师没有将海湾视为一种孤立的景观，而是通过合理规划步道、观景台等设施，将海湾景色融入公园整体的景观体验之中。这体现了一种现代的、整体的景观设计理念，即打破自然与城市的界限，让城市居民在城市中就能享受到大自然的恩赐。从景观设计历史的角度看，拜斯比公园也是可持续发展思想的早期实践案例，在公园的规划建设中，设计师充分考虑了对生态系统的保护和恢复，这种对生态系统的尊重和保护，在当时的景观设计领域是一种前瞻性的理念，为后来的可持续景观设计提供了范例。

5.8　巴黎雪铁龙公园

项目地点：法国巴黎
建成时间：1992 年
场地面积：14hm²
主持设计师：阿兰·普罗沃（Allain Provost）

　　法国右翼与左翼的党争以重建巴黎公共场所的方式赢得民众的政治支持，其中左翼法国总统密特朗发起拉维莱特公园的设计竞赛，右翼巴黎市长希拉克发起雪铁龙公园的设计竞赛，由此，产生了巴黎三大现代公园中的两个。场地原址为 20 世纪 70 年代以前的雪铁龙汽车制造厂，位于巴黎第十五区的塞纳河左岸，这里常用来停泊运输煤炭和金属等工业原料的货船。在巴黎雪铁龙公园的布局中，我们可以通过对比场地布局与工厂的平面布局关系，看到其所体现的后现代主义景观设计的场地特征。

　　雪铁龙公园是法国勒·诺特尔式古典园林手法和要素在现代公园中的经典应用。雪铁龙汽车制造厂旧址位于巴黎中心城区和居住人口较多的区域，设计将传统要素和现代手法重新组合，通过景观设计，试图缝补城市和乡村之间的发展裂缝，调和巴黎城市和农村地区之间的矛盾。设计专注于四大主题——技巧、建筑、运动和自然。

　　在空间架构的概念方面，公园分为南北两区。设计师充分考虑到城市和乡村的类型，采用了开放空间与私密空间并置的设计手法，将二者融合于整体的景观系统之中。公园的中心是一处大草坪，从两栋 15m 高的温室前的广场一直延伸到塞纳河畔。宽阔的中心草坪吸引了众多市民来此玩耍、放松、享受开放的公共空间。由温泉与广场构成的区域是全园中心轴线的起点。轴线将园中的各个景点串联起来，成为公园的主要游览路径，且轴线高差变化多端，丰富了空间体验。设计师没有采用传统的手法——保留工厂的原有构筑物进行再设计，而是保留其交通痕迹，以一种动态的方式让人追忆历史。此外，设计师还采用拼贴的手法，将不同地域、不同风格的花园（日本、法国、中国）或构筑物（岩洞）共同设置于园内，以丰富景观。

　　巴黎雪铁龙公园拥有令人赞叹的几何布局形式，同时融入了更多有机的、自然的元素，是多种规模和类型景观项目的集大成者。这些项目看似风格迥异，难以兼容，却又相处融洽，共同打造出一系列或开放或私密的城市空间。硬与软，城市与乡村，在这里实现了自然平衡。

5.9　巴黎拉维莱特公园

> 项目地点：法国巴黎
> 建成时间：1998 年
> 场地面积：55hm²
> 主持设计师：伯纳德·屈米（Bernard Tschumi）

1983 年，伯纳德·屈米从 470 多个国际竞争者中脱颖而出，获得了法国巴黎拉维莱特公园的设计委托。该项目是法国政府的重大项目之一，其他在列的项目包括法国国家图书馆、卢浮宫金字塔、拉德芳斯大拱门和阿拉伯世界文化中心。

拉维莱特并非一个简单的景观复制品。相反，这个"21 世纪的城市公园"定义了一个复杂的文化和娱乐设施项目。公园超过 1km 长、700m 宽，是一个相对分散的规划领域。除公园之外，还包括一座科学与工业城、一座音乐城、一座可供展览使用的大剧院以及一座摇滚音乐厅。

拉维莱特公园受解构主义思潮影响，在三维的空间中进行重塑，强化不同的"场所精神"。他跳出传统的设计构思手法和结构，抛弃传统的构图形式中诸如中心等级、和谐秩序以及其他一些形式美的规则，采用解构主义设计手法，从法国传统园林中提取出点、线、面三个体系，并进一步演变成直线和曲线的形式，叠加成拉维莱特公园的布局结构。这种设计方法有效地控制了整个错综复杂的基地，使设计方案具有很强的伸缩性和可塑性。

城市时刻处于不断的变化之中，公园周围土地的利用情况也难以预料。屈米希望建造一种具有可塑性和柔性的园林空间结构，使城市公园始终能够与城市相协调，无论未来的城市是扩大还是缩小。而这种结构在屈米的设计中主要通过一些网格以及网格节点上的亭子加以控制。这些网格本身具有一定的延展性，向城市空间延伸，并控制着城市空间。拉维莱特公园因其在建筑上的非凡价值和在城市规划领域的激进创新而闻名，并以一种前所未有的"文化"公园，而非"自然"公园，著称于世。

5.10　中山岐江公园

> 项目地点：广东省中山市
> 建成时间：2001 年
> 场地面积：10.3hm²
> 设计单位：北京土人景观规划设计研究所
> 主持设计师：俞孔坚

　　岐江公园位于广东省中山市区，基址原为粤中造船厂旧址，场地内遗留了不少造船厂厂房及机器设备。公园内的水面与岐江河相连通，受海潮影响，日水位变化可达 1.1m。公园设计的主导思想是充分利用造船厂原有植被，进行城市土地的再利用，建设一个开放的、反映工业化时代特色的公共休闲场所。

　　中山岐江公园对场地进行了有选择的保留，强调了设计本身就是生活过程的物化。水体和部分驳岸都基本保留了原来的形式；全部古树、两个钢结构和混凝土框架船坞、一个红砖烟囱，以及两个水塔都被原地保留；大型龙门吊和变压器也成为丰富场所体验的重要景观元素。

　　场地内的水位随岐江水位而变化、湖底有很深的淤泥，在水位多变、地质构造不稳定的情况下，公园打造了一个植被葱郁、生态化的水陆边界，使游人能恒常与水亲近，水 – 生物 – 人得以在一个边缘生态环境中相融共生。

　　岐江公园整体分为三个区域——工业遗产区、休闲娱乐区和自然生态区。除了自然生态区内曲线道路较多外，其他两个区域内几乎都是直线路网；采用放射状道路形式；充分提炼和应用工业化的线条和肌理，不追求形式化的图案之美，而是体现一种经济与高效原则下形成的"乱"。

　　为了能更强烈地传达设计者关于场所精神的理念，以及更诗化地讲述关于场地的故事，在本项目中，设计师审慎地作了一些尝试，包括白色柱阵、锈钢板铺地、方石雾泉、直线路网。

　　岐江公园的景观设计通过视觉与空间体验，传达的是足下的文化——日常的文化，表现的是野草之美——平常之美。设计师借鉴了环境主义以及生态恢复对工业设施及自然的态度——保留、更新和再利用，同时强调了新的设计，并通过新的设计来强化场地及景观作为特定文化载体的意义。作为工业遗址保护和再利用的一个成功典范，该项目一经建成，便荣获了国内外多项大奖。

5.11　纽约高线公园

> 项目地点：美国纽约州纽约市
> 建成时间：2009~2014 年
> 场地面积：全长约 2.4km，总面积约 2.7hm²
> 设计单位：Field Operations 景观设计事务所、
> 　　　　　（Diller Scofidio + Renfro）建筑设计事务所
> 主持设计师：詹姆斯·科纳（James Corner）

高线公园位于纽约曼哈顿最具活力的工业区，建在高架桥升高的铁轨路基上，全长约 2.4km，南北走向。共有 9 个出入口，其中 14 街、16 街、23 街、30 街有电梯。高线铁路未建设时，地面铁轨和道路交叉口经常发生交通事故，因此该地区的第十大道又被称为"死亡之街"。1934 年，高线铁路完工，有效地避免了铁路运输对地面交通的干扰，保障了原有片区的交通安全问题。1980 年，"功成身退"的高线铁路一度面临被拆除的窘境。1999 年，在非营利组织"高线之友"积极有效的倡议推动下，废弃高线的更新计划得到了政府机构和私人团体的共同支持，并最终决定将废弃的高线改造成为一个新的城市公共开放空间——高线公园。

公园由混凝土和绿化景观带构成，在工业区的背景下，改造时留下了生长茂盛的野花野草，还在某些区域保留着原先纵横交错的铁轨，保留了高架铁路的城市记忆。新建了长凳、铁轨步行道、表演空间以及为孩子们打造的游戏场等；搬除了高线铁路的水泥平台后，露出了原来的梁柱和铁路线的大梁，覆盖上厚厚的橡胶后，这里成了一个安全的游戏空间。步道沿着曲线弯转，并设置了一条同样蜿蜒绵长的木质长椅。"切尔西灌木丛"种植了多种多样的植物，例如美洲冬青、紫荆和其他美国本土常绿植物，它们能够一年四季不间断地为公园提供丰富的色彩变化。

纽约高线公园的设计基于可持续、生态保护和再利用理念。开放后的高线公园出乎意料地受到了市民们的一致欢迎，并成为纽约市单位面积内访客人数最多的景点。"简单、野性、舒缓、宁静"是贯穿设计始终的八字准则，充分体现了生态都市主义的理念。通过适应性再利用已有结构，将"保护"和"创新"结合起来，打造了全新、迷人、独一无二的娱乐设施和公共走道。

高线公园是城市更新的重要案例，经过改造的工业废墟满足了城市居民的新需求，将其忧郁、不羁之美重新融入城市发展。在这里，长长的铺装有着锥形的两端，里面生长着本土植物，大自然重新夺回了曾经重要的城市基础设施。高线公园"开垦"了无人问津的公共空间，对过时的基础设施进行改造、再利用，将保护作为可持续发展的战略，为城市"造血"，源源不断地提供城市活力。

5.12　芝加哥千禧公园

项目地点：美国芝加哥卢普区（The Loop）
建成时间：2004 年
场地面积：9.9hm²
主持设计师：弗兰克·盖里（Frank Gehry）

千禧公园（Millennium Park）是为了庆祝千禧年而建设的，旨在为芝加哥市民和游客提供一个集休闲、娱乐、文化和艺术于一体的公共空间，同时也是为展示芝加哥城市形象和活力而建设。千禧公园基金会向芝加哥市民及企业筹集了额外的 2.5 亿美元（2004 年价格），用于加强公园的建设，孕育了以公园的策划、管理和运营为核心的公私合作关系。

千禧公园的构思、设计和建造旨在创造一个自由的，在艺术、建筑和设计方面均具备最高标准的城市公共空间和文化空间。其坚定的信念和严格的执行方法清晰地展现在一系列全球知名的景点和元素中，包括云门、皇冠喷泉、普利兹克露天音乐厅、BP 桥，以及卢瑞花园等。

公园基础布局具有古典风格，利用宏伟宽阔的人行道和林荫小径，在公园内创造多样的空间或"房间"，并在其中布置独特的艺术和文化体验，形成一系列具有丰富层次的现代艺术和建筑，作为千禧公园充满艺术气息的核心元素。将这些"房间"组合成一个具有凝聚力的单元，同时又让每个"房间"作为独立且独特的艺术、建筑和表演空间而存在。

千禧公园的创造和建设为公共空间的设计制订了新的轨道——一种将宏伟、壮观、纪念性和前瞻性同时作为目标的轨道。同时，凭借艺术家、景观设计师、建筑师、工程师、制造商、私人部门和市政府之间的通力合作，证明了公共文化空间在改变旅游业、经济、文化和城市建设方面的力量。如若没有千禧公园的建设和规划为城市更新带来的种种灵感，以及它所引发的旅游业和开发资金的涌入，如今的芝加哥卢普区也就不会存在。

从最初的设想到今天成为芝加哥充满活力的文化中心，千禧公园彻底改变了规划专家、市政部门和公众对于公共文化空间在设计和使用方面的认知。在未来，它毫无疑问将继续扮演好其作为设计标杆、文化推动力、经济引擎以及全世界最受欢迎的公共文化空间的多重角色。

5.13　上海辰山植物园矿坑花园

项目地点：上海市松江区
建成时间：2013 年
场地面积：4.26hm²
主持设计师：朱育帆

辰山植物园位于上海市松江区佘山山脉，是一个风景区尺度的植物园。辰山位于植物园西北角，而矿坑花园地处辰山山体西侧，是一个具有后工业遗址特征的园中园，邻近植物园西北入口，通过绿环道路和辰山河边主路与整个植物园相连，是辰山植物园中的点睛之处。采石坑属百年人工采矿遗迹。2000~2004 年，上海市及松江区持续对采石坑进行了围护避险工程治理。

矿坑花园总面积约 4.26hm²，由山体、台地、平台和深潭构成。矿坑靠近岩壁处留有洞库出入口 6 个。山体表面风化严重，无明显纹理、凸凹及裂纹，立面有矩形通风口；台地植被茂盛；平台是采石留下的断面，地势较平，边缘有水杉林；深潭面积为 1hm² 左右，与平台层高差约 52m，水面在地平面以下 20 多米，水深 20 多米。

矿坑花园的特色之一是最小干预原则下的后工业景观。公园尽量保持其矿岩质感的自然风貌，在设计上做"减法"，尽量避免人工痕迹——用锈钢板墙、毛石荒料来表达曾经有过的工业时代气息。特色之二是景观设计突出中国山水画的意韵，立意源于中国古代"桃花源"的隐逸思想，利用现有山水条件布置瀑布、天堑、栈道、水帘洞、山体皴纹，通过设计元素的组合表达中国山水画的形态与意境。

矿坑花园的规划设计坚持生态修复优先原则，以生态系统演化为基础，停止对已经遭受破坏的自然生态系统的人工干预，保护生态系统的完整性。种植设计以空间结构为基础，以精细质感为诉求，进行花园、花境设计。植物空间层次丰富、结构合理、色彩雅致。

在今天的快速城市化过程中，很多工业废弃地造成了诸多令人头疼的问题，矿坑花园的设计师通过修复严重退化的生态环境，充分挖掘和利用矿坑遗址的景观价值，重新建立矿坑和市民之间的联系，为上海市民增添了一处令人愉悦的游乐场所。作为上海唯一的基岩出露区，矿坑花园的工业废弃地改造利用手法，对其他类似项目具有一定的借鉴意义。

5.14　杭州江洋畈生态公园

> 项目地点：浙江省杭州市
> 建成时间：2010 年
> 场地面积：19.8hm²
> 设计单位：北京多义景观规划设计事务所
> 主持设计师：王向荣、林箐

西湖作为潟湖，在历史上曾经过了多次疏浚，疏浚的淤泥多堆积在湖中或湖的周围，并形成了湖中三岛和白堤、苏堤、杨公堤等著名景点。1999 年，西湖又一次大规模疏浚的淤泥被运送至玉皇山南麓一个名叫江洋畈的山谷里，形成了约 100 万 m³ 的淤泥库。

2008 年，良好的小气候条件使得这个已经被人遗忘的地方发生了巨大的变化，淤泥中带来的植物种子迅速萌发生长，成为一片茂盛的沼泽林地。由于不受人类干扰，这里栖息着各种昆虫、鸟类和小型哺乳动物。大自然的神奇造化引起了人们的注意和兴趣，江洋畈生态公园就是在这样的背景下得以立项、规划、建设的。

江洋畈生态公园的主要设计手法是保留基址的绝大部分现状，用生境岛保留了大片原生植被，作为自然演替的样本，供人参观了解；梳理生境岛外的植物，适当疏伐，为下层植物生长创造条件，营造生机勃勃的公园景观；恢复部分沼泽湿地，与原有芦苇塘联系起来，创造更加丰富的生境条件，为动植物的栖息提供适宜的环境。

公园既要维护江洋畈的自然演替过程，又要成为一个大众休闲、参观和科普教育的场所。公园中使用了大量金属材料，金属构筑物形式极为简洁且坚固耐久；能够预制加工后现场安装，减小了施工作业对环境的干扰；既能够形成稳固且轻盈的结构体系，又能够回收利用，符合生态理念。

随着环境意识的觉醒以及人们对自然生态美理解的加深，以自然美学为最高指导原则的审美情趣开始逐渐改变现代的景观环境设计。原生态的风貌经过适宜的规划，呈现出一种"精致"的野趣，展示出荒野美的价值。江洋畈生态公园为生态项目打造了一个优秀的样板，引领了一种全新的审美情调。生态公园的本质应当体现自然的强大力量，让人们在大自然面前保持谦卑，建立人与自然之间的和谐关系，使一种全新设计模式和审美情调从这里开启帷幕。

5.15 美国佩雷公园

项目地点：美国纽约 53 号大街
建成时间：1967 年
场地面积：390m^2
主持设计师：罗伯特·泽恩（Robert Zion）

　　佩雷公园位于纽约曼哈顿中心区东 53 街第五大道和麦迪逊大道之间，基地形状为长方形，于 1967 年建成，于 1999 年进行重建。佩雷公园为喧闹的都市提供了一处安静的城市绿洲，园中谨慎地使用跌水、瀑布、树阵广场、轻巧的可移动桌椅和简单的空间组织形式。

　　佩雷公园三面环墙，另一面以开放式的入口面向大街。整个公园地面高出人行道，将园内空间与繁忙的街道分隔开来。设计师在有限的地面空间种植了 12 棵皂荚树，由于该树的分枝点高，所以既可以保证地面的空间不被过多侵占，又能将绿色填满空间顶部，使园内空间得到最大化利用。公园的亮点是 6m 高的水幕墙瀑布，作为整个公园的背景，瀑布制造出来的流水声掩盖了城市的喧嚣；同时，水幕墙瀑布作为景墙正对公园入口，具有较好的观赏效果。

　　公园将各种元素混合在一起，将不同的材质、多种色彩以及声音元素融合在一起，营造出轻松的氛围。比如，金属质地网格状的椅子搭配大理石材质的小桌台，轻巧、雅致且不影响周围环境；广场的地面不是用水磨石、混凝土铺砌，而是用粗糙的蘑菇面方形小石块铺装，富有自然情趣。

　　佩雷公园为周边区域提供了放松休闲、午餐、观光和会谈的场所，作为新形式的城市公共空间，其建成标志着口袋公园的正式诞生。公园对于高楼云集的城市而言，犹如沙漠中的绿洲，能够在很大程度上改善城市环境，同时部分地解决高密度城市中心区人们对公园的渴求。园林设计的根本目的是创造空间，佩雷公园因地制宜，为拥挤的城市提供了一处闹中取静、极富实用性的园林空间，因此被美国人称为"最好的城市空间"，在规模和功能上很好地配合了曼哈顿城市的发展。

5.16　日本涩谷区立北谷公园

项目地点：日本东京涩谷区神南 1 丁目 7-3
建成时间：2021 年 4 月
场地面积：960m²
主持设计师：日建设计

北谷公园是涩谷区政府使用 Park-PFI（Private Finance Initiative）制度公开征集民间企业合作而建成的第一个项目，日建也作为联合体全程参与到了运营团队的组建及具体运营中，其最大的挑战是在确保盈利的同时，创建一个植根于当地、可供各种群体开展活动的公园。

设计理念是"在公园里描绘自己的色彩"（YOUR CANVAS PARK）。在充分利用地形优势的同时，面向周边开放，通过与公园呈一体化的建筑布局，打造出可近距离感受丰盈绿植、放松身心的室内外空间。多个各具特色的广场空间可用来举办当地居民的交流和信息传播，以及企业的临时性商业活动等具有涩谷特色的文化活动。公园内作为咖啡店的建筑空间，除了室内的运营空间外，还设置了有屋顶的广场，保证了建筑的公共性和开放性，因此可以获得额外 10% 的容积率。

日建设计除了负责公园的设计以外，还与东急集团、CRAZY AD 公司共同组成了新的组织"涩北 Partners"，来负责公园的管理运营。运营时间到 2025 年 11 月 30 日为止，共计 4 年零 8 个月。蓝瓶咖啡（Blue Bottle Coffee）则相对独立，他们负责运营公园里的咖啡店。蓝瓶咖啡和东急签署了租赁合同，东急在赚取租金的同时，还需要向区政府支付咖啡店的场地使用费。

公园用于开展两类活动：一类用以营造公园景观、提升公园价值；一类用以获得经济收益，并链接管理运营的资源。为了提高收益，公园会被租借给其他公司举办商业活动，如爵士音乐会、摄影活动、T 台秀等。这些活动也不仅仅局限于公园红线内，"涩北 Partners"会出面联动旁边的商店街组织，将活动区域扩展到公园周边的街道，让更多人看到这里正在发生的变化，吸引他们共同参与并发起活动。

自投入运营以来，北谷公园作为涩谷区的第一个 Park-PFI 项目，已为周边带来了 17% 的人流增长，在一半营造、一半经营的运营理念下，北谷公园让我们看到了更多城市公共空间的可能性。

参考文献

[1] 唐学山，李雄，曹礼昆．园林设计：全国高等林业院校试用教材 [M]．北京：中国林业出版社，1997．

[2] 胡长龙．园林规划设计：面向21世纪课程教材 [M]．2版．北京：中国农业出版社，2005．

[3] 吴晓华，徐文辉．公园设计：普通高等教育设计类专业"十四五"规划系列教材 [M]．武汉：武汉理工大学出版社，2024．

[4] 蔡雄彬，谢宗添．城市公园景观规划与设计：景观规划设计丛书 [M]．北京：机械工业出版社，2014．

[5] 杨赛丽．城市园林绿地规划 [M]．5版．北京：中国林业出版社，2019．

[6] 沃克，西莫．看不见的花园：探寻美国景观的现代主义 [M]．王健，王向荣，译．北京：中国建筑工业出版社，2009．

[7] 泰特．城市公园设计 [M]．周玉鹏，肖季川，朱青模，译．北京：中国建筑工业出版社，2005．

[8] 吕明伟，潘子亮，黄生贵．绿色基础设施：公园规划设计 [M]．北京：中国建筑工业出版社，2015．

[9] 马锦义．公园规划设计：普通高等教育"十三五"规划教材 [M]．北京：中国农业大学出版社，2018．

[10] 李敏．社区公园规划设计与建设管理：以深圳、香港等地为例 [M]．北京：中国建筑工业出版社，2011．

[11] 吕圣东，谭平安，滕路玮．图解设计：风景园林快速设计手册 [M]．武汉：华中科技大学出版社，2017．

[12] 刘扬．城市公园规划设计 [M]．北京：化学工业出版社，2010．

[13] 程双红．园林规划设计：高职高专园艺专业系列规划教材 [M]．重庆：重庆大学出版社，2015．

[14] 德让．巴黎：现代城市的发明 [M]．赵进生，译．南京：译林出版社，2017．

[15] 孟刚，李岚，李瑞冬，等．城市公园设计 [M]．2版．上海：同济大学出版社，2005．

[16] 封云，林磊．公园绿地规划设计 [M]．2版．北京：中国林业出版社，2004．

[17] 刘骏，蒲蔚然．城市绿地系统规划与设计：高等学校城市规划专业系列教材 [M]．

北京：中国建筑工业出版社，2004.

[18] 贾建中．城市绿地规划设计 [M]．北京：中国林业出版社，2001.

[19] 郑强，卢圣．城市园林绿地规划：园林营建丛书 [M]．修订版．北京：气象出版社，1999.

[20] 李敏．中国现代公园：发展与评价 [M]．北京：北京科学技术出版社，1987.

[21] 朱钧珍．中国近代园林史：上篇 [M]．北京：中国建筑工业出版社，2012.

[22] 徐文辉．城市园林绿地系统规划：普通高等院校建筑专业"十一五"规划精品教材 [M]．武汉：华中科技大学出版社，2007.

[23] 拉特利奇．大众行为与公园设计 [M]．王求是，高峰，译．北京：中国建筑工业出版社，1990.

[24] 丁圆．景观设计概论：中央美术学院规划教材 [M]．北京：高等教育出版社，2008.

[25] 刘文平，陈倩，黄子秋．21 世纪以来风景园林国际研究热点与未来挑战 [J]．风景园林，2020，27（11）：75-81.

[26] 张洋，李长霖，吴菲．数字化技术驱动下的交互景观实践与未来趋势 [J]．风景园林，2021，28（04）：99-104.

[27] 鲁敏，刘敏敏，赵雪莹，等．风景园林主题类型与立意方法研究 [J]．山东建筑大学学报，2018，33（06）：7-14.

[28] 王志磊，刘楠．同构与异质：城市设计视角下巴黎布洛涅森林公园与纽约中央公园的两种设计策略 [J]．装饰，2020（03）：94-98.

[29] 鲁世超．纽约中央公园：建设公园城市的一堂必修课 [J]．城市开发，2022（07）：80-83.

[30] RYBCZYNSKI W．纽约中央公园 150 年演进历程 [J]．陈伟新，GALLAGHER M，译．国外城市规划，2004，19（02）：65-70.

[31] 包志毅．植物景观规划设计和营造的特点与发展趋势：以杭州西湖风景园林建设为例 [J]．风景园林，2012（05）：52-55.

[32] 方尉元．植物园地域性景观特色规划研究：以宁波植物园规划设计为例 [J]．中国园林，2012（09）：44-47.

[33] 饶显龙，黄若之，史琰，等．凝练地域特色，营造水上森林：宁波植物园湿生木

本植物专类园规划设计及营建解析 [J]. 中国园林，2020（05）：116-121.

[34] 刘银波，范婕 . 杭州花港观鱼公园环境设施研究 [J]. 建筑与环境，2007（01）：112-115.

[35] 季雨奇 . 虚实相间聚散有变：花港观鱼的园林景观设计 [J]. 浙江林业，2022（01）：32-33.

[36] 朱怡晨，李振宇 . 后工业时代的"城市双修"[J]. 新城乡，2017（02）：68-69.

[37] 丁奇，王宏侠 . 彼得沃克极简主义景观设计过程解析：以伯奈特公园为例 [J]. 城市建筑，2014（30）：46.

[38] 王璐，李艾芳，孙颖 . 基于尺度协调性的旧工业建筑外部环境改造与再利用研究 [J]. 河北工业大学学报，2010，39（06）：118-120.

[39] 崔曦 . 城市场所功能更新：以纽约高线公园为例 [J]. 北京规划建设，2012（06）：100-103.

[40] 金珊，李云，伍惠婷 . 纽约高线公园作品解读：略论城市公共空间的复兴与转型 [J]. 建筑师，2018（04）：69-75.

[41] 冯田甜，段雅淇 . "城市双修"视角下矿业废弃地景观再生探究 [J]. 现代园艺，2020，43（14）：102-103.

[42] 王晞月，王向荣 . 风景园林视野下的城市中的荒野 [J]. 中国园林，2017，33（08）：40-47.

[43] 李韵平，杜红玉 . 城市公园的源起、发展及对当代中国的启示 [J]. 国际城市规划，2017，32（05）：39-43.

[44] 吴仁武，包志毅 . 园林植物空间调查和分析：以杭州太子湾公园为例 [J]. 风景园林，2011（02）：102-109.

[45] 沈实现，何洋 . 杭州少儿公园改造的四个维度 [J]. 中国园林，2022（S2）：6-10.

[46] 李伟强 . 园林植物空间营造研究：以杭州西湖园林绿地为例 [D]. 杭州：浙江大学，2007.

[47] 刘成 . 专类植物景观规划设计研究：以绍兴大小坂湖公园为例 [D]. 杭州：浙江农林大学，2014.